ものと人間の文化史

176

# 欅

（けやき）

有岡利幸

法政大学出版局

# まえがき

南北に細長くて、亜熱帯から亜寒帯までという広い気候帯に国土がひろがっているわが国の広葉樹には、常緑樹も落葉樹もあり、種類が実に多い。その数多い落葉広葉樹のなかで、大木に育ち、堂々とした樹姿で、数多い樹木が繁茂している森林の中にあっても一目で判別できる樹種にケヤキがある。

整った樹形のうえ、秋には美しく紅葉（黄葉）するので、公園や街路樹として各地に植えられている。またその材質は堅硬で優れており、長大な材が得られるので、建築材として重宝されてきた。また材色も美しく室内に使われても、道具類として加工されても装飾性もあった。そんなところから、ケヤキはわが国の人々がよく知っている落葉広葉樹の一つである。

本書はそのケヤキと日本人の関わりについて、時代的には採取や狩猟によって食料を得ていた縄文時代から、平成の現代にいたるまでの長い期間を、七つの章に分けて取りまとめたものである。

まず、ケヤキとはどんな植物であるかについて述べた。ケヤキは最大の木ともなれば樹高では四〇メートル、根廻り二四メートルという大木に育つ樹木であり、環境庁が調査した日本の巨樹・巨木の数は、スギに次いで二番目に多い八五〇〇本余もの数の木々が生育している。ケヤキは樹齢一五〇〇年を超える長年月の生活をつづけ、巨樹・巨木になれるほど長寿の樹木なので、国の天然記念物に指定されているものも多く、さらに地方公共団体もたくさんの樹を天然記念物に指定している。

縄文時代には石器だけでどうやって工作したのかわからないが、あの堅い材質の幹を刳《く》りぬいて丸木舟を、その舟をこぐ櫂《かい》を作り、水上交通に活用している。ケヤキの丸木舟は埼玉県伊奈町の伊奈氏屋敷跡遺跡などから出土している。弥生時代になると、ケヤキは建物の掘立柱といった建築材に使われ、さらには椀や高坏、鉢といった小さな日用品にまで加工されていた。弥生時代の代表的な遺跡である奈良県田原本町の鍵・唐古遺跡からは、二三個の柱穴をもつ畳約五〇畳分の床面積をもつ大型建物跡が発掘され、二三個の柱根のうち一八本がケヤキの柱であった。

ケヤキの古名は槻《つき》である。本書では、ツキと呼ばれていた時代、つまり記紀万葉の時代から平安時代の記録に現れるケヤキについて探っている。『古事記』の雄略天皇紀には、百枝《ももえ》槻《つき》と呼ばれる大木のツキを神聖視しており、その樹下に雄略天皇は后や群臣を集め、神聖な新嘗祭《にいなめさい》後の豊楽《とよのあかり》を挙行していた。槻巨樹を神聖視していた古代ヤマト王権は、槻巨樹の生育している地に泊瀬《はせ》朝倉宮や池辺《いけべ》双槻《ふたつき》宮などの王宮を建設している。

槻の幹には弾力性があるので弓の材料とされ、槻弓は神事に用いられるとともに戦の武器ともなっていた。槻の語源は「強木《つよき》」とする説がおおかたであるが、「月」とくに女性の月経とかかわりがあるのではという説もあり、月も槻もよみかたにツキがあるので深く関わっているところがあるのだろう。地名の表記が「月」から「槻」に変わったところに大阪府高槻市があり、逆に「槻」から「月」に変わったところに滋賀県の旧高月町がある。

ケヤキの呼び名が初めて文献に現れたのは、平安時代初期の医学書の『大同類聚方』であった。いつから「槻」が「つき」と「けやき」という二通りの読み方をされるようになったのかは不明だが、ケヤキは槻と欅の二通りの漢字表記が用いられるようになった。

ケヤキも昔話の多い樹木で、毛を焼いてケヤキであることを悟らせる話も東北地方を中心に数多い。近世に至り武家政治の中心地の江戸と地方との行き来が盛んになり、街道が整備される過程で、旅人の目安となる一里塚が主要街道に設けられた。一里塚の上には通常エノキが植えられたことになっているが、ケヤキが植えられたものもある。ケヤキの大木が生育している一里塚が中山道、日光街道、奥州街道などに現存している。

主として冬に吹き荒れる季節風から人々は暮らしを守るため、屋敷の周囲に樹木を植え、屋敷林を造成している地方が各地にみられる。屋敷林にケヤキが見られるところに、東北地方のイグネ、関東地方や長野県の安曇野の屋敷林、砺波《となみ》平野のカイニョなどがある。また都市の街路に緑の潤いを与える街路樹としては杜の都仙台市の青葉通りのケヤキ並木などがあり、各地の道路の並木にもケヤキは活躍している。

ケヤキは土中深くまで根を下ろし大地を緊縛しているので、ケヤキが生育していれば大雨によって発生する山地崩壊や土砂流出を防ぐ効果がある。ケヤキの存在が有効である事例として平成一六年（二〇〇四）の三重県宮川流域の洪水の際に、河岸にケヤキ立木のあったところでは上方の杉林の流出が見られなかったことがあげられる。平成二六年（二〇一四）八月に発生した広島市の土石流災害の際にも、ケヤキやアベマキなどの大木が根元で土石や流木を止めていた。

近世の政治は幕府と各藩によってきりまわされていたが、各藩は重要木材資源である松、杉、檜、槻、桐、楠などを藩の御用木または制木に指定し、一般民衆の利用を制限していた。そのことを山口藩、広島藩、和歌山藩、名古屋藩、金沢藩、仙台藩などの諸藩を事例として取り上げて触れた。

埼玉県西部の長野県境には幕府直轄の御林山があり、ケヤキ林が成立していた。それは幕府直轄の御林山とはいいながら、地元の村々は入会山として利用したがケヤキだけは伐採利用をしなかったためである。幕府はケヤキ材が必要となったので、この山を調査し、それに基づいて役人を派遣し、伐採・搬出することになった。大木のケヤキは三つ目伐り、焼き伐りで伐採し、崖地は吊り下ろしなどの方法で川におろし、そこから川を流送し、利根川に出るまえの地点で筏に組み江戸の材木蔵まで運ぶという、伐採から山出し、筏運という一連の山の仕事がわかる珍しい事例があった。

ケヤキは木材として優れた材質をもっており、大きな材木としても、小さな道具類としても使用されてきた。中世から近世にかけての時期にケヤキが建築材としてよく使われる建物は、社寺がもっとも多く、ついで農家であった。地域別にケヤキ材が多くつかわれるところは、第一位が北陸地方で第二位が近畿地方となっており、意外なことにケヤキが多く生育している関東・東北地方はごく少なかった。

総欅造りの社寺が各地にあった。有名な京都の清水寺の舞台を支えているものは大木のケヤキ柱であるが、その柱は現在修理中である。また明治期を中心として、ケヤキ材を工芸的にどう使ってきたかについても探っている。

文化財の修復に必要なケヤキの大材が不足している今日、ケヤキ林の育成を始める機運が高まっていることに鑑み、文化史としては異例ながらケヤキ林の育成法というやや林業の専門的な部分も記述した。またケヤキ盆栽も愛好されているので、素人ながら少しばかり触れてみた。

以上が本書内容の大略だが、日頃はケヤキという無骨な樹木が日本文化とどんな関わりをもってきたのかについて関心を持たれない向きが多いと思います。本書に目を通されたことを契機に、ケヤキという樹木と日本文化の関わりを理解する手掛かりとして頂ければ幸いです。

目次

# 第一章　ケヤキの植物誌

## ケヤキとはこんな木

ケヤキは大木となるばかりでなく、樹冠が扇を開いたようで美しく、樹姿は堂々としている。日本の代表的な落葉広葉樹で、山の谷間に生育していても一目で判別できる。また街路樹や公園樹として植栽されているものも、その存在感は素晴らしいものがある。

ケヤキはニレ科ケヤキ属に属し、本州から台湾、朝鮮半島、中国の温帯地帯に分布している。ニレ科は世界的には約一五属、二〇〇種があり、とくに熱帯アメリカに多くの属が分布している。北半球の温帯から熱帯の各地でも、ニレ属やエノキ属、ケヤキ属のような大木になる樹種があり、広く人びとに親しまれている。

ケヤキは落葉高大木で、高さは四〇メートル、幹の直径は二メートルにもなる。樹皮は灰褐色で平滑であり、コルク形成層が厚く円形にでき、老樹になると大きな鱗片《りんぺん》となってはがれおちる。古い樹皮は横しわがあってざらつき、大木のものは大きな鱗片となってはげる。

分枝は仮軸分枝である。冬芽は小さく、卵状円錐形で、鱗片のへりには毛がある。葉は互生し、狭卵形または卵状楕円形で、長さは三〜七センチ、幅は一二・五センチ、長鋭尖頭、基部は浅心形または円形、鋸歯《きょし》があり、表面はややざらつく。葉脈は裏面に突出し、側脈は枝分かれすることがなく鋸歯の先端に達する。葉柄は長さ一〜三ミリである。

春の萌芽つまり芽吹きは大きい枝ごとにすすみ、同じ株でも早い枝、遅い枝がある。ただし、方向、風当り、木の大小などは関係がない。一本のケヤキを春先の新芽がではじめたとき見ると、一つの枝ばかり新芽がでて葉を開き始めているのにもかかわらず、他の枝はまだ裸木の状態なので、この樹は枯れてしまったとケヤキの萌芽生理を知らない人は誤解しやすい。春先の芽のでかたで、樹種の区別ができるのである。若い枝をみると、葉のほうが早く生長するので、枝がジグザグになっている。

花は四月、新葉とともに開き、単性で雌雄同株である。雄花は新しい枝の下部に数個集まってでき、三〜四本の雄しべがある。雌花は新しい枝の上部のいわゆる着果短枝の葉腋《ようえき》に単生、またはまれに三個ほど束生し、柄がなく、退化した雄しべがある。

果実（石果）はゆがんだ平たい球形で、径は五ミリ内外である。乾果は、秋に一〇センチくらいのいわゆる着果短枝についたままで、着果短枝がはなれ、風に吹かれるまま落ち、種子が散布される。ケヤキの葉は互生で、向きが違っており、風で着果短枝が枝から離れると、付け根を下にしてきりもみ状の回転運動をしながら落ちる。

ケヤキの落葉は一一月にはじまるが、盆栽用に仕立てたもので八月に枝を刈り込んだものは一二月中旬までつづく。最近は園芸を趣味とする人が増え、落葉広葉樹のケヤキ、アキニレ、アカシデ（ソロノキ）、ヒメシャラ等が雑木盆栽として楽しまれている。

ケヤキの生長は、少し大きくなったところで大変生長が早くなり、成木となるとあまり変わらなくなる。日本に自生する樹木のなかでは、スギ、クスノキ、アカマツ、クロマツ、トチノキ等とともに、最も大きくなる樹種の一つであり、樹齢一〇〇〇年に及ぶものもあり、長寿の樹木である。
ケヤキは庭木や並木、公園樹として植えられている。材は堅く、木目も美しいので、建築用材や家具材としてよく利用されている。

後ほど詳しくみていくが、ケヤキは各地で並木や街路樹として植えられているが、とくに武蔵野のケヤキ並木は有名である。生育に適した地味であると同時に、江戸に政庁をおいた徳川幕府が橋や船を造るため、盛んに植えさせた名残で、ケヤキは武蔵野を代表する樹木となっている。

ケヤキがどんな樹木たちと生育しているのか、島地謙・伊東隆夫編『日本の遺跡出土木製品総覧』（雄山閣、一九八八年）から福島県福島市の信夫山の北側で発掘された御《お》山千軒《やませんげん》遺跡で出土した自然木を掲げてみる。この遺跡は平安時代を中心とした集落跡である。樹種の後にカッコ書きで、出土した件数を記した。

カヤ（5）、モミ（2）、マツ（12）、スギ（1）、ヒノキ（1）、アスナロ（1）、オニグルミ（1）、ヤナギ類（1）、シデ類（2）、クリ（18）、コナラ（3）、ニレ（4）、ケヤキ（7）、ヤマグワ（3）、ウツギ（2）、サクラ類（9）、ユズリハ（3）、コクサギ（5）、ヌルデ（2）、カエデ類（4）、トチノキ（1）、マユミ（1）、ケンポナシ（1）、ウコギ類（3）、カキ（1）、トネリコ類（10）、イボタノキ（1）、散孔材（4）、環孔材（2）、樹皮（1）、不明（4）

このように、常緑針葉樹六種、常緑広葉樹一種、落葉広葉樹二〇種、樹種の特定できないものという針広混交林であった。広さは不明だが、全部の件数は一一五件あり、そのうちケヤキは七件あり、全体の六％という割合であった。里山であり、クリの比率が約一六％と高い。これは食料確保策として、クリの木を保護して伐採利用しないとともに、芽生えたものは生育させていたものとも考えられる。クリと同じく

ケヤキは日本の代表的な広葉樹である。
樹形は美しく堂々としている。

果実を食料として利用できるトチノキは一件であるが、川端に大木が繁茂していたのであろう。

ケヤキの生育しているところでは、ケヤキ林の育成を目的とした人工造林地以外の、自生しているものではケヤキばかりで純林を作っているものは余り多くない。林学博士の上原敬二は『樹木大図説I』（有明書房、一九六一年）のなかで、広島県東南部には次のようにいくつかケヤキ純林が成立していたことを述べ、高さ二〇メートル、直径三〇センチのものが生育していると述べている。

広島県深安郡小野村（現福山市）久賀山
広島県芦品郡藤尾村（現福山市）左山鞆
広島県神石郡油木町（現神石高原町）北榧木山

この三か所であり、三か所の合計面積は四〇町歩だとしている。

これ以外に、広島県の東南部の国有林を管理経営していた福山営林署管内（現広島森林管理署福山森林事務所管内）に自然林があるとしている。しかし、筆者が元福山営林署に勤務していた昭和五〇年代末期には、どのケヤキ林も伐採されていたが、久賀山に隣接した小面積の民有林の山林にケヤキの自然林を見たことがある。そのときは、上原がいうところのケヤキ純林とは、こんなところをいうのだなあと思ったかすかな記憶がある。

## ケヤキは巨樹に育つ

ケヤキは長寿で成長が持続するため、巨木・大木に育つものがたくさんある。少し資料が古いが、平成二年（一九九〇）に環境庁が発行した『日本の巨樹・巨木』によると、日本全国の巨樹は五万五七九八本ある。なおこれ以外に、山奥や調査不能地、樹林、並木林などには計測されていない巨木が六万八〇〇〇本あると推定されている。だから合計すると、およそ一二万四〇〇〇本以上の巨木がわが国には存在していることになる。

巨木とは環境庁の定義によると、地上一二〇センチの幹周りが三〇〇センチ（直径に直すと九六センチ）以上の木をいい、地上一三〇センチの位置で幹が複数に分かれている場合は、それぞれの幹周りの合計が三〇〇センチ以上あり、主幹の幹周りが二〇〇センチ以上のものをいうとされている。

環境庁の調査報告によると、巨木が最も多い樹種は次のように、一位はスギであり、二位はケヤキ、三位はクスノキとなっている。第一〇位までの樹種別の本数を掲げる。

環境庁調査による巨木の樹種別本数

| | |
|---|---|
| スギ | 一万三六八一本 |
| ケヤキ | 八五三八本 |
| クスノキ | 五一六〇本 |

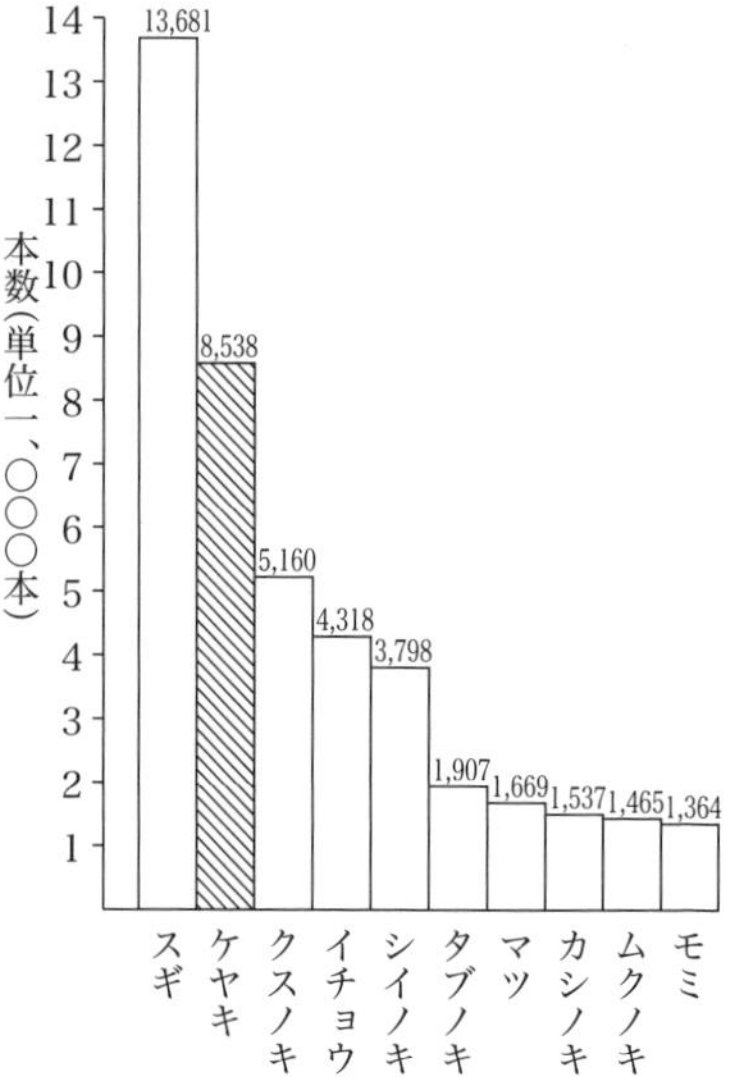


環境庁調査による巨木10傑
ケヤキは第２位と健闘している。

イチョウ　四三一八本
シイノキ　三七九八本
タブノキ　一九〇七本
マツ　一六六九本
カシノキ　一五三七本
ムクノキ　一四六五本
モミ　一三六四本

以下、エノキ、サワラ、サクラ、カヤ、ヒノキ、ミズナラ、トチノキ、カツラ、ブナ、ハルニレ、アコウ、ツガ、イヌマキ、ホルトノキ、イチイ、クロガネモチ、イブキ、クリ、コウヤマキ、ヤマモモ、ガジュマル、センダン、サイカチ、コナラ、ハリギリ、ディゴ、アベマキの順となっている。

これらの樹種のうちには、つぎのように複数の樹種が含まれているので、注意する必要がある。スギにはスギ、ヒマラヤスギ、ヌマスギ等が、シイノキにはスダジイ、ツブラジイ等が、カシノキにはイチイガシ、シラカシ、アカガシ、ウラジロガシ、アラカシ等が、サクラにはエドヒガン、ヤマザクラ、シダレザクラ、ソメイヨシノ等が、マツにはアカマツ、クロマツがそれぞれ含まれている。

これらの巨木の所有者は誰かとみると、寺社が約五八パーセントで最も多く、ついで個人の約一八パーセントで、この二つで約七六パーセントを占める。

樹木が巨木にまで育つには、その樹種が長生きであることが必要であるが、人が長年月の間、見守り、保護してやることが大切である。巨樹・巨木をもつということは、そこの社会や人びとがある種の価値観、文化をもっていることが必要である。巨木のある地を訪ねてみると、そこには土俗的ともいえる信仰があり、農耕技術などが存在している。長年月にわたり、そこの住民たちが何代も交替してもその樹を保護していこうとする意思をもつという、ある一定の樹木を守るそれぞれの土地の人との関わりのなかで巨樹・巨木は生まれてくるのである。

巨樹・巨木がうまれる条件について高橋弘は著書『日本の巨樹――一〇〇〇年を生きる神秘』（宝島社、二〇一四年）のなかで、樹木が一〇〇〇年生きる条件を次のように記している。

各地の巨樹の生育場所を見ると、山から平地への移行部分であることが多い。背後に山を抱えると季節風が弱められ、また緩い傾斜地は山から水を得られやすい環境だからだろう。水はけのよさも条件の一つだ。これらの条件が揃っている場所に巨樹は多い。

人里離れた深い森に巨樹は多いと思っている人が多いのだが、森林内では生存競争が熾烈で、思うほど巨樹を見ることができないのが実際のところである。

里山などでも、ある程度の大きさになると薪などとして利用されることも多かったことから、より大きな木は、森よりもむしろ人里近くの社寺に生育する場合が多いのである。

社寺に育つ木々は巨木になるにつれ神木として敬われ、信仰の対象となり、天寿を全うするまで大切に保護される。人びとは木を敬い、願いごとを祈願し、幹に触れ、巨樹のつくり出す木陰で休む。田植えの時期を知らせてくれる役目を果たし、秋には木の実などの食料も提供してくれる。ある意味、人間と共生の道を選んだ木々のほうが長寿と言ってもよいだろう。スギやケヤキなどの多くも、人間との関わりをもつ巨樹が多い。

## ケヤキ巨樹と特別天然記念物

環境庁調べのなかではケヤキの巨木は八五三八本もあるので、代表的な巨樹・巨木を拾ってみることにする。ケヤキの巨樹・巨木の資料としては、次のようなものがある。

まず読売新聞社が平成二年（一九九〇）三月、同年四月一日から大阪・鶴見緑地で開催される「国際花と緑の博覧会」のバックアップを兼ねて選定した「新・日本名木一〇〇選」がある。読売新聞の読者から親しまれている木や、由緒ある木を推薦してもらった。選考委員会では、まず都道府県ごとに一本を選び、残りは投票で得点の高い順に決め、同点の木は地域との緊密度、できるだけたくさんの樹種が入るように配慮された。その結果、「新・日本名木一〇〇選」に選ばれた樹種は、四一種にのぼっている。一〇〇選の樹種で多い順から五位までは、スギ一二件、クスノキ九件、マツ七件、サクラ六件、ケヤキ五件、イブキ五件、イチョウ五件で、ケヤキは同点五位となった。

ケヤキには天然記念物として指定されているものがたくさんあり、前に触れた上原敬二の『樹木大図説I』は、昭和三六年（一九六一）当時は国指定の天然記念物は二三件であると記している。

写真家で旅行記者の大貫茂は『日本の巨樹一〇〇選』（淡交社、二〇〇二年）のなかで、ケヤキを五本紹介している。

「全国巨樹・巨木の会」会員の高橋弘は『日本の巨樹――一〇〇〇年を生きる神秘』（宝島社、二〇一四年）のなかで、ケヤキの巨樹を四本紹介している。

巨木巡礼の写真家として巨木の保護に取り組んでいる渡辺典博は、『ヤマケイ情報箱　巨樹・巨木』（山と渓谷社、一九九九年）のなかで日本全国の六七四本の巨樹・巨木をとりあげており、そのうちケヤキは四一本を紹介している。

これらの資料のなかから、天然記念物に指定されているケヤキを中心として、そのケヤキと人びととの関わりを紹介していこう。

なお、天然記念物とは、動物、植物、地質、鉱物等の自然物に関する記念物である。日本では文化財保護法や各地方自治体が文化財保護条例に基づいて指定される。日本では単に「天然記念物」といった場合、通常は国が指定する天然記念物を指す。国が指定する天然記念物は、昭和二五年（一九五〇）に制定された法律第二一四号「文化財保護法」の第六九条に基づき、文部科学大臣が指定する。所管は文化庁である。文化財保護法の前身は、大正八年（一九一九）に公布された史蹟名勝天然記念物保護法である。

特別天然記念物に指定されている鳥取県大山のダイセンキャラボクの純林（近畿中国森林管理局提供）

天然記念物のうち、文化財保護法第一〇九条第二項の規定により、世界的に又は国家的に価値が特に高いものとして、特別に指定されるものを「特別天然記念物」という。特別天然記念物として指定されている植物は三〇件で、阿寒湖のマリモ（北海道）、春日山原始林（奈良県）、大山のダイセンキャラボク純林（鳥取県）等である。樹木ではスギが五件と最も多く、ケヤキで指定されているものは東根《ひがしね》の大ケヤキ（山形県）が一件である。

東根の大ケヤキ（国指定特別天然記念物）は、ケヤキとしては日本一の巨樹で、山形県東根市大字東根甲の東根小学校の校庭にある。管理者は東根市で、東根市のシンボルとされている。樹齢一五〇〇年と推定され、樹高二八メートル、根周り二四メートルである。地上五・五メートルで二股に分かれた幹は二八メートルの高さに達している。大正一五年（一九二六）一〇月に天然記念物に指定され、さらに昭和三二年（一九五七）九月一一日には特別天然記念物に指定された。

近年、東根市事業として老木樹勢活力化がおこなわれ、植物学的に環境が改善された。山形県林業試験場の大津正英博士は、今後数百年は樹勢ますます盛んであって、全国のケヤキ番付の「東の横綱」の座が保証できようと、太鼓判をおされたという。

このケヤキの立っている市立東根小学校の校庭一帯は、南北朝時代の正平二年（一三四七）に小田島長義が築いた東根城（小田島城）の本丸跡といわれ、今でも堀等が残っている。

むかしは父ケヤキ（雄槻《おつき》）とも、母ケヤキ（雌槻《めつき》）ともよばれる二株のケヤキが並び立っていたが、明治一〇年（一八七七）に父ケヤキの方は枯れ、現在残っているものは母ケヤキと呼ばれていたものである。

根元の幹の部分は、南北に空洞になっていて、ここを通り抜けると子宝に恵まれるとの言い伝えがある。昭和の終わりごろ、葉の色が変わるなど樹勢の衰えをみせはじめたので、東根市では平成元年（一九八九）夏、ケヤキ周辺の透水コンクリートをはがして、より雨水を通しやすい鉄製の網に替える等の回復策を講じた。その効果があって、根は活力をとりもどし、樹勢は強健となった。五月の中旬ごろ、老ケヤキの各枝から萌黄色の若葉が一斉に芽を吹くとき、老樹の力強さに地元の人は心を打たれるという。

### 東北・関東のケヤキ天然記念物

樹木で国の天然記念物に指定されているものを多い順に五件以上のものを掲げると、スギ四一件、サクラ三七件、クスノキ二六件、イチョウ二〇件、ケヤキ一五件、ソテツ一〇件、イブキ・カヤ・ハナノキ各九件、オハツキイチョウ七件、フジ・キンモクセイ各六件、マツ・ウメ各五件となり、ケヤキの天然記念物指定件数は多い方から五番目となる。天然記念物に指定されているケヤキは、一四本と一か所（並木で指定されているものが一か所ある）である。なお、オハツキイチョウとは「お葉付きイチョウ」のことで、葉っぱに実のつく品種である。

福島県会津若松市神指町高瀬字五百地に生育している高瀬《たかせ》の大ケヤキは、昭和一六年（一九四一）に天然記念物に指定されている。樹高二二メートル、幹周り一一・七メートル、推定樹齢五〇〇年である。このケヤキは慶長年間（一五九六〜一六一五）に上杉景勝が築いた神指《こうざし》城の南東側で、一般に吉岡山とよばれているところの土塁の上にあり、城の建造時には既に立っていたと思われる。根元に石の祠がある。田んぼの真ん中に威風堂々とした姿を見せ、この木を囲むように約二〇本のソメイヨシノが花を咲かせる。大きな枝は台風や雪害で損傷しているものが多いが、枝張りは東西二九メートル、南北三三メートルにおよび、横に広がる形となっている。南西側の枝の生長が激しいため、その重みで折れかかり、樹幹に大きな衝撃を与えている。福島県内では随一の大きさのケヤキである。

山形県鶴岡市文下字村の内に生育している文下《ほうだし》のケヤキは、昭和二六年（一九五一）に天然記念物に指定されている。樹高二八メートル、幹周り八・八メートルで、樹齢は八〇〇年とも九〇〇年ともいわれており、確実な樹齢は不明である。個人の庭に立っているケヤキで、樹下に祀られている八坂神社の御神木として、過去これまで一度も斧をいれたことがないといわれ、大切にされてきた。幹にはほとんど傷がなく、根元はすっきりとしており、樹勢は旺盛で、のびのびと成長している。主幹が東北方向に七〇度ほど傾いているため、西南側は八〇センチほど根上りしている。地上三・六メートルのところから、東北、西南、西北西の三方向に分枝している。

この樹に関わる伝承として、「ケヤキの幹の内部に耳のある白蛇が棲み、その姿を見たものはただちに目がつぶれる」と信じられており、神社の屋根葺き替えで屋根にのぼる時にも、決して空洞を覗かないようにして仕事をしたとのことである。

群馬県吾妻郡吾妻町原町字下之町の原町《はらまち》の大ケヤキは、昭和八年（一九三三）四月一三日に天然記念物に指定されている。樹高八メートル、幹周り一〇メートル、推定樹齢一〇〇〇年で、かつては日本三大ケヤキの一つといわれた。一七世紀はじめ、真田氏がこのケヤキを基準に町割りをしたと伝えられている。このケヤキが立っている方向から、町の鬼門塞ぎといわれてきた。

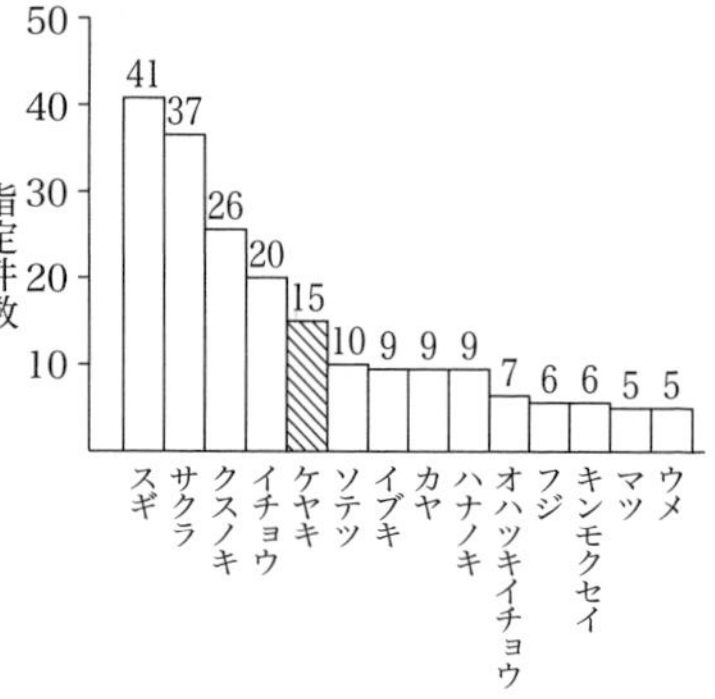

国指定天然記念物の樹種別件数14傑

現在は、旧吾妻町市街地のはずれで、県道三五号線の交差点の中にある。交差点の名も「槻木《つきのき》」で、近くのバス停の名も「槻の木」となっている。槻はケヤキの古名であり、この大ケヤキはまさにこの地のシンボルであることが示されている。慶長一九年（一六一四）には、すでにうっそうとした大樹であったといわれ、その後徐々に樹勢が衰えた。主幹はかなり以前に折れたようで、昭和三六年（一九六一）にはまだ六本の大枝が残っていた。昭和末年までには四本が失われ、平成元年（一九八九）八月二七日の台風で残った二本のうちの一本が折れてしまい、現在では一本だけが辛うじて生きている状態である。交差点の中にあるため、煤煙と振動でいつまで生育しているか心配されている。

東京都府中市の大国魂《おおくにたま》神社の参道に存在する馬場大門のケヤキ並木は、ケヤキ並木としては唯一天然記念物に指定されている。全長五〇〇メートルある馬場大門に沿って、一五二本のケヤキが並木を構成している。並木の起源は古く、平安時代の植樹から始まったともされ、『武蔵名勝図会』に記された寛文四年（一六六四）本所社頭の制札にも現れる。大正一三年（一九二四）一二月九日史蹟名勝天然記念物法により東京府より天然記念物に指定された。このケヤキ並木には、昭和三一年（一九五六）以前に植えられたケヤキが四五本あり、そのなかには胸高周囲三〇〇センチを超える樹が二六本あり、その二六本のなかに胸高周囲が六〇〇センチを超える古木が二本ある。

このケヤキ並木は、その名の通り並木の種類はほとんどケヤキであるが、他の樹種の侵入もあり、二〇科三〇種の樹木が確認されている。平成一六年（二〇〇四）に調査されたところによると、ケヤキ一五二本、イヌシデ三八本、トウカエデ八本など、合計二一五本の樹木が生育しているとされた。府中市のシンボルであり、このケヤキ並木の保護に対する市民の意識は高く、周辺景観との調和を求める声が大きい。

東京都練馬区練馬四丁目二番地の白山神社境内に生育する白山神社の大ケヤキは二本あり、階段上の木が昭和一五年（一九四〇）七月一二日に「練馬白山神社の大欅」として天然記念物に指定されている。樹高一四メートル、幹周り七・二メートル、推定樹齢八〇〇年である。もう一本は石段の下左側にあり、平成八年（一九九六）三月二九日に国の天然記念物として追加指定された。樹高一九メートル、幹周り八メートルである。

ケヤキが生立している白山神社は練馬区の氏神とされている。祭神はイザナミノミコトで平安時代に建立されたといわれる。この二本のケヤキは、永保三年（一〇八三）源義家が後三年の役の勝利を祈願して奉納したものと伝えられ、樹齢九〇〇年という説もある。明治時代初期には、白山神社にはケヤキは六本あったとされ、徐々に減少して現在は二本となっている。下側の木は枝先が伐りつめてあり、根元にこぶと空洞がみられ、空洞は竹の覆いで隠されている。上側の木は幹の大半がなく、根際に巨大なこぶをもっている。二本の大ケヤキは、平成三年（一九九一）に地元の人が「ケヤキが倒れかけている」と通報し、練馬区が大手術を実施した。現在は元気を取り戻している。

東京都青梅市御岳山《みたけさん》・円山にある御岳《みだけ》の神代ケヤキは、昭和三年（一九二八）二月一八日に天然記念物に指定された。天然記念物指定書には次のように記されている。

御岳ノ神代欅

周囲三丈八尺、高サ十丈、幹根ハ崖ノ傾斜面ニアリテ、巨大ナル瘤ヲ出シ、樹枝多ク分枝シテ古来雄相ヲ示セリ。樹齢凡ソ六百年。日本武尊東征ノ折此山ニ登リテ甲冑ヲ蔵ス。此時已ニ此欅生ヒ茂リテアリ。以テ神代ヨリ存スト云フ。即チ神代欅ノ名アリ。御岳神社境内木トシテ保存セラル。村民等ヨクコレヲ愛護セリ。

このように、天然記念物に指定される時から、神代ケヤキと称せられていた。目通りの周り八・二メートル、樹高二三メートル、樹齢は一〇〇〇年と推定されており、ゴツゴツした幹の巨木は荘厳な雰囲気を漂わせている。生立している場所は、ケーブルカーで山下の滝本駅から、標高差四二〇メートル上の御岳山まで登り、駅から御岳神社に向かう途中の参道の右側斜面に見上げるように立っており、根元には大きな空洞がみえる。

### 甲信越のケヤキ天然記念物

新潟県柏崎市新道の鵜川神社の大ケヤキは、昭和五年（一九三〇）二月二八日に天然記念物に指定された。樹高一八メートル、幹周り九・七メートル、推定樹齢一〇〇〇年である。柏崎市を流れる鵜川の中流左岸、新道集落の家々のつらなる中に鵜川神社はある。このケヤキは、鵜川神社のご神木で、境内の中央に陣取って生育している。案内板によると、大正元年（一九一二）九月二三日の暴風雨で被害をうけ、さらに昭和六三年（一九八八）にも被害を受けた。その時の被害で折れた幹の上部は切断され、覆いを被せられている。地上三メートル付近で四本の大枝に分かれている。その中の一本が今では幹となり、上方で三つの枝が分かれて出ている。傷ついた老齢のケヤキの養生を図るため、かなり広い範囲を立入禁止としている。

山梨県上野原市上野原に生育している上野原の大ケヤキは、同所の上野原小学校の正門付近の校庭の南端にある。山梨県下第二位の大きさである。昭和一九年（一九四四）一一月二三日に天然記念物に指定された。推定樹齢八〇〇年以上、高さ二八メートル、目通り周り八・六メートル、根周り一〇・二メートルで、主幹は地上四・五メートルのところで失われているが、主幹の脇のところから伸び出した枝が新しく主幹としての役目を果たしている。このケヤキ樹の南側は横幅もあって堂々として迫力があるが、反対側は幹に腐れが入り、手術跡がモルタルでふさがれ、哀れな姿となっている。

ケヤキが立っているところは、かつては急勾配の傾斜地で、ケヤキの傍に御岳神社が祀られていた。明治六年（一八七三）に小学校敷地を造るため大規模な土地造成の工事が行われ、そのときケヤキは根元から五メートル余りも埋められた。現在のケヤキは、もともとのケヤキからいえば、地上五メートルから上の部分である。

山梨県北杜市須玉町江草の根古屋《ねごや》神社境内に生育している根古屋の大ケヤキは、一対、つまり二本である。昭和三三年（一九五八）五月一五日に天然記念物に指定された。神社の境内に本殿と舞台を挟むかたちで、両脇に大きなケヤキが生立しているのである。向かって右側のケヤキ樹が「畑木《はたぎ》」、左側が「田木《たぎ》」とよばれ、畑木は樹高一六メートル、幹周り一〇・一メートル、推定樹齢一〇〇〇年、田木は樹高二一メートル、幹周り一〇・一メートル、推定樹齢一〇〇〇年とほぼ同じであるが、樹の高さでは田木のほうがやや高く、どちらも巨木である。これほどのケヤキの巨木が二本並んで生育していることは珍しく、地元の人はここだけだという。

巨木のため風雨等の影響を受けやすく、数多くの災難に見舞われてきた。とくに昭和四三年（一九六八）四月には、畑木の幹の空洞内にたまった枯葉から出火し、大きなダメージとなった。二本とも老齢で、枯死を防ぐためあちこちが治療されているが、現在もなお青々とした葉を茂らせている。

この二本のケヤキが春になって芽吹く時、どちらの木が早いかによって、その年の作柄を占う慣わしがこの地方にあった。畑木の芽吹きが早いと畑作が、田木が早いと田が豊作となるとされていた。江戸時代に編集された『甲斐国誌』にも「田木・畑木」と記載されているほど、当時から有名で、身近なケヤキとして地元の人に親しまれている。毎年五月三日の例大祭には、田木・畑木の下で、地元の人たちに受け継がれてきた荘厳で伝統を感じる文化財の神楽が奉納される。

山梨県南アルプス市寺部（旧中巨摩郡若草町）にある三恵《みつえ》の大ケヤキは、昭和三年（一九二八）一一月三〇日に「三恵の大欅」として国の天然記念物に指定された。昭和三二年（一九五七）七月三一日に指定名称が変更され、「欅」の表記がカタカナの「ケヤキ」となった。樹高二一メートル、目通り幹周り一四・六メートル、根周り一六メートルで、枝は西方に五メートル、南方に一〇・五メートル、北方に一六メートルと、四方に広がっている巨樹である。推定樹齢は一〇〇〇年以上だという。大正一五年（一九二六）には「五つの枝を出し……畑の中に独立した樹であるが、遠くから眺めると林のように繁茂し……」と、当時の『山梨県教育委員会史蹟名勝天然記念物調査報告書第二輯』に記載されているように、離れた場所からは小山のように見える威容を誇っていた。この樹も老木によく見られるように幹に空洞が生じ、昭和

国の天然記念物に指定された大ケヤキ

三四年（一九五九）八月の台風や、さらに落雷による火災などを受けたため、現在では主幹の中央部が裂けて、二本に分かれているように見えるが、よく見れば一本の巨大な樹木である。この樹の幹の西方側はそがれて、子女二〇人は入れる空洞となっている。別に空洞となったところに、むかし人が入って火災を起こしたため、幹の内部が焼けて外側だけが残ったともいわれている。

甲府盆地の西部、釜無川右岸の河岸段丘の上、御勅使《みだい》川扇状地の東南端の標高二七五メートルに位置しており、現在は住宅地と果樹園に囲まれている。平成八年（一九九六）には地元有志による「三恵の大ケヤキ保存会」が発足し、土壌改良、腐朽防止、支柱の設置などの取り組みが行われ、現在では樹勢は旺盛である。

福井県大野市友兼の専福寺の境内にある専福寺の大ケヤキは、昭和一〇年（一九三五）六月七日に国の天然記念物に指定された。天然記念物に指定された当時は、主幹は一六メートルの高さであったが、その後落雷で幹が裂け、主幹は八メートルの高さで切られてしまった。近年伐り口からの雨水の浸透により幹の腐朽が進行したため、昭和五九年（一九八四）八月に雨水を避ける小屋根が設けられた。現在は、十数本の支幹が小屋根を囲みこんで覆い隠している。樹高一六メートル、根周り一五・二メートル、目通り幹周り一五・五メートル、推定樹齢八〇〇年以上とされている。

専福寺はもと平泉三千坊の一つで専西寺と号して、天台宗であったという。織田信長のため焼き払われて、大野を転々としていた。戦国時代の加賀・越前の一向一揆を鎮めるために大きな役割を果たし、その功により城主金森長近から「金森」の姓を賜った。そして天正一一年（一五八三）に大野藩主金森長近が専福寺を再興したという。

大ケヤキの前は広い田畑となっており、寺院の黒の板塀、白壁の塀にマッチして風景画をみるような気分になるという。この樹は白壁の塀の延長線上に立っているが、ケヤキのところだけ塀が切れている。専福寺は一六世紀中ごろに、北御門村（現大野市北御門）から現在地に移ったと推測されており、その際に寺の建物の方が大ケヤキに場所を譲ったとも見られている。

## 西日本のケヤキ天然記念物

大阪府豊能郡能勢町野間稲地川原に生育している野間の大ケヤキは、昭和二三年（一九四八）一月一四日に天然記念物に指定された。野間神社のご神木である。この樹を中心とする一画の地は、もと「蟻無《ありなしの》宮《みや》」という神社の境内で、この樹はその神の憑代《よりしろ》即ち御神体ともいうべき神木であったと考えられている。周囲を山に囲まれた小盆地の山里のほぼ真ん中に、青空に届かんばかりの巨木が一本立っている。樹高三三メートル、幹周り一二・〇メートル、枝は東西四二メートル、南北三八メートルに広がって、樹勢は旺盛である。推定樹齢一〇〇〇年である。この樹はもともと紀貫之を祀った蟻無宮《ありなしのみや》神社のご神木であったが、明治四〇年（一九〇七）にこの神社は野間神社に統合され、この神木だけが残された。

むかしは、この樹の芽吹きで作物の豊凶を占ったという。近年まで社頭の砂を請い受けて持ち帰り、はたけもの（野菜）や屋内に散布すれば蟻が退散するといわれ、その効験は遠くまで知れ渡っていた。この樹の根は五〇〇メートルも離れた隣の集落まで伸びて、水田の養分を吸っているといわれ、蟻無宮神社は農業の神様とされてきた。野間神社に合祀されて以降は、神木の保全、境内の清浄化に蟻無会（前身は蟻無講中）をはじめ、郷民がこぞって奉仕してきた。

平成元年（一九八九）三月に、地元の能勢町が枯れている中央部の枝を伐ろうとしたところ、電動ノコギリの熱で空洞部分の木くずが燃え出すという事件があった。バケツ五〇杯ほどの水をかけても火は消え

大阪府能勢町の野間の大ケヤキは国指定天然記念物

ず、消防団が出動してようやく消し止めたが、伐った枝が作業員に当たってケガをするというおまけまであった。「神木を伐った天罰やな、とみんな言うてな」と近所に住む向井喜芳さんはいう。そして向井さんは「村人の誇りであり、心の古里でもある木です。永久に残さんといかんので」ともいう。

　兵庫県朝来市八代字越山の足鹿《あしか》神社の境内に生立している八《や》代《しろ》の大ケヤキは、昭和三年（一九二八）三月二四日に天然記念物に指定された。足鹿神社は『延喜式』の神名帳に記された由緒ある式内社で、祭神は道中貴命《みちなかむちのみこと》である。道中貴命は平安時代初期に天皇の命により、この地に派遣されてきた人物だという。同神社の祭神は今日まで同じ祭神が単独で祀られており、よほど人びとに慕われた行政官だったのだろうといわれている。

　大ケヤキは樹高二三メートル、幹周り九・八メートル、推定樹齢は一五〇〇年とされている。推定者は旧東京帝国大学教授の三好学博士で、大正二年（一九一三）に推定され、それが伝承樹齢となっている。博士は神社創立とともに植えられたと考えられたものであろう。昭和初期以来の境内拡張工事の影響があったのか、昭和に入って樹勢がとみに衰えたとされる。昭和六三年（一九八八）に大規模な保護手術が行われたようだが、そのときほとんどの大枝が切除されたようである。主幹は台風で折れたため、不安定な樹形となっている。現在は支柱の助けをかりて、一本の支幹のみが生命をつないでいる状態である。むかしの盛んに生長していた時期の姿を望むのは無理だが、幸い残った枝にはたくさんの葉がついている。「大金木」と呼ばれ、霊木として崇められている。いまなお主幹や根張りは巨木の威厳を保っており、町のシンボルとして変わらず人びとに親しまれている。

宮崎県臼杵郡高千穂町下野の下野八幡大神社境内の八幡宮のケヤキはケヤキの大木がほとんどない宮崎県では珍しい唯一の大ケヤキとして、昭和二六年（一九五一）六月九日、同宮の境内に生育しているイチョウとともに天然記念物に指定された。同じ樹種が同時に複数天然記念物に指定された例はクスノキにあり、愛媛県の大山祇神社のクスノキ群、熊本県の藤崎台のクスノキ群、宮崎県の瓜生野八幡のクスノキ群があるが、樹種の違う例は他にない。それだけ神社の歴史が古く、環境もよく、巨木となる条件がそろっているのであろう。このケヤキは樹高四〇メートル、幹周り八・五メートル、推定樹齢八〇〇年（伝承）である。

ケヤキは日当たりが悪いため苔むした樹幹は地上四メートルあたりで東西に二支幹に分枝した後、更に二分枝して立ち上がり、枝張りは東西二六メートル、南北三二メートルに広がり、枝葉はよく茂り、樹勢は盛んである。

この八幡大神社は鎌倉時代初期からの古社で、この地に遷座当時に植えられたと伝えられているところから、八〇〇年の樹齢と伝えられている。ケヤキは社殿横にあり、石段を登りきるあたりの左側にイチョウが、右側に有馬杉（幹周り六六八センチ）、参道入り口に逆杉（幹周り七七七センチ）など、巨木がみられる。この神社の決して広くない境内で、前記のように巨樹が文字通り林立する姿は圧巻である。巨木の作りだすどこか神秘的な雰囲気に、この神社を訪れると時間を忘れてしまうという。高千穂町では、この神社の境内林を形成する社叢林全体を保護林に指定している。

熊本県阿蘇郡小国町赤馬場の竹の熊集落の中央に天満宮（菅原神社）があり、その境内の一番奥の左側に生育している「竹の熊の大ケヤキ」は、昭和一〇年（一九三五）六月七日に天然記念物に指定された。樹高三三メートル、幹周り一一・七メートル、根元周り一五・八メートル、推定樹齢は一〇〇〇年とされており、小さな境内を覆わんばかりに茂っている。地上七メートルのところで幹が分かれているが、そこに空洞があり、現在はトタン板で覆われている。戦後の台風で当時一番大きかった枝が折れたあとである。その枝は売却されたが、その時の値段が三〇万円であった。当時、米一俵が二千数百円のころの話である。この主幹はすでにないが、脇の大枝二本がその代わりとなっているけれど、小枝も少なく、少し痛々しい。この樹はケヤキ巨木にふつうにみられる瘤はなく、幹の表面は平らで、カズラが巻き付いている。若芽が出そろうころは壮観で、地元の人ひとはこの樹を神格化し、崇めている。

天然記念物の指定をうける少し前の昭和五年（一九三〇）から六年にかけて、このケヤキ樹を伐採するか保存するかについて、氏子の間で争いとなり、裁判となった。天満宮の氏子は一三名で、ケヤキは氏子の共有物であった。裁判の結果は保存となり、現在ではこの場所は村の集会所となっており、村祭りの大切な中心となっている。

熊本県上益城郡山都町大字浜町の小一領《こいちりょう》神社（柳本大明神）の境内に生育していた妙見の大ケヤキは、昭和一三年（一九三八）五月三〇日に天然記念物に指定されている。樹高三二メートル、根周り九メートル、樹齢一〇〇〇年と言われ、九州で二番目に大きなケヤキであった。残念なことに平成一五年（二〇〇三）一月、幹内部の腐蝕によって根元から倒伏したので、現在は天然記念物から外されている。倒れたものの根はまだ健在なようで、新たに伸ばした枝に葉を茂らせている。この樹の根元から清水が湧き出しており、小一領神社（柳本大明神）東側の手洗いとされ、またむかしから地元矢部の造り酒屋の仕込み水として利用されていた。ついでながら、柳本大明神は水を司る水神で、小一領神社の前身である。また小一領神社は阿蘇神社の末社で、地元の人によると「こいちりょう」という神社の名前が次第に「恋一路」という呼び方に変わり、現在では恋愛の成就神社として親しまれている。

## ケヤキの巨樹・巨木たち

国指定のケヤキ樹の特別天然記念物と天然記念物を以上のとおり、ひととおり紹介したが、ケヤキの巨樹・巨木はまだまだある。そこで前に触れた『新日本名木一〇〇選』『日本の巨樹一〇〇選』『日本の巨樹――一〇〇〇年を生きる神秘』『日本全国674本　巨樹・巨木』に記されたケヤキ樹のデータを紹介する。

○地蔵ケヤキ　茨城県取手市下高井　高源寺の境内
幹周り九・八メートル　推定樹齢・・不明　一説には一六〇〇年
茨城県指定天然記念物「新日本名木一〇〇選」に選定
幹の空洞をくぐって参拝すれば安産間違いなしと信仰されている。

○諏訪神社の大ケヤキ　新潟県上越市稲田　稲田諏訪神社の御神木
幹周り一〇メートル　推定樹齢八〇〇年
「新日本名木一〇〇選」に選定

評価されているケヤキ巨樹・巨木位置図

約二〇〇平方メートルの神社の境内をすっぽり覆っている。

○木下のケヤキ　長野県上伊那郡箕輪町中箕輪　町立木下保育所内
幹周り一〇・四メートル　推定樹齢一〇〇〇年
長野県指定天然記念物「新日本名木一〇〇選」に選定
保育所は神社跡であり、木下ケヤキ周辺は聖域とされていたようだ。

○菅山寺のケヤキ　滋賀県長浜市余呉町坂口　菅山寺境内
樹高二〇メートル　幹周り七・一メートル　推定樹齢一〇〇〇年
滋賀県指定天然記念物
菅原道真ゆかりの寺の山門に寄り添うように、二本のケヤキが並び立っている。

○帝釈寺のケヤキ　秋田県南秋田郡五城目町馬場目　帝釈寺公園内
樹高二六メートル　幹周り一〇メートル　推定樹齢七〇〇年
五城目町指定天然記念物
三〇メートル四方に枝を広げた美しい扇形の樹形をしている。

○出川のケヤキ　秋田県大館市出川字沢岱
樹高二五メートル　幹周り二八・四メートル　推定樹齢七〇〇年
大館市指定天然記念物
かつては出川村の象徴であり、村を守る霊木として人びとが尊崇していた。

○寶蔵寺の大ケヤキ　秋田県仙北郡神岡町神宮寺字神宮寺　寶蔵寺境内
樹高三七・五メートル　幹周り一〇・一メートル　推定樹齢四〇〇年

ケヤキとしては全国一〇位にランクされる。
○山楯の大ケヤキ　山形県飽海郡平田町山楯字北山添
樹高三〇メートル　幹周り八・六メートル　推定樹齢八〇〇年
山形県指定天然記念物
根元から湧き出す清水は、不老長寿のケヤキ清水として地元の人が愛用する。
○八幡のケヤキ　福島県南会津郡下郷町中山字中平　個人宅
樹高三六メートル　幹周り一二メートル　推定樹齢一〇〇〇年
全国二位のケヤキで、源義家が植えたと伝えられている。
○天子のケヤキ　福島県耶麻郡猪苗代町字本町
樹高二七メートル　幹周り一五・四メートル　推定樹齢一〇〇〇年
かつては全国一位であったが、主幹が傷み大枝が切られた。
○沓掛の大ケヤキ　茨城県猿島郡猿島町沓掛
樹高二二・五メートル　幹周り八・九メートル　推定樹齢八〇〇年以上
茨城県指定天然記念物
古代に流れ星のため他の木々は枯れたが、このケヤキだけ残ったという伝説をもつ。
○鹿島神社のケヤキ　茨城県東茨城郡小川町下馬場　鹿島神社境内
樹高一五メートル、幹周り一一・六メートル　推定樹齢五〇〇年
小川町指定天然記念物
茨城県最大の巨木

○一の矢の大ケヤキ　茨城県つくば市玉取　一の矢神社境内
樹高七メートル　幹周り一〇メートル　推定樹齢八五〇年以上
茨城県指定天然記念物
一九九五年の台風で梢が折れ、樹勢が衰えている。
○勝願寺の地蔵ケヤキ　栃木県鹿沼市油田町　勝願寺境内
樹高一四メートル　幹周り五・九メートル　推定樹齢六〇〇年
栃木県指定天然記念物
幹の下部に人が通れる大きさの空洞があり、地蔵様が祀られている。
○円宗寺のケヤキ　栃木県下都賀郡壬生町上稲葉　円宗寺境内
樹高四〇メートル　幹周り八・九メートル　推定樹齢六〇〇年
栃木県指定天然記念物
二本の木が根元で接合しているため、縁結びのケヤキとして親しまれている。
○村主《すぐろ》の大ケヤキ　群馬県利根郡月夜野町上津字村主　村主八幡神社境内
樹高三〇メートル　幹周り七・二メートル　推定樹齢六〇〇年
群馬県指定天然記念物
村主八幡神社の御神木として大切にされてきた。
○水宮神社の大ケヤキ　群馬県藤岡市岡郷　水宮神社境内
樹高一〇メートル　幹周り七・五メートル　推定樹齢七〇〇年
群馬県指定天然記念物

水宮神社の御神木として古くから崇められている。
○清河寺の大ケヤキ　埼玉県さいたま市西区清河寺
樹高三二メートル　幹周り八・五メートル　推定樹齢六五〇年
埼玉県指定天然記念物
神明社の御神木として古くから崇められてきた。
○大久保の大ケヤキ　埼玉県さいたま市大久保領家　日枝神社境内
樹高二〇メートル　幹周り九・四メートル　樹齢不明
埼玉県指定天然記念物
若狭の八百比丘尼が植えたという言い伝えがある。埼玉県の巨樹の三番目。
○矢島稲荷の大ケヤキ　東京都府中市宮西町　矢島稲荷社境内
樹高一七メートル　幹周り九・六メートル　推定樹齢八〇〇年
府中市指定天然記念物
矢島稲荷の御神木で、これまで三度火災にあっているが、その都度復活している。
○鶴巻の大ケヤキ　神奈川県秦野市鶴巻落幡
樹高三〇メートル　幹周り一〇メートル　推定樹齢六〇〇年
神奈川県指定天然記念物
神奈川県下最大のケヤキで、大エノキと呼ばれ、豊作と生活を祈り大切に守られてきた。
○大六のケヤキ　長野県上田市古安曽字大六石神
樹高三〇メートル　幹周り一一・七メートル　推定樹齢一〇〇〇年

上田市指定天然記念物
長野県で二番目の巨樹、地頭木とよばれ根元に大六天を祀る。
○王城のケヤキ　長野県佐久市岩村田古城　王城公園（大井城跡）内
樹高二六メートル　幹周り九・二メートル　樹齢不明
長野県指定天然記念物
根元には道祖神、不動尊、金毘羅などが祀られている。
○一の堰の大ケヤキ　新潟県北蒲原郡黒川村下館
樹高二〇メートル　幹周り六・六メートル　推定樹齢三〇〇年
昔の街道筋にあり、胎内川を渡る目印とされていた。
○小夫のケヤキ　奈良県桜井市小夫字神前田　天神社の境内
樹高三〇メートル　幹周り八・二メートル　推定樹齢一五〇〇年以上
奈良県第二の巨木。天神社の御神木で五世紀末の顕宗紀にも神々の宿る木と出ている。
○籾山八幡社の大ケヤキ　大分県直入郡直入町長湯　籾山八幡社境内
樹高三三メートル　幹周り九メートル　推定樹齢八〇〇〜一〇〇〇年
大分県指定天然記念物
籾山八幡社の御神木で、ケヤキでは九州で第二位の巨木である。

**日本は巨樹・巨木大国**

以上、特別天然記念物、国指定の天然記念物、地方自治体指定の天然記念物等、公に巨樹・巨木と認められているケヤキ樹を紹介してきた。前に触れた全国巨樹・巨木林の会の高橋弘は次のように、『日本の巨樹——一〇〇〇年を生きる神秘』のなかで「日本は巨樹大国」であるという。

日本は中緯度に存在する島国で、国土が南北に長いため亜寒帯から亜熱帯までの気候が存在する。しかも四方を海で囲まれているために降水量が際立って多く、森林が生育する条件が整っている。本州では脊梁山脈を挟んで気象がまったく異なり、日本海側は世界でも有数の豪雪地帯となっている。世界の温帯に属する国を見てみると、降水量は日本の二分の一程度しかない。

日本は狭い国土にもかかわらず、このように様々な気候が存在するため、多種多様な樹種の生育が可能となっている。また日本列島の大部分は、氷河期にも氷河に覆われなかった。そのため、ヨーロッパやアメリカ大陸の温帯地域に比べて、植物の種類が豊富になっている。

北海道にはイチイやカツラ、東日本ではスギ、ケヤキ、シイノキ、カツラなど、西日本ではクスノキ、カシ、シイノキなどが数多くみられ、沖縄ではアコウやガジュマルなどが育っている。日本は、世界でも例のないほど多くの種類の巨樹が育つ国だといえよう。

日本の文明は世界唯一の「木の文明」とも言われている。しめ縄を巡らし巨樹を敬う日本人にとって、森や木そのものが神様であるのだ。開発が進み近代的なコンクリートの街が出現する一方で、鎮守の森を守ろうとする心を失わない。日本人の心には、森を敬う精神が植えつけられている。世界の四大文明が森林破壊によって衰退していったのとは対照的だ。

多様な樹種が生長可能な国土に、それらを守り続ける人間が住み続けたから、日本は巨樹の国となったのだ。

高橋弘が言うように、日本は、多種多様な樹種の樹木が、それぞれの樹種の限界まで生育期間を延ばし、巨樹にまで生長する世界的にも稀な地域である。本書の主題であるケヤキは、日本という狭い地域のなかでも、東日本を中心として生育する樹種である。前に触れた天然記念物に指定されている巨樹の四二件をみても、神奈川・山梨県以東の地域が三四件、いわゆる西日本はわずか八件である。中国・四国地方は全くない。

日本の地に人が住み着いたのはいつごろなのか明確ではないが、青森県の大平山元I遺跡から出土した縄文土器は、付着していた炭化物などを放射性炭素年代測定法で測ったところ、約一万七〇〇〇年前のものとわかった。この土器は今のところ世界最古級のものである。今から一万年前に氷河期が終わり、世界は温暖な時代に入った。温暖化で大陸等を覆っていた氷河の氷が融け、海面が上昇したため、日本列島に多くの入江が生まれた。これを縄文海進《かいしん》という。

### 縄文時代の森のケヤキとその利用

一万年前の縄文海進によって、当時の海岸近くの低標高の地に成立していた森林は海に沈んだのだ。今から二〇〇〇年以上前の森林が近年海中から発見された。富山県魚津市の魚津埋没林である。昭和五年（一九三〇）魚津港改修工事の際海底で最初に発見され、昭和二七年（一九五二）や平成元年（一九八九）にも発見された。樹木の多くはスギであるが、マツ（二葉）、オニグルミ、ヤナギ類、ハンノキ、クリ、ブナ、コナラ、アラカシ、シラカシ、エノキ、ケヤキ、ヤマグワ、カツラ、タブノキ、ヤブツバキ、カエデ類、アオハダ、ケンポナシ、シオジ、ガマズミという二一種の樹木があったことがわかっている。スギを主体とした森林に、常緑広葉樹と落葉広葉樹が混生した森林で、ケヤキもその森林の構成種となっていた。

関東地方の縄文時代の森林状況がわかる資料に、埼玉県北足立郡伊奈町大字小室の関東郡代伊奈氏の屋敷跡の遺跡から発掘された自然木のリストがある。鈴木三男「伊奈氏屋敷跡出土木材の樹種」（『赤羽・伊奈氏屋敷跡　埼玉県埋蔵文化財調査事業団報告書第三集』埼玉県埋蔵文化財調査事業団、一九八四年）から当遺跡周辺の縄文時代後期の森林を推定すると、クリ、クヌギ、ナラ類を主体とした落葉広葉樹林のなかにわずかに針葉樹のカヤと、常緑広葉樹のカシ類が混成した森林であった。但し、前に触れた『日本の遺跡出土製品総覧』の数字とは不整合である。

関東地方の縄文時代の森林の組成

常緑針葉樹
　カヤ二件　イヌガヤ三件　クロマツ一件
常緑広葉樹
　カシ類二一件
落葉広葉樹
　ヤナギ類三九件　クマシデ類二件　アサダ一件　クリ一七二件　クヌギ八二四件
　ナラ類三六件　ムクノキ一件　エノキ一三件　ヤマグワ九件　サクラ類一五件
　ノイバラ三件　ネムノキ二件　イヌエンジュ三〇件　センダン一件　ヌルデ一件
　ムクロジ三件　トチノキ三件　トネリコ類四件　ケヤキ二二件
　合計二三種　一二〇八件（本）

以上のような内容で、ケヤキは二二件となり、生立樹木数一二〇八件（本）の一・八%の件数率であった。

縄文時代のケヤキ材の利用を示すものとして、この伊奈氏屋敷跡の泥炭層の中からケヤキの丸木舟が出土している。縄文時代の後期〜晩期のもので、大きさは幅八〇センチ、長さ四・五メートルであり、ケヤキの大木をくりぬいて作られていた。

鳥取県鳥取市の湖山池の南東岸に位置する桂《かつらみ》見遺跡からは、約三五〇〇年前（縄文時代後期）の丸木舟が二艘出土している。材質はスギとケヤキで、大きさは、一つは幅七四センチで長さ七・二四メートル、もう一方は幅七〇センチで長さ六・四一メートルである。丸木舟としては、全国でも最大級である。

縄文時代のケヤキ丸木舟出土地

その丸木舟を漕ぐための縄文時代の櫂《かい》が、福井県三方町の鳥浜貝塚から三件、鳥取市の布勢遺跡から一件出土している。

舟も櫂も、あの堅いケヤキ材を削ったり、あるいは丸太のままを、決して鋭利とは言えない石器の刃物をつかって製作しているのである。縄文人の技術の高さ、そして根気のよさにはただただ感心するばかりである。

丸木舟だけでなく、縄文人たちはケヤキをいろいろと利用している。福井県三方町の鳥浜貝塚からは、土木用の杭一件、漁撈用の尖り棒一件、人手が加えられたことを示す加工材が二件、ケヤキ丸太を割った割材が二件出土している。また杭及び遺構材が埼玉県の寿能泥炭層遺跡から二件出土している。このように縄文時代の人びとは、堅い材ながらケヤキ材を生活に利用し、生かしていたのである。

ケヤキをどのように使ったのかはわからないが、縄文時代のいくつかの遺跡からケヤキが木炭や燃えかす（炭化材）が出土しているので掲げる。

青森県　近野遺跡（全一〇六件中ケヤキ二件）、古舘遺跡（全二七二件中一三件）、馬場瀬遺跡（全七件中二件）、三内沢辺遺跡（全一六件中六件）

仙台市　六反田遺跡（全一四件中五件）

東京都　鈴木遺跡Ⅱ（全三八件中一件）、六反田遺跡Ⅰ（全三件中一件）

横浜市　高速2号線№6遺跡（二九六件中二件）

### 弥生時代のケヤキ材の利用

弥生時代になるとさらにその利用用途が増加してくるのである。島地謙・伊東隆夫編『日本の遺跡出土木製品総覧』（雄山閣、一九八八年）から、弥生時代の遺跡から出土したケヤキ製品を掲げてみると次のようになる。

建築材　角材　群馬県新保遺跡（一件）

組み合わせ角材　大阪府西岩田遺跡（一件）

柱根　大阪府若江北遺跡（一件）

柱状材　愛知県瓜郷遺跡（一件）

土木材　割材杭　大阪府安満遺跡（一件）

農具

杭　大阪府鬼虎川遺跡（一件）・同府西岩田遺跡（一件）・同府池上遺跡（一件）
廃材　大阪府鬼虎川遺跡（五件）
田舟　鳥取県池ノ内遺跡（一件）
横鍬　群馬県新保遺跡（一件）
広鍬　大阪府池上遺跡（一件）
臼　福岡市羽根戸遺跡（一件）

容器

小型四脚付盤　大阪府池上遺跡（二件）
椀　青森市三内遺跡（三件）・奈良県唐古遺跡（二件）
高杯　大阪府瓜生堂遺跡（一件）・同府鬼虎川遺跡（一件）・同府山賀遺跡（二件）・同府四ツ池遺跡（三件）・同府池上遺跡（四件）・愛知県篠束遺跡（一件）
木杯　静岡県山木遺跡（一件）
蓋　大阪府瓜生堂遺跡（一件）
舟型鉢　大阪府池上遺跡（一件）
把手付鉢　大阪府池上遺跡（二件）
鉢　大阪府池上遺跡（四件）
木鉢　静岡県山木遺跡（一件）
不明容器　大阪府池上遺跡（一件）・大阪府四ツ池遺跡（一件）
容器　群馬県新保遺跡（三件）・福岡市鶴町遺跡（一件）
容器未製品　群馬県新保遺跡（二件）

食事具　勺　　奈良県唐古遺跡（一件）
　杓子　　大阪府山賀遺跡（一件）
　横杓子　大阪府池上遺跡（一件）
加工材　加工木　福岡市板付遺跡（一件）
　板　大阪府池上遺跡（一件）
　柾目板　群馬県新保遺跡（二件）
用途不明品　未完成品　大阪府恩智遺跡（一件）
　木器破片　青森市三内遺跡（一件）
　木製品　福岡市那珂深ヲサ遺跡（一件）
　用途不明　大阪府池上遺跡（九件）

これら以外には、前掲書は炭化材と自然木を載せているが省略する。以上触れた弥生時代のケヤキの遺物例をみると、大阪府池上遺跡のものが種類も出土数もきわめて多い。もう一度掲げてみると次のようになるが、同書が採用した報告書の作成年は一九八〇年（昭和五五年）である。

池上遺跡のケヤキの使用例

土木用の杭（一件）、農具の広鍬（一件）、容器の小型四脚付盤（二件）・同高坏（五件）・同舟形鉢（一件）・同把手付鉢（二件）・同鉢（四件）・同不明容器（一件）、食事具の横杓子（一件）加工材の板（一件）、用途不明品（九件）

以上のように一一種のケヤキの製品が出土している。一つの遺跡からのケヤキ製品の多様な出土は、他の遺跡にはない特徴となっている。

### 弥生時代のケヤキ巨木の掘立て柱

大阪府和泉市池上町と泉大津市曽根町にまたがる池上曽根遺跡は、前掲書の採用報告書から後の調査で、直径三〇〇メートルにおよぶ環濠集落で、弥生時代中期後半の遺跡としては最大規模のものであることが判った。平成七年（一九九五）六月、マスコミは、池上曽根遺跡の大型建物と巨大な刳《く》りぬき井戸の発見を一斉に報じた。

平成七年の調査で、床面積が一三五平方メートルもある巨大な掘立柱建物・大型建物が発見され、断面も含めると一八基の柱穴に一六本のヒノキや二本のケヤキの柱根が出土した。建物の南面には、直径二メートル以上のクスノキの巨木を刳りぬいて井戸枠にした大型の井戸もみつかった。

ヒノキの柱材一六本のなかから、比較的遺存状況のよいもの五本を選び年輪年代測定を行ったところ、その中の一本は紀元前五二年、もう一本は紀元前五六年と確定することが出来た。このことから弥生時代中期後半の暦年代の一定点が紀元前五〇年ごろにあると想定されるようになった。この池上曽根遺跡遺物の年輪年代測定法による測定結果は、弥生時代中期後半の暦年代を最大一世紀遡らせることとなったのである。

池上曽根遺跡からは、自然木も遺物として出土している。個々の樹木の大きさはわからないが、樹種別の本数はわかるので、弥生時代の大阪湾東側海岸地方の植生がすこし見当がつくであろう。

モミ（一件）、マツ（二件）、ヒノキ（七件）、ヤナギ（一件）、クリ（一件）、シイノキ（二件）、コナラ（一件）、カシ（七件）、ムクノキ（一件）、エノキ（三件）、ケヤキ（一件）、クスノキ（一件）、サクラ（二件）、ユズリハ（一件）、カエデ（一件）、リョウブ（一件）、タイミンタチバナ（一件）、カキ（二件）の一八種三六件（本）である。そのうちケヤキは一件で、全件数（本）の三％となる。

同地方は、常緑広葉樹のクスノキやシイノキ等に、クリ・ケヤキ・カエデ等の落葉広葉樹が混生した森林となっていた。巨大建物を支えるケヤキ柱は巨大なものであったのだろうが、大阪平野の南や東に山並みを形成している和泉山脈・金剛山地という山地から調達できたのであろう。そのことは池上曽根遺跡から真北にあたり、大阪平野の真ん中の東大阪市の若江北遺跡からも、ケヤキの掘立て柱の柱根が出土していることから推察することができる。

若江北遺跡から出土した掘立て柱の樹種は、マツ、ヒノキ、クリ、クヌギ、コナラ、カシ、ケヤキ、ヤマグワ、タブノキ、サクラという一〇種の樹木が使われている。ここの遺跡では選り好みをせず、掘立て柱として使えそうな木を手当たり次第に使っているようであり、ケヤキもその一つとして使われていたと考えられる。

池上曽根遺跡のケヤキ柱根の出土から少し遅れる平成一五年（二〇〇三）に奈良県の唐古・鍵遺跡からも巨大なケヤキ柱根が発掘された。唐古・鍵遺跡とは、奈良盆地の中央部にあたる奈良県磯城郡田原本町大字唐古と大字鍵にまたがる弥生時代の環濠集落遺跡のことで、現在知られている遺跡面積は約三〇ヘクタールである。規模の大きさのみならず、大型建物の跡地や青銅器鋳造炉など工房の跡地が発見され話題となった。

平成一五年（二〇〇三）一〇月一九日に行われた第九三次の唐古・鍵遺跡調査の現地説明会の資料によると、ケヤキ柱を使った大型建物跡は北東から南西方向に軸をもつ梁間《はりま》二間（六メートル）×桁行《けたゆき》六間（一三・七メートル）の建物である。独立棟持柱をもたない長方形の建物で、床面積は八二・二平方メートル（畳約五〇畳分）もある。柱列は建物中央と東西両側の三列に並び、中央柱列は六本、東西両側の柱列は基本的に七本ある。東側の柱列の七本の間に、あとから添えられたと思われる三本の柱がある。

柱穴は全部で二三個、そのうちの一八個の柱穴に、柱根が残っていた。柱根の丸太の太さは最大で径八〇センチあり、弥生時代の柱としては最大級のものである。残っていた柱根はすべてケヤキ材であった。またこの柱材を据えるために掘り込まれた柱穴の大きさは、長さ三メートル、幅一・五メートルもある。この大型建物は、柱穴から出土した土器から弥生時代中期中葉（約二一五〇年前）に建てられたものと考えられている。

なお、建物の高さは九メートルと想像されているので、最大のケヤキ掘立柱は、根元径で八〇センチ、埋め込んだ深さを一メートルとすると高さは一〇メートルの巨材となる。ケヤキの巨木を見たことのない人は、公園に植えられたケヤキの若木をみて、幹が根元から四〜五メートルでたくさんの支幹に分かれ、地上一〇メートルのあたりは支幹となるので、果たして屋根まで届いていたのだろうか、と心配するむきもある。

しかしながら弥生時代初期には、それまで人の斧が入っていなかった森林が広がっていた。他の樹木と共存しながら森林を構成して生育しているケヤキは、スギやヒノキのように真っ直ぐとはいかないが、支幹を発達させずに幹は幹として生育していたものがたくさんあった。谷間の肥沃地には、純林は作らないものの一〜二％の比率でケヤキは成立していたと考えられる。山に材料となるケヤキ立木はあるが、それを伐採して丸太とし、現在でも持て余しそうな長大で重量のある巨材をどうやって運搬したのであろうか。当時の人の知恵と技術には、驚かされる。

## 古代ケヤキから古気候の推定

樹木の毎年の生長量は、その時点の気候の影響を大きく受けている。温暖であれば肥大成長量は大きく、逆に寒くなればあまり成長できないので年輪幅が小さくなる。その原理を利用して古い樹木から樹木が生育していた時代の気候を推定することができる。

鳥取大学農学部生存環境学科環境科学講座の古川郁夫・渡部里奈は、古代の自然河川の遺構から出土したケヤキを用いて古気候の推定を行い、論文「古代ケヤキの年輪幅変動による古気候の推定」(『広葉樹研究』№8、鳥取大学農学部、一九九九年)で発表しているので、要約しながら紹介する。

樹木の年輪幅の経年変動と気象変動の関連性を調べる研究を樹木気候学といい、環境科学の一つの手法として注目されている。調べられる樹木は従来からスギやヒノキなどの針葉樹が多く、広葉樹で調べられた事例は少ない。

古川らは、平成元年(一九八九)東京都内の旧家の屋敷にあった樹齢一〇〇年以上のケヤキが伐採されたとき、運よく胸高部位の円盤を手に入れることができた。同じころ鳥取市郊外の山ケ鼻遺跡(約二〇〇〇年前の縄文晩期から古墳時代にかけての自然河川跡遺跡)から、樹齢一五〇年以上の古代のケヤキが出土し、このケヤキから厚さ一〇センチの円盤を採取することができた。古代ケヤキの心材部は木部組織の劣化も少なく、年輪幅測定に全く問題はなかったし、心材部での偏心成長はほとんど見られなかった。

作業は、東京都産の現存ケヤキの肥大成長の解析から始められた。そのケヤキは昭和二九年(一九五四)以降一〇年にわたって、異常に肥大成長が悪くなっていた。その後もしばしば異常に成長の悪い年輪が認められた。この原因は、東京オリンピック開催(一九六四年)にともなう都市開発整備による道路拡張工事で、ケヤキが生育していた敷地の一部を提供した際に、根部に損傷を受けたためであり、その折にも枝も一部伐り落とされたことがあり、これらが肥大成長を減少させたのであろう。さらにそれ以降の年輪において、しばしば見受けられる極端に狭い年輪部は、その後の大気汚染の影響かもしれない。現存ケヤキでは昭和一六年（一九四一）から同三八年（一九六三）の二二年間を解析期間とした。

古代ケヤキは、各年輪の形成年の確定は不可能であったが、測定可能な部分で連続した一二七年の年輪分を解析対象期間とした。

現存ケヤキの解析には、東京都渋谷区内で観測された気象庁の気象データの昭和一六年（一九四一）から同三八年（一九六三）の二二年間を用いた。とくにケヤキの肥大成長と直接関わりが深いと考えられる年輪形成年当年の三月から一〇月の八か月間の、月別総降水量と月別平均気温を用いて、これらと年輪幅、孔圏幅、孔圏幅外幅の指数値クロノロジーとの単相関関係を調べた。さらにこれらの間に高い相関性が見いだされた場合は、それらの相関性を表す単回帰式を求めた。

現存ケヤキを解析の結果、五・六・七月の時期、気温が高いほど肥大成長は少なく、年輪形成の晩期である八月には全く影響しないことがわかった。日照時間との関係においても、気温とほぼ同じことがわかり、日照時間が長くても肥大成長には関係しなかった。ただ三月の日照時間は、開葉していないが樹液流動は始まっており、年輪形成活動の始動時期にあたることから、この時期に幹に日光が当たることがその年の肥大成長を促す作用のあることがうかがえた。降水量では、東京のケヤキは降水量の多い方が肥大成長も大きかった。

このように解析した結果、古川らは次のような結論を出している。

現存ケヤキで見つけ出された七月平均気温と孔圏外幅指数値との関係式に、古代ケヤキの孔圏外幅指数値を代入することにより、古代の七月ごろの平均気温や日照時間を算出し、現在と比較したところ、古代ケヤキが生育していたころ（約二〇〇〇年前）と現在とは大差ないことがわかった。しかし、現代のほうが平均気温にしても、日照時間にしても各年ごとの変動幅は古代よりもかなり大きかった。このことは、現代の気候が非常に不安定であることを示唆しており、地球温暖化や大気環境の汚染などはこの不安定要因の一因かもしれない。

# 第二章　槻《つき》と呼ばれたころのケヤキ

## 長谷の聖なる百枝《ももえ》槻《つき》

欅《けやき》の古名は槻《つき》である。それだから、古い時代の文献である『古事記』にも、『日本書紀』にも、『万葉集』にも欅《けやき》は登場しない。

槻の語源の詮索は後のことにして、まず槻が最初に登場してくる『古事記』のところから、みていくことにする。

『古事記』は都を大和国の平城（奈良）に遷《うつ》した元明天皇（第四三代天皇）の命により、稗田阿礼《ひえだのあれ》が誦《よ》むところにしたがって、太安万侶《おおのやすまろ》が筆録し、和銅五年（七一二）正月二八日に献上したもので、わが国最古の典籍である。

槻と天皇家の関わりは、古代では聖なる樹とされていた槻の大樹の下で、天皇が新嘗祭《にいなめさい》の豊楽《とよのあかり》つまり宴会を催されたときの出来事からはじまる。『古事記』（倉野憲司校注、岩波文庫、一九六三年）下つ巻・雄略天皇の金鉏岡《かなすきのおか》・長谷の百枝槻の条《くだり》である。雄略天皇（第二一代天皇）と皇后と、三重の婇《うねべ》と袁杼比売《おどひめ》という四人の歌物語となっている。すこし長いが槻が登場する条《くだり》を記す。

また天皇、長谷《はつせ》の百枝槻《ももえつき》の下に坐しまして、豊楽《とよのあかり》したまひし時、伊勢国の三重婇《みえのうねめ》、大御盞《おほみうき》を指擧《ささ》げて獻りき。ここにその百枝槻の葉、落ちて大御盞に浮かびき。その婇《うねめ》、落葉の盞《うき》に浮かべるを知らずて、なほ大御酒《みき》を獻りき。天皇その盞に浮かべる葉を看行《みそな》はして、その婇を打ち伏せ、刀をその首にさし充《あ》てて、斬らむとしたまひし時、その婇、天皇に白《まを》して曰《い》ひけらく、「吾《あ》が身をな殺したまひそ。白すべき事あり」といひて、すなはち歌ひけらく

纏向《まきむく》の　日代《ひしろ》の宮は　朝日の　日照る宮
夕日の　日がける宮　竹の根の　根垂る宮　木の根の　根蔓《ねば》ふ宮
八百土《やおに》よし　い築《きず》きの宮　眞木《まき》さく　檜《ひ》の御門《みかど》
新嘗屋《にひなへや》に　生ひ立てる　百足《ももだ》る　槻《つき》が枝は
上枝《ほつえ》は　天《あめ》を覆へり　中つ枝は　東《あずま》を覆へり
下枝《しずえ》は　鄙《ひな》を覆へり
上枝の　枝の末葉《うらは》は　中つ枝に　落ち触らばへ
中つ枝の　枝の末葉は　下《しも》つ枝に　落ち触らばへ
下枝の　枝の末葉は　あり衣《きぬ》の　三重の子が　指《さ》擧《さが》せる
瑞玉《みづたまのうき》　盞に　浮きし脂《あぶら》　落ちなづさひ
水《みな》こをろこをろに　是《こ》しも　あやに恐《かしこ》し
高光る　日の御子　事の　語《かたりごと》　言も　是《こ》をば

とうたひき。故、この歌を獻りつれば、その罪を赦したまひき。

雄略天皇が奈良県磯城郡初瀬町の、百枝槻とよばれる枝が四方にひろがり繁茂している大木の槻の根元に出御され、宴会を催された。そのとき、伊勢国（現三重県）三重郡采女郷（現四日市市采女町）出身の婇《うねめ》

が大御盞を捧げて天皇に奉った。だがその大御盞には、百枝槻の葉が落ちて浮いていたのであったが、そのことを婇は大御盃を目の上に捧げ持っていたため知らないまま、天皇に奉ったのであった。婇とは、采女のことである。

雄略天皇は、盞《うき》に浮かんだ葉っぱを見るなり、婇《うねめ》をうち伏せ、太刀を抜いて婇の首にあてがい、斬ろうとされたとき、婇が天皇に申し上げた。「私の身を殺さないでください。申し上げることがございます」と言って、歌を申し上げた。

「纏向《まきむく》の日代の宮殿は、朝日が照り輝く宮、夕日が光輝く宮です。竹の根が長くはい延びている宮、八《や》百《お》土《に》よし突き固めた宮です。眞木《まき》さく檜《ひのき》造りの宮殿の、新嘗《にいなめ》を召しあがられる御殿の傍に生い立っている枝葉の良く茂った大木の槻は、上枝は高く天を覆い、中枝は遠く東の国を覆い、下枝は田舎の国を覆っています。上の枝の先についている葉は中の枝にはらはらと落ち触れ、中の枝の先の葉は下の枝に落ち触れ、下の枝の先の葉はあり衣三重の婇が捧げている立派な盞に、浮いた脂のように落ちて浸り漂い、水をこおろこおろとかき回してできた島のように浮かんでおります。このありさまこそ、まことに畏れ多いことです。高光る日の神の御子さま、事の語りごととして、このことを申し上げます」と婇は歌った。この歌を献上したので、天皇はその罪を赦された。以上

長谷の百枝槻とはこんな樹姿の槻だったのか。
大阪府能勢町の野田の大ケヤキ。

がこの出来事の内容である。

**百枝槻《ももえつき》と雄略天皇の支配地域**

この歌について、荻原浅男・鴻巣隼雄校注・訳の『古事記　上代歌謡』（日本古典文学全集、小学館、一九七三年）は、次のように解説している。

新嘗祭の酒宴に、天皇・皇后・三重の采女・袁杼比売《おどひめ》の四人が歌った宮廷賛歌の物語である。なかんずく采女の歌は、橘守部が『稜威言別《いつのことわき》』で「歌神とも称ふべきは今此歌を第一として」とまで激賞した。全編四十八句、記紀歌謡中の最長の詞形である。壮麗な賛辞の繰り返しで日代の宮をことほぎ、次に新嘗屋に立つ欅の巨木を提示し、その上枝の末葉から中枝の末葉へ、それから下枝の末葉へと順次に触れ落ちる葉に視点を移し、最後に盃に散り浮かんだ葉に焦点をすえて「水こおろこおろ」と神代の淤能碁呂島《おのころじま》創生の物語を想像し、国土創生の霊気の宿る酒盃を受ける日の御子を祝福している。単純明快な構成の中に壮大な想像力と緻密な感覚とを盛った宮廷賛歌である。

この物語の場所は雄略天皇の泊瀬《はつせ》（長谷）の朝倉宮であるはずだが、三重の采女は纏向の日代宮だと歌っている。日代宮は景行天皇の宮であり、少し食い違いができている。婇《うねめ》は地方の豪族から貢進された子女で、天皇の食膳・酒宴などに奉仕していた。制度化されて、「孝徳天皇紀」大化二（六四六）年正月一日の詔のその第四に「采女は郡の少領《すけのみやつこ》以上の者の姉妹や子女で、容貌端正の者を奉れ」とある。

新嘗屋《にひなへや》は、天皇がその年に収穫された新米を天神地祇にお供えしてすすめ、また同時に天皇がこれを神とともに食する儀式を行う御殿のことである。古くは陰暦一一月の中の卯《う》の日に行われ、新嘗祭《にいなめさい》とよばれた。

あり衣は絹布のことで、この場合の「あり」は蚕のことをいう。瑞玉盞《みずたまうき》のミズ・タマともに美称であり、盞《うき》は盃のことである。

「浮きし脂」は、盞《うき》に浮いている槻の葉っぱを、『古事記』上つ巻の国土創造の神話の「国稚かく浮脂なしてただよへるとき」の詞章をひいて、言祝《ことほ》いだものである。「落ちなずさひ」は、落ちて水や酒に浸かることをいう。「水こをろこをろ」は、これも『古事記』上つ巻の神話で、イザナギノミコト・イザナミノミコトが天の浮橋から沼矛《ぬぼこ》をさし下ろして海水を「塩こをろこをろにかき鳴らし」て、はじめての国土を作り固めたというめでたい詞章をひいたもので、槻の葉っぱが盞に浮かんだことを言祝いだものである。

『古事記』が撰上されたのは前に触れたように第四三代の元明天皇の御代である。したがってイザナギノミコト・イザナミノミコトの国土創造の話を三重の婇も、雄略天皇も知らないはずであるが、ここでは当然のように記されている。この歌を解説する人も、そのことを誰も疑問視していない。雄略天皇期に、何かこのような言い伝えを、天皇も、その御傍近くに仕える人たちも知っていたのであろうか。三重の婇がいまにも首を切られようとしている切羽詰まったとき、即座に詠んだ歌のなかに「水をこおろこおろとかきまぜ」と詠めるほどの、国土創造の話を理解できるほど普及していたものであろうか。

さて、それは別にして三重の采女は、纏向の日代宮の百足る（枝葉が十分に茂った）槻の上枝は高く天を覆い、中枝は遠く東の国を覆い、下枝は都から遠く離れた国を覆っていると歌う。三重の采女の歌のように、雄略天皇の勢力範囲は、『教養の日本史』（竹内誠・佐藤和彦・君島和彦・木村茂光編、東京大学出版会、一九八七年）によれば、「大和王権の王が雄略天皇の時には『大王』と呼ばれており、五世紀後半に大和王権が東は現在の埼玉県から西は熊本県に及ぶ支配権を有するようになっていたことが知られる」と、大和国飛鳥を中心として東にも西にも、広大な地域を支配していた。

昭和五三年（一九七八）一〇月に埼玉県行田市の稲荷山古墳から出土した鉄剣に、金象嵌《ぞうがん》の一一五文字があることが判明し、そのなかには「獲加多支鹵大王《わかたけるおおきみ》」が「斯鬼宮《しきのみや》」にいるとき、仕えた「乎獲居臣《をわけのおみ》」がこの刀を作らせたと記されていた。この獲加多支鹵《わかたける》は雄略天皇と推定され、そのことから熊本県玉名市菊水町の江田船山古墳出土の太刀名にみられる「獲□□□鹵大王」も「ワカタケル大王」とよみ、雄略天皇とする説が有力となった。当時の大和王権は、国内の豪族に太刀・剣を贈与することで支配権を確立していたからである。

## ヤマト朝廷では槻《つき》は聖樹であった

三重の采女の歌について辰巳和宏は『聖樹と古代大和の王宮』（中央公論社、二〇〇九年）のなかで、つぎのようにいう。

歌の趣旨は、「纏向の日代の宮の中枢に建つ新嘗屋には、無数の枝をのばして天地を覆う大きな槻の樹がある。天を覆う上の枝から落ちた一枚の葉がその下の国土の端まで覆う中の枝から落ちた一枚の葉が王化を受けない未開の地を覆う下の枝を動かし、下の枝の一枚が天皇に捧げた酒盃に落ちて浮き漂うことになった。天の霊力はこのように槻の葉を次々と経由することで強化され、酒は強い霊力をもった飲み物となった。なんと目出度いことよ」というものだった。この歌によって三重の采女はその罪を許されたという。

新嘗祭は統治者として最も象徴的な王権の祭祀である。その祭祀が行われる新嘗屋の傍らに聳え立つ槻は、単なる木ではない。古代人は天から地の果てまですべての空間を覆う世界の中心に立つ聖樹、すなわち世界樹として認識していたようだ。そのため雄略天皇の酒盃に浮かんだ一枚の槻の葉は天命に感応した結果のものであるとみなされた。
　このように辰巳は、雄略天皇の泊瀬《はつせ》朝倉宮にも、纏向《まきむく》の日代宮にも、王宮の中心部となる新嘗屋は聖樹である槻の大木の傍らに造られていたという。
　聖樹とはいまの言葉であるが、別の言葉で言えば神の宿る樹、つまり神木であったといえよう。当時のヤマトことばでいえば、斎《いわ》う樹のことである。雄略天皇の時代からは、少し下っているが、『万葉集』巻第十一に斎《いわ》ひ槻の歌がある。

　天《あま》飛ぶや軽《かる》の社の斎《いわ》ひ槻幾夜まであらむ隠《こも》り嬬《づま》ぞも（二六五六）

　歌の意は、「天飛ぶや」は軽に係る枕詞で、軽の神社にある神木の槻の木のように、あの娘は何時まで人目をはばかり、隠れ妻のままでいるのだろうか、である。斎ひ槻は、老齢の神木であるので、「幾夜まで」つまりいつまで生育していることが出来るのであろうかを導き出している。

古代では楠のような常緑樹が神木として敬われていた。

　古代では常緑樹は神の依代《よりしろ》とされ、松、杉、楠などが神木として敬われていたが、落葉樹の槻が神木とされていることは異例のことといえよう。だが、老齢の巨木が、どっしりと大地に根を張り、高々と成長した幹と、そこから四周にほぼ均等に枝葉を茂らせた樹姿はまことに神秘的で気品に満ち溢れていて、神が来臨されても不思議ではない威厳がある。

天皇の宮が大和国の三輪山の麓や、飛鳥地域にあった時代には、前に触れた泊瀬朝倉宮や纏向日代宮のように、王宮や政府の役所の一つである寺には神木の槻が見られ、その樹の下で天皇家に関わる人ごとのさまざまな行事や出来事があった。『日本書紀』（宇治谷孟『全現代語訳　日本書紀　下』講談社学術文庫、一九八八年）によると、現在の奈良県高市郡明日香村にあった法興寺（飛鳥寺）には大きな槻があった。

法興寺（飛鳥寺）は『日本書紀』によれば、大臣であった蘇我馬子が用明天皇二年（五八六）に対立していた物部守屋との戦いに際して「諸天王・大神王たちが我を助け守って勝たせて下さったら、諸天王と大神王のために寺塔《てら》を建てて三宝を広めよう」と発願し、飛鳥衣縫造《あすかのきぬぬいのみやつこ》の先祖の樹葉《このは》の家をこわして、ここに法興寺を建立することにし、この地を飛鳥の真神原《まがみのはら》と名付けた。同年冬一〇月山に入って法興寺の用材を伐採し、推古天皇四年（五九六）に落成した。法興寺の建造にあたって寺の敷地に生立していた大木の槻は、伐採されることなく、法興寺の神木となったようである。

## 飛鳥法興寺の槻《つき》の広場

法興寺を建立した蘇我馬子のあと蘇我蝦夷《えみし》が大臣となり、皇極天皇の時には蝦夷の子入鹿《いるか》が自らの手に権力を集中しようとして、有力な皇位継承者の一人であった山背大兄王《やましろおおえのおう》を襲って自殺させた。このようななかで、唐から帰国した留学生や学問僧によって唐や朝鮮半島の動きが伝えられると、豪族がそれぞれに私地・私民を支配し、朝廷の職務を世襲するというこれまでの体制をあらため、唐にならった新しい国家体制をうちたてようとする動きが急に高まった。大化の改新の兆しである。

中大兄皇子《なかのおおえのおうじ》は中臣鎌足《なかとみのかまたり》（のちの藤原鎌足）とはかり、蘇我蝦夷・入鹿父子を滅ぼすのであるが、中大兄皇子と鎌足の出会いの場が、法興寺の大槻の下であった。二人の出会いを『日本書紀』巻第二十四の皇極天皇三年（六四四）春一月一日の条《くだり》は、次のように記している。

中臣鎌子連《なかとみのかまこむらじ》は人となりが忠正で、世を正し救おうという心があった。それで蘇我入鹿が君臣長幼の序をわきまえず、国家をかすめようとする企てを抱いていることを憤り、つぎつぎと王家の人々に接触して、企てを成し遂げ得る明主を求めた。そして心を中大兄皇子に寄せたが、離れていて近づき難く、自分の心底を打ち明けることができなかった。たまたま、中大兄皇子が法興寺の槻の木の下で、蹴鞠《けまり》の催しをされたときの仲間に加わって、中大兄の皮鞋《くつ》が蹴られた鞠《まり》と一緒に脱げ落ちたのを拾って、両手に捧げ進み、ひざまずき恭しくたてまつった。中大兄もこれに対してひざまずき、恭しくうけとられた。これから親しみ合われ、一緒に心中を明かし合ってかくすところがなかった。

余談ながら、中大兄と中臣鎌子とが出会ったときの行事の蹴鞠は、鹿革《しかかわ》で作った鞠をけって遊ぶ貴人のあそびである。庭で数人が革鞋をはき、鞠を懸《かかり》の木の下枝よりも高く蹴り上げることを続け、また受けて落とすまいとするものである。蹴鞠は中国ではじめられた遊戯で、漢代には既に行われていた。日本ではこの中大兄と中臣鎌子の出会いとなった催しが、文献にみえる最初である。

懸《かか》りの木とは、いわば障害物である。鞠を蹴り上げる高さを決める基準ともなり、蹴り上げたときその障害物に接触しないようにする技術もいることで、より複雑な遊びとなり、面白かったのである。法興寺の大槻の大きさは、今となっては不明のままだが、大阪府で一番大きな欅《けやき》（全国で四位）として知られている国の天然記念物の野間の大ケヤキで想像してみた。野間の大ケヤキは、高さ三三メートル、下枝は四方に広がり、東西四二メートル、南北三八メートルである。下枝の最先端は地上二メートル位まで垂れさがっているが、枝の付け根は八〜一〇メートルと高い位置になっている。

蹴鞠するときの鞠場は七間半（約一三・六五メートル）四方が本式とされているので、野間の大ケヤキの大きさであれば、片方の枝の長さが作る空間だけで十分に本式蹴鞠を楽しむことができる。

　飛鳥の法興寺の蹴鞠がきっかけとなり、互いに肝胆あい照らした中大兄と藤原鎌足は、蘇我馬子親子を誅殺《ちゅうさつ》ののち、中大兄は皇太子として大化の改新を断行した。

『日本書紀』巻二五の孝徳天皇の条《くだり》で、皇極天皇四年（改めて大化元年（六四五）となる）六月一九日、天皇（孝徳天皇）、皇祖母尊《すめらみおやのみこと》（皇極天皇）、皇太子《ひつぎのみこ》は、法興寺の大槻の木の下に群臣を召し集めて誓約をされた。誓約の内容は、「天は覆い地は載す、その変わらないように帝道はただ一つである。それなのに末世道おとろえ君臣の秩序もうしなわれてしまった、さいわい天はわが手をお借りになり暴虐《ぼうぎゃく》の者を誅滅《ちゅうめつ》した、いま共に心の誠をあらわしてお誓いします。今から後君に二つの政《まつりごと》無く、臣下は朝《みかど》に二心を抱かない。もしこの盟《ちかい》に背いたなら、天変地異おこり鬼や人がこれをこらすでしょう。それは日月のようにはっきりしたことです」と誓ったのである。

　斉明天皇七年（六六一）秋七月に祖母斉明天皇（皇極天皇の重祚）が朝倉宮で崩御され、都を近江国志賀に遷《うつ》し大津宮で即位して天智天皇となり、近江令を制定し内政を整えられた。天智天皇（第三八代天皇、在位六六八〜六七一年）が病臥されて重態のとき、弟である東宮（皇太子）の大海人皇子《おおあまのみこ》を呼び位を譲られようとした。東宮は隠された謀《たばかり》があるかもしれないと思い辞退し、天智天皇の長子大友皇子《おおとものみこ》を皇太子にしてくださいと頼み、吉野に入った。

　天智天皇が崩御されたのち、大友皇子（弘文天皇）を擁している近江朝廷に、弟であった大海人皇子が壬申の年（六七二年）に吉野で兵を挙げ反乱を起こした。これが壬申の乱である。近江朝廷は大海人皇子の反乱に対応するため、大和京の留守司《るすのつかさ》の高坂王に援助を頼み、これに応えようと高坂王は法興寺の大槻のもとに軍営を構えていた。

そのあたりについて『日本書紀』巻二十八は天武天皇元年（六七二）六月二九日の条《くだり》に次のように記している。

留守司の高坂王《たかさかのおおきみ》と、近江の募兵の使いの穂積臣百足《ほづみのおみのももたり》らは、飛鳥寺の西の槻の木の下に、軍営を構えていた。ただ、百足だけは小墾田《おはりだ》の武器庫にいて、武器を近江に運ぼうとしていたが、軍営の中の兵たちは、秦造熊《はたのみやつこくま》の叫ぶ声を聞いてことごとく逃げた。大伴連吹負《おおとものむらじふけい》は数十騎を率いて不意に現れた。熊毛《くまげ》をはじめ多数の漢直《あやのあたい》の人たちはそろって吹負《ふけい》につき、兵士たちもまた服従した。高市皇子の命令と称して、穂積臣百足が小墾田の武器庫から呼び出した。百足は馬に乗ってやってきた。飛鳥寺の槻の木の下についたとき、だれかが「馬からおりろ」といった。ところが百足はぐずぐずしていた。そこで襟首をとって引き落とし、弓で一矢射た。ついで刀を抜き斬り殺した。

このように、壬申の乱のときには、法興寺（飛鳥寺）の大木の槻の木の下では、残虐なことが行われた。『日本書紀』巻二九の天武天皇紀の天武天皇六年（六七七）二月一日の条《くだり》には、「この月、多禰嶋《たねのしま》（種子島）の人らに、飛鳥寺の西の槻の木の下で饗応された」とある。『日本書紀』巻三十の持統天皇（第四一代天皇・在位六九〇～六九七年）紀のなかの持統天皇二年（六八八）一二月一二日の条には、「蝦夷《えみし》の男女二百十三人に、飛鳥寺の西の槻の下で、饗《きょう》を賜った。冠位を授けてそれぞれ物を賜った」とある。

饗応とは『広辞苑』では、「酒食を供して、もてなすこと」とされている。天武天皇の宮殿は飛鳥浄御《あすかきよみ》原宮《はらのみや》であり、持統天皇は天武天皇の皇后で天武天皇が崩御されてのち即位式もあげられず政務をとられたので、宮殿はおなじく飛鳥浄御原宮である。種子島から貢物を運んできた人びとや、蝦夷の人たちを迎えてもてなした場所が、宮殿の中でなく、槻の木の下であるということは、大木の槻は神聖なもので、法興寺（飛鳥寺）の神木で、百枝槻とよばれるほどたくさんの枝を四周に広げ、あふれる生命力を象徴するものであった。天皇が群臣に誓いをする場所となったほどの場所なので、饗応の場所が戸外とはいえ、それなりに十分に価値あるところだったにちがいない。

この場所は近年になって、『日本書紀』の記述により何百人も集える広場と想定されることから、研究者の間で「槻の広場」と呼ばれるようになった。平成二五年（二〇一三）二月、明日香村教育委員会は槻の広場の発掘調査を発表し、見学会を催した。今回見つかった場所は飛鳥寺の西で、南北二四メートル、東西一五メートルにわたって、全面的に石が敷き詰められており、『日本書紀』に記された「飛鳥寺の西」にドンピシャリの場所だったことが研究者を驚かせた。木下正史東京学芸大学名誉教授（考古学）は、「寺の西門に近い今回の調査地で、整然と敷き詰められた石敷きと砂利敷きが同時に確認された成果は大きい。日本書紀に記された槻の木の広場に近いエリアであることは間違いない」と話す。この場所はこれまでの発掘調査によって、全体で南北二〇〇メートル、東西一二〇メートルに及ぶと想定される。広場の主役の「槻の木」そのものの痕跡は今回の調査でも見つからなかった。

### 槻《つき》の巨樹の地へ寄り添っていく宮都

ここまでみてきた『古事記』と『日本書紀』から、大木の槻が生育しているところは、磯城日代宮《しきひしろのみや》、泊瀬朝倉宮《はつせのあさくらのみや》、飛鳥の法興寺の三か所となる。いずれも大木の槻が亭々と立っているところに宮殿が建設されている。奈良平野南部の山すそにあたる飛鳥川流域や初瀬川流域の地域は、弥生時代になって稲作が始まるとともに樹高の高い樹木は住居の建築資材として伐採利用され、丈の低い樹木や草は燃料や田畑の肥料として刈り取られるため、禿山とまではいかないが、ほとんど裸山の状態であったと考えられる。

『日本書紀』巻二九の天武天皇紀の天武天皇五年（六七六）五月に詔《みことのり》があり、「南淵《なぶち》山、細川山は草木を伐ることを禁ずる。また畿内の山野の、もとから禁制のところは切ったり焼いたりしてはならぬ」といわれた。

この南淵山と細川山は、飛鳥川の源流部で飛鳥板葺宮の上流に位置する山であり、ひとたび大雨で洪水となれば宮都は大被害をうけたのである。裸山の南淵山と細川山を上流地帯にもつ飛鳥川は古来、暴れ川として知られている。少し時代がくだるが『古今和歌集』巻第一八雑歌下の冒頭に収められた読人知らずの歌に「世の中はなにが常なる飛鳥川きのふの淵ぞ今日の瀬となる」と詠まれている。ひとたび大雨となると、昨日は淵であったところが、今日は瀬となってしまうほど、流れが変わったのである。

そのように、天武天皇が在位されていた七世紀ごろには、山にはほとんど大きな木が生えていない状態であった。けれども磯城《しき》の日代宮、泊瀬《はつせ》の朝倉宮、飛鳥の法興寺にあるケヤキのように、巨樹・巨木といえる槻は残されていた。その槻の巨樹・巨木をめがけて、朝廷の宮殿が移動していったように筆者には思える。

奈良平野を囲む山地の東南部には、田原本町の弥生時代の唐古・鍵遺跡から出土した掘立柱につかわれた欅（槻）のように、多数の人びとが定住する以前には直径八〇センチ以上もある槻がたくさん生育していたと思われる。住居の構造材に適した、太く、幹部分が一〇メートルを超えるような長いものは伐採されたが、太くても幹の部分が短く、一の枝は根元からわずか上がったところにつき、枝葉が四方に広がって、キノコ状の樹形をした樹は神が宿るとも考えられて、伐採されなかったであろう。そんな巨木の槻のところへ、神に仕える天皇はすり寄っていった。

用明天皇（第三一代天皇、在位五八五〜五八七年）の都も槻のそばにすり寄っていたものとみられる。『日本書紀』巻第二十一用明天皇紀の敏達《びたつ》天皇十四年に用明天皇は即位されたとあり、「九月五日に用明天皇は即位された。磐余《いわれ》の地に宮をつくられた。名付けて池辺双槻宮《いけのへのなみつきのみや》という」と記されている。このところは、奈良県桜井市安倍磐余《いわれ》池の辺である。『日本書紀』には、槻の木の存在は記されていないが、宮の名前から二本の槻の巨木が並び立って存在していたにちがいない。

そのことは斉明天皇紀の両槻宮《ふたつきのみや》からも言うことが出来る。

『日本書紀』巻第二十六の斉明天皇二年の「この年」の条《くだり》のことである。

多武峰《とうのみね》の頂上に、周りを取り巻く垣を築かれた。頂上の二本の槻の木のほとりに高殿を立てて名付けて両槻宮《ふたつきのみや》といった。また天宮《あまつみや》ともいった。

多武峰は奈良盆地の南東端にある山で、桜井市と明日香村との境となっており、標高は六〇八メートルであるが、かなり急峻である。山上の藤のかげで藤原鎌足と中大兄皇子が、蘇我氏討伐の謀議をこらしたので談山《かたりやま》と称したとの伝説がある。

『桜井市史　上巻』（桜井市史編纂委員会編、桜井市役所、一九七九年）は、「多武峰に造営された両槻宮の所在地については未詳である。『大和志』では、多武峰の西北にある根槻《ねづき》を両槻宮の転訛したものとしているが、今日にいたるまで、根槻の周辺から、両槻宮に関連あると考えられる遺構は発見されていない」と、どこに建設されていたのかはっきりしないとしている。『大和志』は根槻と槻とかかわりのありそうな地名を掲げている。

『国史大辞典第十二巻』（吉川弘文館、一九九一年）は、「大宝二年（七〇二）三月には、大倭国に命じて二槻離宮を繕治せしめている。二槻宮の場所については、奈良県桜井市の談山《たんざん》神社の西門の西北約五〇〇メートルの地にある念誦窟《ねずき》とする説がある。同地は増賀《さいが》の墓を中心に、広大な多武峰墓地が形成されていて、頂上近くに平坦面があり、時代は不明であるが人工的に打ち砕いた花崗岩が残存している」と、地名を念誦窟としている。

『桜井市史』は両槻宮の性格に注意したいと、次のように記している。

大正一二年に黒板勝美は「我が上代における道家思想及び道教について」(『史林』第八巻一号)を発表した。黒板は、斉明天皇紀二年是歳条を取り上げ、「複於嶺上両槻樹邊起観」の部分を、両槻の樹のほとりに、道教の寺院に相当する道観《どうかん》が造られ、それを天宮と称したと解し、また斉明紀の他の記事から、多武峰以外に生駒山・葛城山・金峯山にも道観が建てられていた可能性のあることを主張した。斉明紀の観について古写本では「タカドノ」と訓を付しているので、道観であった可能性は少ないものの、古代日本に道教が伝わり、神祇祭祀に大きな影響を及ぼしているとの指摘は、卓見であった。

黒板説については、前に触れた『国史大辞典』は「黒板説については否定的な見解が多い」という。現在はこの説はあまり支持されていないようであるが、『桜井市史』はこの宮は特異な性格をもつていたことに鑑みて次のように記している。なお、斉明紀の「観」とは、建物の意とするのがよいと思われる。

民間道教の存在を考えると、道観であった可能性は少なくなったが、再び両槻宮の存在が注意される。それは両槻宮が特異な性格をもっているからである。まず第一に、その立地条件が他の諸宮に比して異例である。『続日本紀』大宝二年三月甲申条に、大倭国をして二槻離宮(両槻宮に同じ)で繕治せしめたことがみえるので、この頃まで両槻宮が離宮として用いられていたことが知られる。そして、その場所は未詳であるけれども、天宮と称されているから、多武峰のかなり高所に営まれていたと推測されるのであるが、史料にみえる他の離宮や行宮でも、両槻宮ほど高所に営まれていた例はない。第二に、天宮が道教思想による命名かと思われる点である。

このように記し、「多武峰山中にあった両槻宮が単なる離宮ではなく、神仙思想と深く結びついた可能性は指摘できるだろう」と、『桜井市史』は結論づけている。

## 槻《つき》の弓

『古事記』下つ巻の允恭《いんぎょう》天皇紀には、槻弓の歌（歌番八八）が記されている。伊予の国へ流された木梨の軽太子を軽の大郎女《おおいらつめ》（衣通《そとおり》の王ともいい、身の光が衣から通る意）が追っていかれて追いついた時、軽太子が想いをこめて歌われた歌である。

隠国《こもりく》の　泊瀬《はつせ》の山の
大峰《おほを》には　幡《はた》張り立て
さ小峯《をを》には　幡張り立て
大峰にし　仲定める　思ひ妻あはれ
槻弓《つくゆみ》の　伏《こや》る伏りも
梓弓《あずさゆみ》　立てり立てりも
後も取り見る　思ひ妻よあはれ

歌の意は、初瀬の大きな山のように頼もしく、二人の仲が定まっている妻、槻弓や梓弓が伏していたり立っていたりするのを、後で手にとるように、伏していても立っていても可愛い姿の思い妻、そのわが思う妻がいとしい、である。

隠国のとは泊瀬《はつせ》の枕詞で、泊瀬は奈良県磯城郡初瀬町のことである。幡張り立ては、古代の幡は細長いもので竿にかけて垂らして立て、祭儀や葬礼に用いられた。槻弓は槻の木で作られた丸木の弓で、梓弓は梓《あずさ》で作られた弓のことである。梓がいま何の木であるのかは諸説があるが、白井光太郎博士のヨグソミネバリとする説が有力で、『広辞苑』もこの説を支持している。牧野富太郎は『牧野新日本植物図鑑』（北隆館、一九六一年）で、カバノキ科の「あずさ」の別名をヨグソミネバリとしている。アズサは各地の山中にはえる落葉高木で、幹は直立し、大きいものは高さ二〇メートル、径六〇センチとなる。枝の内皮に一種の臭みがあり、一名をヨグソミネバリというが、樹皮がくさいのでついた名だという。ヨグソとは夜糞のことであり、ミネバリはミネつまり尾根に生えているということである。尾根に生える性質をもった、糞のようにくさい臭いのする木だというのだ。あまりといえば、あまりにも貶《おとし》めた名前をつけたものである。そして、牧野は「むかしこの材で弓を作った」と記している。

槻弓は神事だけでなく戦の武器として用いられた（『近江名所図会』巻之二）

これらの弓は古代、武器としてよりも神霊を招き、悪鬼を退散させる採物《とりもの》に選ばれたようである。採物とは、祭事のとき神人が手にもつ道具のことで、とくに神楽のときに舞人が手にとって舞うものである。

古代に詠われた神楽歌の「弓」という名の曲を、『古代歌謡集』（日本古典文学大系三、土橋寛・小西甚一校注、岩波書店、一九五七年）が収録している。

弓

弓といへば　品なきものを
梓弓《あずさゆみ》　真《ま》弓槻弓《ゆみつきゆみ》

品ももとめず　品ももとめず

歌の意は、弓というとどれも差別はないもので、梓弓も真弓も槻弓も、どれでも結構だ、である。前に触れた歌の弓の種類に、真弓がふえた。真弓は、ニシキギ科のマユミで作った弓である。マユミは、北海道、本州、四国、九州などの各地の山野に生える落葉の低木で、時には高木ともなる。牧野富太郎は、マユミの語源を「真弓はむかしこの材から弓をつくったことからきている」とする。

神楽歌に歌われる槻弓は神事に使われるものであったが、戦にも使われていたことが『日本書紀』巻第九の神功皇后紀の摂政元年三月五日の戦いの歌に出てくる。武内宿祢と和珥《わに》の臣の先祖武振熊《たけふるくま》に命じて、数万の兵を率いて忍熊王《おしくまのみこ》を討たせたときのことで、味方の兵を激励しようと、声高らかにうたった歌である。

かなたの疎ら松原に進み行き
槻弓に鳴る矢をつがえ
貴人は貴人同士　親友は親友同士
さあ戦おう　われらは

歌の意は詠んだそのままである。鳴る矢とは、鏑矢《かぶらや》のことで、鏑《かぶら》は木や竹の根または角《つの》で野菜の蕪《かぶら》の形に作り、中を空にして数個の穴をあけ、矢の先につけたもので、空中を飛ぶとき鏑の穴に風が入って響きを発する。古墳時代中期以降に現れた。

「風土記逸文」陸奥国の八槻《やつき》の郷の名前の成り立ちを、日本武尊《やまとたけるのみこと》が槻弓・槻矢で賊を射倒し、その矢が落下したところから付けられたと記している。八槻はいまの福島県白川郡棚倉町八槻のところだとされている。

古老のいい伝えによると、昔この地に八人の土蜘蛛がいた。一を黒鷲といい、二を神衣《かむぞ》姫、三を草《くさ》野灰《のはひ》といい、四を保々吉灰《ほほきばひ》といい、五を阿邪爾那媛《あざになひめ》といい、六を梓猪《たくい》といい、七を神石萱《かむいしかや》といい、八を狭磯名《さしな》といった。それぞれに一族がいて、八カ所の石室にたむろしていた。この八カ所はみな要害の地だったので、上の命令に従わなかった。国造《くにのみやつこ》の磐城彦《いわひこ》が敗走してから後は、皇民を掠奪して止むことがなかった。纏向《まきむく》の日代の宮に天の下をお治めになった天皇（景行天皇）は、日本武尊にみことのりして、土蜘蛛を征伐させ給ふた。土蜘蛛らは力を合わせて防御し、また津軽の蝦夷と通謀し、猪鹿弓《ししゆみ》・猪鹿矢を石城に沢山つらね張って官兵を射たので、官兵は進むことが出来ない。日本武尊は、槻弓・槻矢を執り執らしめて、七つの矢八つの矢をはなちにはなち給うと、すなわち七発の矢は雷のごとく鳴りひびいて蝦夷の徒党を追い散らし、八発の矢は八人の土蜘蛛を射ぬいて立ちどころに倒した。その土蜘蛛を射た矢はことごとく芽が出て槻の木となった。この地を八槻の郷という。（『大善院旧記』）

ここに槻矢というものが出てくるが、槻で矢が作られたというのは極めて珍しい。ヤマト朝廷が神木としている槻で作った弓に、神木の槻の矢をつがえて射たのであるから、八人の土蜘蛛はヤマト朝廷の神の力によって敗れ去ったのである。

槻で作られた弓は当然動物狩りにも用いられた。「播磨国風土記」の安相里《あさこのさと》の槻折山《つきおれやま》という地名が生まれたことの説明として、「品太天皇《ほむたのすめらみこと》（応神天皇）がこの山で狩りをされた。槻弓《つきゆみ》をもって走る猪をお射ちになるとたちまち弓が折れた。だから槻折山という」と説明されている。

## 槻《つき》から「月」を、「月」から槻《つき》を導く

槻弓は前にも触れたように、槻の丸木で作られた弓で、弥生時代中期以降の遺跡（群馬県の新保遺跡）から出土し、古墳時代（栃木県の七廻り鏡塚古墳等から出土）に主流となった。奈良時代には武器や幣物《へいもつ》として作られた。

槻弓は新年祭料として甲斐国（現山梨県）や相模国（現神奈川県）から進上された。『延喜式』巻第三「神祇三」に、「凡《およ》そ甲斐・信濃の両国、新年祭料として雑弓百八十張、甲斐国槻弓八十張、信濃国梓弓百張を進上するところ」とある。また『三代実録』巻三十三の元慶二年（八七八）五月九日甲辰には「是《こ》の日、符を相模国に下して、槻弓百枝を採進せしむ」とあり、槻がたくさん生育している東国に槻の弓を進上させている。

正倉院には、梓弓三張と槻弓四張が現存している。正倉院の『国家珍寶集』には、梓弓八四張、槻弓一〇〇張とされていたが、藤原仲麻呂の乱で出蔵したまま、宝庫にはもどらなかったとのことである。

正倉院に収蔵されている槻弓とは少し時代が下るが、平安時代に作られた槻弓が愛知県名古屋市の熱田神宮に現存している。愛知県指定文化財（昭和四三年指定）とされている二張である。一張は朱塗りで、長さは二一五センチあり、平安時代末期から鎌倉時代初期の作とみられている。もう一張りは、黒塗りで、長さは一九一センチあり、平安時代の作とされる。おそらく神事もしくは神宝として使用されたものであろうと推定されている。槻弓の現存しているものは数少なく、貴重である。槻弓の製作については、『延喜式』でも見られるが、どう使用されたのかは、未だ詳らかではない。

槻弓の「槻」から「月」が導き出される話が、『伊勢物語』（大津有一校注、岩波文庫、一九六四年）二十四にある。すこし長いが掲げる。

むかし、をとこ、片田舎にすみけり。をとこ、宮づかへしにとて、別れ惜しみて行きけるまゝに、三年《とせ》こざりければ、待ちわびたりけるに、いとねむごろにいひける人に、今宵あはむとちぎりたりけるに、このをとこきたりけり。「戸あけたまへ」とたたきけれど、あけて、歌をなむよみて出したりける。

あらたまの年の三年を待ちわびてただ今宵こそにひまくらすれ

といひいだしければ、

梓弓ま弓槻弓年をへてわがせしがごとうるはしみせよ

といひて、去《い》なむとしければ、女、

『延喜式』で槻弓などを進上したとされる諸国

地名が月から槻へ、槻から月へ変化したところ

梓弓引けど引かねど昔より心は君によりにしものを

といひけれど、をとこかへりにけり。（以下略）

むかし男が片田舎に住んでいた。宮仕えするといって、女と別れを惜しみながら行き、そのまま三年を経過した。当時は結婚したといっても女のところへ男が通う招婿《しょうせい》婚であった。三年もの間別れた男から音沙汰はなく、いつ来てくれるかと男を待ちわびていたが、口説く人があり、今宵逢う約束を交わしていた。そこへ男が来て、「戸を開けてくれ」と叩いたが女は開けず、歌でそのわけを伝えた。歌は、三年も待ちわび、やさしく言い寄ってくれた人と今宵は新枕であると伝えた。すると男も歌で返し、梓弓、真弓、槻弓と弓にもいろいろあるように、年月が経ってしまった。私があなたにしたように、その方を愛してお やりなさい、と言って帰ってしまったのである。

この話の男の歌では、槻弓の「槻」から年月の「月」が導き出されている。槻も月も読みはおなじ「つき」なので、古い時代はごちゃ混ぜにされていた可能性もある。

地名で古くは「月」としていたところが今は「槻」となっているところ、反対に古くは「槻」とされていた地名が今は「月」となっているところがある。

前の事例は、大阪府高槻市である。高槻市の広報「広報たかつき」によると、現在の高槻市の北東部に奈良の春日大社の荘園の一つである安満庄があり、一三世紀以降発展したこの庄の西辺の小さな丘のふもとに住む住民が一つの社を設けた。それは天月弓《あめのつきよみのやしろ》社または高月読《たかのつきよみのやしろ》社と呼ばれ、やがて村は大きくなり、鎌倉時代の耕地目録に「高月」の地名がみられるようになった。

南北朝期（一四世紀中葉）に入江氏の館が城に姿を変えるころ、「高月」は「高槻」と書かれるようになった。それは槻の大木伝説に豊かな郷村への願いを託した村人の心であったという。

槻から月に変わったところは、滋賀県のいまは平成の大合併で長浜市域となった旧伊香郡高月町である。高月という地名は、町の中心にある渡岸寺と同じ時期の天平年間に創建された神高槻《かみたかつき》神社に由来する。神高槻神社は『延喜式』にも記された式内社で、天平年間には当地にあった槻の大木に天児屋根命《あめのこやねのみこと》が降臨されたとの伝承がある。またこの地域には、現在も槻の大木が一〇本あり、槻の木十選と呼ばれている。当時の地名はこの神社と同じく「高槻」と書かれた。

平安時代の終わりごろ、公家で学者の大江匡房《まさふさ》がこの地を訪れ、月の名所として歌を詠んだところから、地名を「高槻」から月の名所として「高月」に改めたのである。

## 槻《つき》の赤葉の枝をもぎとる歌

元明天皇の和銅三年（七一〇）、都は奈良盆地の南端の藤原京から奈良盆地北端に築かれた平城京に遷《うつ》った。前の天武・持統天皇の時代には、律令国家が形成されていく時代を反映して清新な文化がおこった。日本古来の歌謡から発達した短歌も、漢詩の影響をうけて五音七音を基本とする長歌《ちょうか》・短歌などの詩形が定まってきていた。

この時代までの長歌・短歌などの作品約四五〇〇首を集めた『万葉集』が編纂された。著名な歌人ばかりでなく、東歌《あずまうた》や防人《さきもり》の歌など、地方に住む人びとの素朴な歌も収められている。『万葉集』には、槻を詠った歌が七つ収められている。

『万葉集』（佐々木信綱編『新訂新訓万葉集』岩波文庫、一九二七年）巻十一の「物に寄せて思を陳《の》ぶ」には、詠み人知らずの歌に、神木の槻を詠った歌がある。

天飛《あまと》ぶや軽の社の齋《いは》ひ槻幾夜まであらむこもり妻ぞも（二六五六）

歌は、軽の社にある神木の槻の木のように、あの娘はいつまで人目をはばかり、隠し妻のままで居るのであろうか、である。軽の社は、『延喜式』では高市郡軽樹村坐《います》神社二座とあるが、いつのころからか廃され、現在では明らかではない。木下武司は『万葉植物文化誌』（八坂書房、二〇一〇年）のなかで、奈良県橿原市大軽の市のことだとしている。「天飛ぶや」は、軽にかかる枕詞である。

斎槻《ゆつき》の歌はもう一つ『万葉集』巻十一の「旋頭歌《せどうか》」に、「長谷の斎槻が下にわが隠せる妻茜さし照れる月夜に人見てむかも（二三五三）」として詠まれている。

槻の葉は秋に紅黄色に紅葉して美しく、また春の新緑と緑の葉がびっしりと茂り合う夏のころも、それぞれ風情があるので、万葉人たちはそれを賞でに出かけている。秋の紅葉では、巻十三の雑歌（三二二三）に長歌がある。

霹靂《かむとけ》の　日かをる天《そら》の　九月《ながつき》の
時雨のふれば　雁がねも　いまだ来鳴かず
神南備《かむなび》の　清き御田屋《みたや》の　御内田《かきつだ》の　池の堤の
百足《ももた》らず　五十槻《いつき》が枝に　瑞枝《みずえ》さす
秋の赤葉《もみじば》　巻きもてる　小鈴もゆらに
手弱女《たおやめ》に　吾はあれども　引きよじて
枝もとををに　うち手折り　吾は持ち行く
君がかざしに

歌の内容は、雷鳴のとどろく中秋の曇り空から、九月の時雨《しぐれ》が降る。まだ雁は来ていないので鳴き声はしない。神南備の清い御田屋の垣内にある池の堤には、多くの枝が茂りあった槻の枝に、めでたいしるしの秋の赤葉《もみじば》がある。手に巻いた小鈴をゆらし、か弱い私だが、引きよじって枝も長く手折り持って行きますよ、あなたの挿頭《かざし》にするために、という歌で、情景がまざまざと見えてくる。

陰暦九月の急激に雷鳴が聞こえはじめた時雨のなかを、たおやかなご婦人が神に供える稲を育てる田の管理所に関わる御田屋がある辺りを通りかかった。そこの垣内の堤に、刈り込まれ、枝を茂らせている槻が見えた。いまその槻は紅葉の真っ盛りで、目出度いとされる赤色の葉っぱをつけた枝が無数に広がっていた。思わず婦人はその見事な赤葉《もみじば》に、あの人への土産にしたらどうだろうかと思いついた。か弱い女だけれども、赤葉《もみじば》がたくさん付いている枝を長く折り取って、あなたの挿頭《かざし》とするためにもっていきますと、枝を折り取るために堤をのぼっていった。こんなストーリーが筆者には浮かんだ。

この槻について少し考えてみる。

赤葉《もみじば》した槻の立っているところは、歌は池の堤としており、溜池の堤防の袖部分である。しかも四方に枝葉を繁茂させ亭々と立つ大木ではなく、「百足らず五十槻《いつき》が枝」といわれるように、枝はたくさんでているが、丈の低い小さな木であった。神の御田が開かれ、溜池が築造される以前からその場所に生育していた槻であれば、そのまま生育させていると下枝は切り取られているため、幹は長くなり、枝まで婦人が手を延ばしても届かない高さになっている。この歌の場合、たおやかな婦人が赤葉《もみじば》した枝をたくさん折り取るというのであるから、枝は婦人の手の届く高さでなければならない。したがって大木の槻ではないと考えられる。

通常、溜池の堤防には樹木を生育させないものである。樹木が成長して大きくなると、大風で樹木が揺すぶられ、その振動が堤に伝わって崩れる恐れがあると考えられていた。また堤防上の樹木が枯れたとき、朽ちた根の部分が土中の空隙、つまりストローの役目となって、池の水が漏れでるおそれがあった。堤の袖の部分は、まだ地山《じやま》のところなので、なんとか我慢して生育させていたのであろうか。地山《じやま》とは、盛土《もりつち》していないその土地本来の山地のことをいう。

堤の袖部分であっても通常は樹木を成育させないものであり、生えてくると地際から刈り取るか、引き抜いた。槻だと根が深根性で地中深くまで入り込んでいるため、うっかり根元径が一センチくらいまで見逃していると、もう抜き取ることは不可能である。さらに槻は萌芽力の強い樹木なので、いくら枝葉を刈り取っても枯れることなく、芽を吹きだす。そうやって何年も刈り込まれて生育しているため、盆栽状態ながら、季節には美しい紅葉をみせ、田をつくる人や、傍らを通行する人の目を楽しませてきた。

この歌は「赤葉」を「もみじば」と読ませている。『万葉集』には紅（黄）《もみじ》葉を詠んだ歌が八二首あり、そのうち紅葉を詠んだ歌は六首、黄葉を読んだ歌のほうは七六首で、黄葉が圧倒的多数である。このように当時は秋の紅葉（黄葉）は、人目につきやすい紅色よりも、黄色となった葉っぱの方を偏重していた。これは当時の人たちは中国文化の影響を色濃くうけており、黄土地帯で文化を発達させた中国漢民族が黄色を最高としている色彩感覚を、遣唐使を通して、歌が詠える貴族たちに浸透していたせいでもあろう。

そうでありながら、この歌の作者は、日本人的感覚で赤く色づいた槻の葉っぱが美しいと評価し、好ましく想っている人の挿頭《かざし》にするため、田の畔の槻の枝を折り取ったのである。挿頭は、人の頭に花や枝などを挿《さ》し、その植物の生命力を取り入れようとする呪術（まじない）からはじまったが、やがて平安期には単なる装飾へと変化していった。

この歌の「五十槻が枝に」の五十槻を、齋槻《いつき》する説と、単に枝葉の繁茂した意とする説がある。前に触れた佐々木信綱の『新訂新訓　万葉集下巻』も、五十槻を「齋槻《いつき》としている。この歌を解説した曽倉岑は『万葉集全注　巻第十二』（有斐閣、二〇〇五年）で、「『かの御田屋の辺にあるゆゑに、齋槻といふべし』

と、神聖なものとする説が多数説である」とし、次のようにその理由を解説している。

時代別（「ゆ（斎）」の項）は次のように説く。イとユは同様の意であり、イ・ユを冠する語は、神のものとして清められ齋われた意から、神の物のように美しく繁茂したの意や清らかなものの意に用いられるようになった。これによれば上述の両説はいずれも可能となる。もっとも、語義の推移の順序については、植物の生命力・繁栄力を言うのが先で神聖性・清浄性は次の段階になってからとする説（土橋寛「霊魂――その形と言葉」『日本古代の呪禱と説話』）の方が良いとおもう。

語義の解釈では曽倉岑の解説で十分だろうと思う。しかし、この歌の主人公である婦人が行った「五十槻の赤葉《もみじば》」の枝をたくさん折り取るという行為からすれば、この五十槻は神木ということはできない。なぜなら神木は、神そのものだから、枝を折るという神を冒瀆する行為をなしたものには神の祟りがあるからだ。『万葉集』巻第四には、次のような、神木を触った祟りだろうかとの歌がある。

味酒《うまざけ》の三輪の祝《ほふり》が齋《いは》ふ杉
手触りし罪か君に遇《あ》ひがたき（七一二）

歌の意は、大神《おおみわ》神社の神官たちが神聖なものとして大切にしている杉木に、手を触れてしまった罪なのか、あなたにお逢いすることができないのは、ということである。当時はこのように神木に手を触れただけで、祟りがあると信ぜられていたのである。だから神木であれば、婦人は槻の赤葉を美しい秋の景色として眺めただけで、あの人の挿頭《かざし》にするなどという簡単な理由で枝を折り取ることなどしない。触れただけで神木は祟りをするものなのに、ましてや枝を折るとなれば、死ぬほどの祟りをうけるであろう。文字の上からは、齋槻・つまり槻の神木と読めるか、歌全体の行動を考えればそうはならないと考える。

## 「出雲国風土記」の槻《つき》

槻の紅葉は、漆《うるしもみじ》紅葉、櫨《はぜ》紅葉、銀杏《いちょうもみじ》黄葉、桜紅葉、柞《ははそ》紅葉等とともに、槻紅葉といわれ、秋の紅葉は人びとの目を楽しませてきた。その槻紅葉を見損なって残念がる歌が、『万葉集』巻第三の雑歌にある。

早来《はや》ても見てましものを山背《やましろ》の
高の槻群《つきむら》散りにけるかも（二七七）

歌の意は、もっと早くきて見ておけばよかったのに、山城の多賀の槻林の美しい紅葉は、もう散ってしまったなぁ、とため息をつき悔やむのである。歌にある「山背の高」は、現在の京都府の南部にある綴喜郡井出町多賀のことで、同地には『延喜式』神名帳に記された高神社があり、近年まで高神社の社叢林には槻（欅）が多かったという。

春のまばゆいばかりの槻の若葉も、万葉人たちは愛していた。『万葉集』巻第二にその歌がある。長歌なので槻の部分を抜き出す。

走り出の　堤に立てる　槻の木の　こちごちの枝の
春の葉の　茂きが如く　念《おも》へりし　妹《いも》にはあれど　（二一〇）

或る本に曰はく

出で立ちの　百枝《ももえ》槻《つき》の木　こちごちに　枝させる如《ごと》
春の葉の　茂きが如く　念へりし　妹にはあれど　（二一三）

門から走り出たところにある堤に立っている槻の木の、あちらこちらの枝の、春の葉が茂っているように、しきりに思いを寄せた妻ではあるが、との意である。次の歌は、多くの枝を出している槻の木という意味の百枝《ももえ》槻《つき》のところが異なるだけである。

同じころに作られた『風土記』の槻をみることにする。

「出雲国風土記」（吉野裕訳『風土記』東洋文庫、一九六九年）の、「すべてもろもろの山野にあるところの草木は」のところに記されている樹木を掲げる。

意宇《おう》郡　藤・李・檜・楊梅《やまもも》・松・栢《かや》・杉・赤桐・白桐《あおぎり》・楠・椎・椿・蘗《きはだ》・槻《つき》
島根《しまね》郡　藤・李・赤桐・白桐・椿・楠・楊・松・栢
秋鹿《あいか》郡　藤・李・赤桐・白桐・椎・椿・楠・松・栢・槻
楯縫《たてぬい》郡　藤・李・栢・椎・赤桐・白桐・椿・楠・松・槻
出雲《いずも》郡　藤・李・蜀椒《なるはじかみ》・楡・赤桐・白桐・椎・椿・松・栢
神門《かむど》郡　藤・李・蜀椒・檜・杉・栢・赤桐・白桐・椿・槻・柘《つげ》・楡・蘗・楮
飯石《いいし》郡　藤・李・杉・赤桐・椎・楠・楊梅・槻・柘・楡・松・栢・蘗・楮
仁多《にた》郡　藤・李・檜・杉・樫・松・栢・栗・柘・槻・蘗・楮
大原《おおはら》郡　藤・李・檜・杉・栢・樫・櫟《くぬぎ》・椿・梼《たく》・槻

以上九つの郡の樹木を拾い上げてみたが、槻が生育している郡は意宇・秋鹿・楯縫・神門・飯石・仁多・大原の七つの郡であった。「出雲国風土記」は、それぞれの地方の地誌を詳しく記述しており、槻の木は生育しているが、槻の大木はすでに伐採され、残っていなかったと推定できる。出雲国の中で大河川の斐《ひ》伊《い》川の流域では、スサノオノミコトの時代には、すでにたたら製鉄がはじまっており、そのための大量の木炭を作るため山の樹木はあらかた伐採され、山々には林はほとんどなかったと考えられる。

たたら製鉄は、山を切り崩して採取した砂鉄をたたら炉に入れ、大量の木炭を燃やして鉄を還元する製鉄法である。良質の鋼が採れたが、たたら炉を一操業するには、砂鉄三五〇〇～四〇〇〇貫（一三・一～

一五トン）と同量の木炭が必要であった。中位の山林から生産される木炭は一町歩当たり一五〇〇貫（五・六トン）程度であり、たたら炉一操業で二・三〜二・六町歩の山林が裸にされ、木炭に変わった。出雲国では、国中でたたら製鉄が一年中続けられていたので、山とはいってもほとんど樹木が生えていなかった。

「出雲国風土記」からその事例を取り上げる。

槻が生育しているとされる秋鹿《あいか》郡内にある女嵩野山は、「高さは一百八十丈、周囲は六里である。樹林はない。地味はよく肥え人民の膏《あぶら》したたるような楽園の地である。樹林はない。ただ上の方に林があるが、これはすなわち神の社《もり》である」と、この山の頂上だけ樹林があるが、それは神の森であり、他の場所には樹林はないというのである。同じく秋鹿郡の都勢野《つせの》山も、「高さ一百一十丈、周囲は五里である。樹林はない」としている。

大原郡の高麻《たかさ》山は、「高さ一百丈、周囲は五里である。北の方に樫・椿などの類がある。東、南、西の三方はともに野である」と、北方に樫や椿の林があるが、それ以外は野つまり草原もしくは灌木地で、樹林はないというのである。

## 「常陸国風土記」の郡役所前の槻《つき》

出雲国のように国全体でたたら製鉄が行われたことがない常陸国（現茨城県）では、槻が林を構成する樹木の一つになっていたことが「常陸国風土記」に記されている。行方《なめかたのこおり》郡の麻生の里の条《くだり》である。

古昔《むかし》、麻が沼の水際に生えたが、その幹のまわりは大きな竹のごとく、長さは一丈以上もあった。その里をとり巻いて山がある。椎・栗・槻・櫟《いちい》が生え、猪や猿が住んでいる。その野には勒馬《ろくば》を産する。そシイ、クリ、クヌギ等の落葉広葉樹とともに槻は、林の一員を構成していたことが述べられてる。槻は広葉樹林の中で生育する樹木で、純林をあまり作らない樹種である。

「常陸国風土記」は山野の植生をたくさん記しており、行方郡の鴫野《しぎの》では「その地を鴫野という。土は痩せて草木ははえない。その野の北には櫟《いちい》（ナラのこと）、柴《くぬぎ》、鶏頭樹《かえで》、比之木（檜）があちこち生い茂って自然に山林を形づくっている」、提賀《てが》里では「社の周囲の山野は肥沃で、柴《くぬぎ》、椎、栗、竹、茅の類が多く生えている」、香澄《かすみ》里では「東の山に社がある。榎、椿、椎、竹、箭《やだけ》、麦門冬《ばくもんとう》がそこここにたくさん生えている」、当麻《たぎま》里では「二つの神子の社がある。その周囲の山野には櫟《いちい》、柞《ははそ》、栗、柴がそこここに林をなしている」、田《た》里では「香島の神子の社がある。土は痩せ、櫟、柞、楡、竹が一、二カ所はえている」と記されている。行方郡以外の郡においても、植生は記されているが、槻が生えている記述のあるのは行方郡だけである。

山城国葛野郡役所前の槻の大木は〆縄はなかったが松尾の神が遊びに来る樹であった。

行方郡は槻の生育適地であったのか、槻がたくさん生えていたことをいう槻野というところがあった。「行方の郡と称するわけは」の条《くだり》に、「倭 武 天 皇《やまとたけるのすめらみこと》が天の下を巡察して海北の地を征討平定し、ちょうどこの時この国を通過なされた。そして槻野の清い泉にお立ち寄りになり、水に近寄って手を洗い、お持ちになっていた玉を井の中に落とされた」と、槻野の泉で手を洗われことが記されている。

また行方郡には、槻の大木があったことが記されている。

郡家《ぐんやくしょ》の南門に一本の大きな槻の木があり、その北側の枝は自然に垂れさがって地上に触れ、もう一度反り返って空中にそびえている。この場所は昔沼沢であった。今でも霖雨《ながあめ》が降ると役所の庭は水びたしになる。

行方郡役所南門前の槻の木の大きさがどれくらいかは記されていないのだが、北側の枝が自然に垂れさがって、地面についたところで枝から根を出し、そこから上部が個体となり、もう一本の槻の木になったことが記されており、植物の世代交代の珍しい現象である。このような二代目の若木をつくることを、林学用語では伏条更新《ふくじょうこうしん》という。伏《ふく》は枝が地面にまで積雪などの重みで垂れ下がることをいい、条《じょう》とは枝のことである。槻＝ケヤキはふつう伏条更新をしないものである。それというのも、槻＝ケヤキの枝は枝垂《しだ》れるが、地面に接触するまでひどく垂れさがることはない。私の不勉強かもしれないので、どなたか槻＝ケヤキの伏条更新を確認された方があれば教えてほしい。

余談ながら、伏条更新は、北陸や山陰地方のように積雪が多い地方に生育しているスギやヒバで見られる。富山県東部の入善町の天然記念物に指定されている「杉澤の澤スギ」は地下水が高く、水分が多すぎる土地であるうえに、表土がうすく、砂や小石交じりで栄養分が少ない土地に生育している。親木の根元から枝が出て横に張り、地面についたところから根を出すという伏条更新を行っている。伏条更新を行う針葉樹は、多雪地帯に生育する裏杉とよばれる系統のスギ、ヒバ、サワラ、森林限界付近のトドマツ、ダイセンキャラボク、ハイマツ等で、広葉樹ではヒメアオキなどの低木類は伏条更新で広い範囲に勢力を拡大することがある。

## 郡役所前の槻《つき》と神の祟り

郡役所の門前の槻のことである。すこし時代が下るが山城国葛野《かどの》郡の役所まえにもあったことが、『続日本後紀』巻十七・仁明《にんみょう》天皇紀の承和一四年（八四七）六月丙申のところに記されている。

承和十四年六月丙申、大風により屋を発《あば》かれ、木は折れ、大雨がまた降る。夜に入り、いよいよ猛る。（翌）甲寅、霖雨息を止める。是《これ》より先、左相撲司、葛野郡家前の槻樹を伐り、太鼓を作る。祟りあり。是の由、幣《へい》および太鼓を松尾大神に奉り、祈り謝罪す。太鼓に用いる牛皮一二張、一面六張。

左《ひだり》相撲《すもう》司《のつかさ》が、葛野郡の役所の前にあった槻の木を伐採し、それで相撲節会のときの呼び出し太鼓をつくったところ、祟りがあったというのである。どんな祟りであったのかは、具体的に記されていないが、相当に応えるものであったのか、幣《へい》を件《くだん》の太鼓とともに松尾大社に奉納し、祈願して謝罪したというのである。

それというのも、平安時代の有職故実書（惟宗公方著という、成立年未詳）『本朝《ほんちょう》月令《げつれい》』四月の条《くだり》の松尾祭り事のところに、「仁明天皇のおん時、葛野郡家前の槻を伐り、相撲司これを太鼓に作る。明神は忿怒《ふんぬ》し托宣《たくせん》されて言われるに、この樹は我がときどき来たって遊ぶ木である。而《しこう》して伐り取るべからず云々、その木伐ることを因として人多く死に去る也」というものであった。松尾大社の祭神である松尾明神が、ときおりあそびにでかける神木であったが、しめ縄が張りめぐらされていなかったので、相撲司は伐採を指示したものであろう。巨木の槻は、神社の境内でなくても、神が遊びに来る神木であったことが示されている。

なお、相撲司とは、平安時代には毎年七月に行われる相撲節会に合わせて、式部省（後には兵部省）に

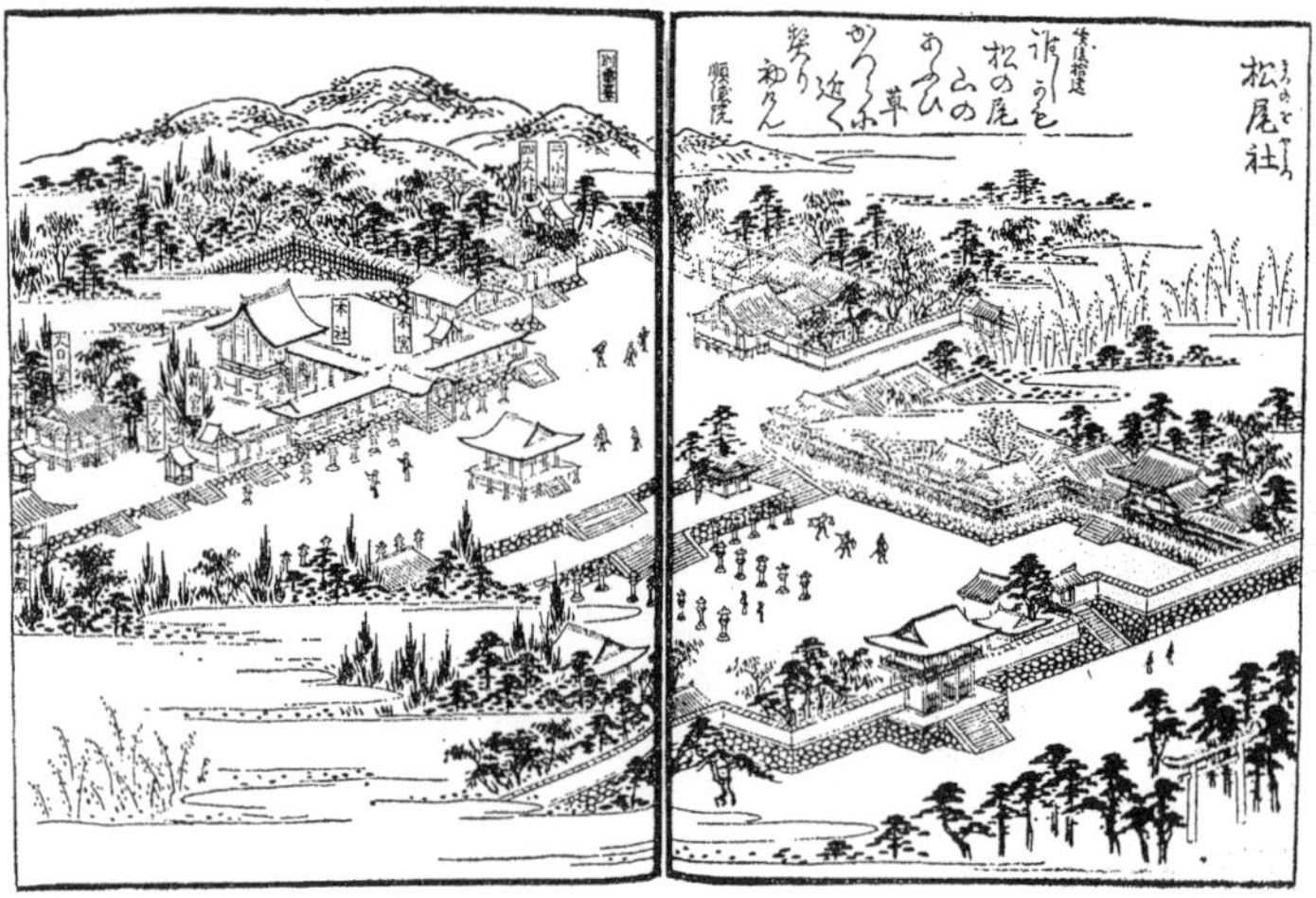


葛野郡役所前の槻は松尾大社の神が遊ぶ木であった。この鳥居の側で８月１日に相撲が行われていた（『都名所図会』巻之四）

設置された臨時の機関およびその任にある者のことで、左右に分かれており、後に長として左右の相撲司の上に親王が任じられる「（すもう）別当」が設置された。

また、葛野郡は古代に隣接する愛宕《おたぎ》郡とともに、平安京の一部となり、現在は全域が京都市に含まれる。明治期には、葛野郡の郡役所は太秦《うずまさ》村に置かれていた。

律令制の平安時代初期は、郡役所は中央集権体制のもとでの地方支配のための実質的な機能をもっていた。しかし、中央の朝廷の役職である相撲司からの、役所前の広場に生育している大木の槻の木の伐採要請を拒むことはできなかったと考える。この槻は、一面に六張の牛皮を用いるほどの巨大な太鼓が作れる大きさなので、胸高直径にして二メートルは優に超えていたであろう。

常陸国行方郡役所といい、山城国葛野郡役所といい、門の前に大木の槻の木が生育・繁茂していた。それぞれの郡役所前には、広場があったとは記されていないが、大木の槻の木の下は公共の空間と考えられ、そこでは大和国法興寺（飛鳥寺）の槻の広場のように、国の租庸調の伝達や、地域の人たちの集会や宴会が行われていたのではなかろうか。

というのも、『万葉集』巻二十の歌番四三〇二の詞書に、「同じき（天平勝宝五年）三月十九日、家持の庄《たどころ》の門の槻の樹の下に宴飲《うたげ》せる」歌二首とあることからも推定できる。

奈良・飛鳥時代に山崩れによって檜や槻などの林が埋没し、河床が低下したことによって発見された事例がネットで報告されているので紹介する。場所は長野県南部の伊那地方の遠山郷で、報告者は遠山郷観光協会である。長野県伊那地方を流れる天竜川の支流の遠山川は、赤石山脈と伊那山地の中を流れているが、近年は河床が低下していた。

低下した河床の土中から五一本もの埋没した木が発見され、半数は立ったままの状態であった。埋没していた木の樹種は、檜や欅《けやき》（槻）を主とした混交林であった。発見された埋没木は、他の地域のものに比べると、新鮮な色を保っていたという。埋没木の一番外側の年輪を、年輪年代法（材料は檜）で調べたところ、どの木も西暦五五六〜七一〇年の飛鳥・奈良時代に集中していた。表皮が残っていない木があるので、結果にバラつきが出たと考えられた。平成一五年（二〇〇三）に新しく発掘された二つの埋没木（檜）の年輪を詳しく調べた結果、埋没年代が西暦七一五年（平城京遷都直後の霊亀元年）と断定されたのである。

遠山川に檜や欅が埋まった原因となる山地崩壊の原因と想定される地震を調べると、『続日本紀』の霊亀元年（七一五）五月二十五日の条に、「遠江国に地震があった。山が崩れて麁玉川《あらたまがわ》（むかし天竜川を下流域の人はこう呼んだ）がふさがれ、水が流れず数日後に決壊して、敷智《ふち》・長下《ながしも》・石田《いわた》の三郡の民家百七十余区画が水没し、あわせて水田の苗も損害をうけた」とある。

大地震によって山崩れが発生し、それによって天竜川が数日せき止められ、土砂ダムが決壊したとき下流域に当たる現在の磐田市・浜松市域の民家がたくさん流失したのである。天竜川がどこで発生した山崩れによってせき止められたかは不詳である。天竜川を数日せき止めるほど大規模な山地崩壊を惹起させた地震であり、中央構造線の東端にあたる隣接する南信州伊奈の遠山川にも同じように山地での大崩壊が起こり、これらの林を埋没させたのであろう。

## 奈良・平安期の槻《つき》の利用

槻は材木としても優れており、建築材や工芸資材としてよろこばれ、利用されていた。槻が一般庶民にどんな使い方をされていたのかについて、福島市域で東北新幹線の工事にともなって見つかった平安時代を中心とする御山千軒《おやませんげん》遺跡で発掘された遺存品からみることにする。

御山千軒遺跡は、福島市の中心市街地北部にあり二七五メートルという標高ながら、同市のシンボル的存在の信夫山《しのぶやま》の北側で、国道一三号線から少し西側に入ったところの遺跡で、東北新幹線の建設工事の際発見され、工事に先立って発掘調査がされた。

発掘調査の結果、湿地のそばからたくさんの竪穴住居跡や、掘立柱建物、井戸跡などが見つかり、奈良時代から平安時代にかけて水辺にムラが作られていたことが明らかにされた。また土器のほか当時の人が使っていた木の道具がたんさん残されていた。食事で使う木の椀、折敷《おしき》、農作業で使う横槌、機織りに使う紡錘車や機織りの梭《ひ》の部品、弓のほか祭りで使う刀や馬の形に木を切りぬいたものなどが見つかっており、それまでよく判らなかった当時の里人の暮らしぶりを詳しく知ることが出来る遺跡である。木製品の種類も多く、大変貴重な資料となっている。この発掘調査の状況や、出土木製品については、福島県教育委員会の『東北新幹線関連遺跡発掘調査報告書6』(一九八三年)が詳しく記述している。

いまここでは、前に触れた島地謙・伊東隆夫編『日本の遺跡出土木製品総覧』から、槻が関係する部分について説明することにする。同書での調査内容はもちろんケヤキとされているが、この時代はまだ「槻」といわれていた時代であるので、それにあわせて槻として記した。

まず御山千軒遺跡で槻が使われていた建築材ほかの利用例をとりあげる。

井戸枠　松、杉、栗、トネリコ類、槻（二件）　総数一一件

角材　樅、松、檜、あすなろ、鬼胡桃、栗、櫟《くぬぎ》、楡、槻（一件）、真弓、とねりこ　総数一五件

工具・楔状木製品　胡桃《くるみ》、槻（一件）、山桑、がまずみ　総数四件

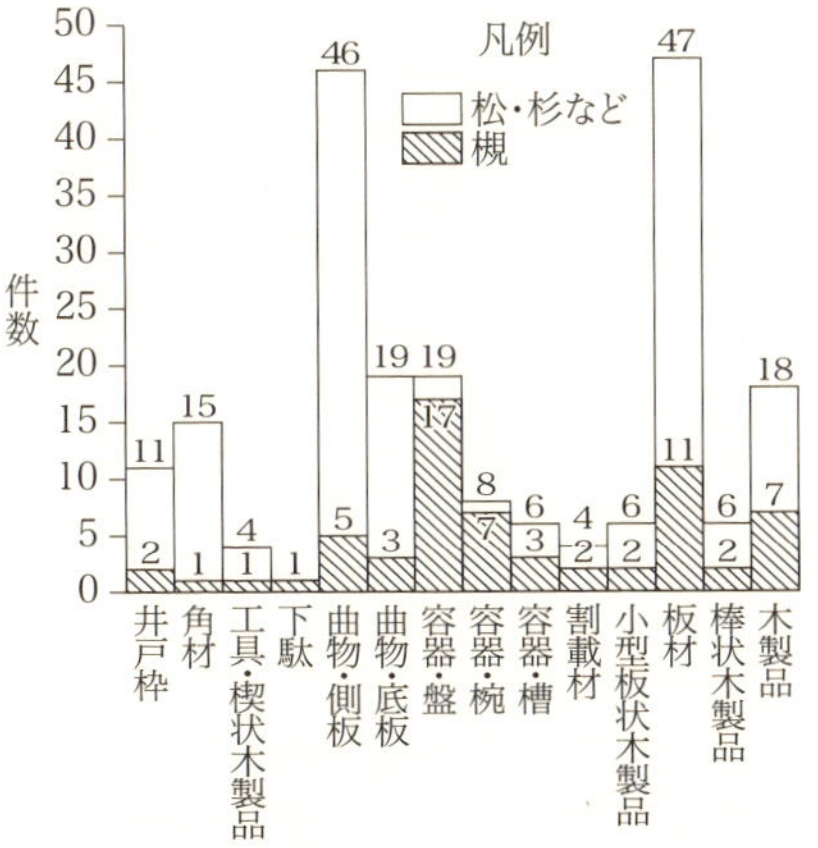

福島市・御山千軒遺跡出土木製品中にケヤキ（槻）が占める割合

下駄　槻（一件）　下駄の樹種は槻のみである。

曲物側板　樅、松、杉、檜、あすなろ、槻（五件）　総数四六件

曲物底板　樅、杉、檜、あすなろ、槻（三件）　総数一九件

容器・盤　槻（一七件）、不明　総数一九件

　椀　はんのき、槻（七件）　総数八件

　槽　栗、槻（三件）ほおのき　総数六件

割載材　槻（二件）、とねりこ　総数四件

小型板状木製品　杉、槻（二件）　総数六件

板材　樅、松、杉、檜、鬼胡桃、栗、槻（一一件）、山桑、桜類、楓類、栃ノ木、とねりこ類、

不明　総数四七件

棒状木製品　榧、楡、槻（二件）、がまずみ　総数六件

木製品　小楢、槻（七件）、山桑、とねりこ類　総数一八件

このように、御山千軒遺跡で槻は多様な用途に用いられていたのである。堅い木材を扱う技術も進歩し、椀や下駄のようなものまで製作されていた。

御山千軒遺跡以外で、古墳時代から平安時代までの時期には、槻（欅）でどんな製品がつくられていたのだろうか。別の遺跡より槻で作られた製品の出土状況をみていく。

建築用材・柱　青森県の高舘遺跡（一件）

農具の杵　静岡県の沢田遺跡（一件）

横杵　和歌山県の野田地区遺跡（一件）

武器の弓　山形市の衛守塚（一件）、栃木県の七廻り鏡塚古墳（二件）、静岡県の伊場遺跡（一件）

履物の木履　大阪府の大蔵司遺跡（一件）

容器の刳物《くりもの》の円形鉢　神戸市の吉田南遺跡（一件）

盤　兵庫県の上原田遺跡（一件）

蓋　京都市の平安京跡（一件）

高台付小椀　奈良市の平城京跡（二件）

容器の挽物《ひきもの》の皿　奈良市の平城京跡（一件）

杯　奈良市の平城京跡（一件）

盤　静岡県の伊場遺跡（二件）

台付蓋　千葉県の菅生遺跡（一件）
盤　奈良県の纏向遺跡（一件）
漆塗椀　奈良県の纏向遺跡（一件）
椀　福岡市の拾六町ツイジ遺跡（一件）
高杯　奈良県の纏向遺跡（一件）
杯（黒漆塗）　奈良市の平城京跡（一件）
蓋　新潟県の曽根遺跡（一件）、京都市の鳥羽離宮跡（一件）・奈良県の纏向遺跡（一件）
木器　青森県の高舘遺跡（一件）
食事具の皿　新潟県の曽根遺跡（三件）
皿状木製品　青森県の大平遺跡（一）
加工材の板　奈良県の纏向遺跡（一件）

加工技術の発達と、鉄製品の進歩と、歩調をあわせるように、堅い槻（欅）の材を椀や高杯《たかつき》のような小さなもの、また盤のように平たいものが作られるようになっていたのである。ここまでは民間での槻（欅）材の利用であるが、大規模な建物を建造する官の方も、槻（欅）材を利用している。

『延喜式』の巻第五・神祇五・齋宮には、「齋宮　造備雑物　三十四村」とあり、巻第十七・内匠寮には、「腰車一具　屋形障子六枚料　槻廿四枚（中略）牛車一具　櫓料槻二枚云々」とあるように、寺社の造営や車両・家具などに用いられている。

## 槻《つき》の語源説

このあたりで、槻の語源を詮索してみよう。

『古語大辞典』（小学館、一九八三年）は、「槻　豆木乃木《つのき》　木名堪作弓也（和名抄）」として、直接に語源には触れていない。

大槻文彦著『新訂　大言海』（冨山房、一九五六年）は、「強木（ツヨキ）ノ略カト云フ」と、弓が作れる強い木のことをいう略語だとしている。この説と同じとするものに『和語私臆抄』、『名言通』、『和訓栞』、『言葉の根しらべ』（鈴江潔子）、『日本語原学』（林甕臣）がある。大石千引著『言元梯』（天保五年＝一八三四年刊）は「ツキ（衝）の義」だとしている。国語学者の上田万年《かずとし》『日本外来語辞典』（東出版、一九九五年）の中で、「槻の chu の訛《なまり》に、木を合わせた語だ」とする。

武田久吉は、『民俗と植物』（講談社学術文庫、一九九九年）の中の「地名と植物」の項でタモの木にふれ、オダモはすなはちハルニレのことで、北海道では一般にアカダモの名で知られ、それに生ずるきのこをタモギタケと呼ぶから、タモといえば必ずこれが代表するくらいであるといい、「この木のアイヌ名はチキサニであり、そのチキがツキに訛って、ツキノキに転じたとみるのは確たる根拠こそないが、想像の範囲内ではないとはいえない」としている。

国語学者でも民俗学者でもない在野の研究者である山中襄太は『続・国語語源辞典』（校倉書房、一九八五年）の中で、槻の面白くユニークな語源を記しているので、少し長いが全文を引用し紹介する。山中はまず『大言海』が「強木《つよき》の略か」とする説を受けて、自説の展開をはじめる。

強木（つよき）はほかにもあり、ケヤキ、カシなどのほうがもっと強いのだから、「強木（つよき）」説は疑わしく、もっとほかに語源があるのではなかろうか。

池田弥三郎氏はいう（『はだか風土記』赤不浄の章）――その大意は、要するにツキ（槻）は、月経に関係があるというのである。折口信夫氏の考えでは、月経はもと神が自分に仕えるべき女性として指定したシルシであって、それをみたものは神の女として手を触れることができなかった。それが手を触れられないのはケがしているからと逆に考えて、月経をケがしているとしてしまったのだという。こういう神の指定を受けた月経の女は神の来臨の目印としてツキ（槻）の木のもとに小屋を建てて、そこで神の来臨を待った。その小屋、すなわちツキヤ（月屋）のある木だから、ツキ（槻）と呼ばれたのかも知れない。

ツキ（槻）の木がそういう目印だったことは、弓月岳（ユツキガダケ）という山が齋槻（ユツキ――神聖――槻）岳の当て字らしいことからも考えられる。

「槻」の語源は「強き木」であるとされる。

古事記で、ヤマトタケルノミコトをもてなすミヤズヒメが、酒盃をささげて進むとき、その礼装は月経の血が赤くついていた。そこでミコトとヒメの間に歌の問答があって、その夜ふたりは結婚された。血の付いた礼装で迎えたということは、月経の目印はむしろ必要なものであった。

古事記は雄略天皇が長谷（ハッセ）の百枝槻（モモエツキ）という大木の下で宴会（トヨノアカリ）が催されたとき、三重采女

（ミエノウネメ）が捧げた酒盃にもツキ（槻）の葉が落ち浮かんでいたのをみて、天皇が怒って采女を殺そうとした。そのとき采女が即座に長歌を詠んで御代を祝福したら、天皇の怒りが解けて許されたという話が出ている。

思うにツキ（槻）の葉が酒盃に落ちていたことだけで、采女を殺そうとしたことの理由がわかりかねるし、またツキ（槻）の大木の下で宴会を催したということに、なにか意味があるようでもあるがはっきりしない。

雄略天皇のころには、もう月経はケがさしていたものとすれば、采女がケガレの身で酒盃を奉ったことに怒ったものか。すると葉が杯に落ち込んだことが、月経と関係があるらしい。

この文章は語源といいながら、ツキ（槻）と月との関わりを述べているだけで、槻の語源を探ったことになっていないような気がする。槻と月とがよく交わることは、第一章で高槻市と高月町のことで触れた。

# 第三章　槻・欅論争と欅の昔話

## ケヤキの名称初出は『大同類聚方』

槻《つき》という樹木名は、現在では欅《けやき》の古名だとはっきりとしているが、いまでも槻と欅はちがう種類の樹木だと思っている人が多いように感じられる。私も槻と欅はちがう樹木だと考えていた一人で、葉っぱの形、枝先の分枝のしかたや、その長さなどのちがいについて調べてみたことがある。違いは明確ではなく、樹木間の個体的変化量の範囲内に収まるにすぎなかった。

奈良時代から平安時代初期にかけて槻といわれていた樹木が、欅と呼ばれるようになった経緯、その時代、語源については詳らかではない。

わが国最初の類書として知られる江戸時代後期に屋代弘賢《やしろひろかた》が編纂した『古今要覧稿』巻三百二十三・草木部は、「大同類聚方には、宇介也支《ウケヤキ》、一名以川支《イツキ》とあれども詳ならず、宇《う》、以《い》省けば即ケヤキ、即ツキなれば欅の名も古くなきにはあるまじき」と、『大同類聚方』に余字をはぶけばケヤキとツキの名称があると述べている。

これについて木下武司は『万葉植物文化誌』（八坂書房、二〇一〇年）の中で「偽書説によってほとんど引用されることのない『大同類聚方』巻之四の木類に「宇芥也支《ウケヤキ》一名以川支《イツキ》」と両名が出ている。イツキ

ケヤキの樹肌。槻はケヤキの古名であるが、現在でも別々の樹と思っている人が多い。

は齋槻としてよいが、ウケヤキの意味がわからない」としている。

『大同類聚方』は、『日本後記』巻第十七の大同三年五月三日の条に「衛門佐兼大舎人助相模介安倍朝臣眞直と外従五位下侍医兼典薬助但馬権掾泉連広貞らに詔りして『大同類聚方』を編集させていたが、作業が完了し、参内してつぎのような表を奉呈した」書物である。この書は、わが国に古代から伝わる医薬と処方を勅命によって集大成したもので、わが国古来の医方を病《やまい》ごとに集めた貴重な文献である。

現在は、大神《おおみわ》神社史料編集委員会刊行の『校注大同類聚方』をもとに槇佐知子が訳した『全訳精解大同類聚方』（平凡社、一九八五年）を読むことができる。同書「上」用薬部・巻之四・木類四七には、「宇介也支　一名以川支　味微辛久香之九月採木枝乎灰爾焼天用□□□□□」とあるのを槇佐知子は「ウケヤキ　一名イツキ　味微カニ辛ク香バシ。九月ニ木ノ枝ヲ採リ、灰ニ焼キテ用フ」と解読している。そして解説に、「ウケヤキ」や「イツキ」の名称は見当たらない。「ウ」や「イ」は衍字《えんじ》（余分な字という意味）で、ケヤキまたはツキのことであろうか、とする。

「イツキ」は齋槻《いつき》としてよいであろう。「ウケヤキ」のウは、丸山林平著『上代語辞典』（明治書院、一九六七年）は接頭語ではなかろうかとしている。「ウ」を接頭語とすれば、槇佐知子のいう衍字となり、ケヤキ（欅）となる。

とすれば、「ケヤキ」という樹木名は、平安時代ごく初期の大同三年（八〇八）に撰進された『大同類聚方』という公式文書に現れてくることになる。これがいまのところでは、もっとも古い文書での出現になる。

ついでに同書「下」処方部・巻之九十六の欅を使った「美《み》太《だ》利《り》加《か》差《さ》乃《の》薬《くすり》」（濫《みだ》り瘡《かさ》の薬）をみよう。「濫り瘡」というのは全身がいつも熱く、小便が赤い色をしており、大便が堅くて便秘しているほかは普通と変わりないが、数か月後に急に身体の内部が痒くなって発熱し、顔や頭、または手足の指先や爪の根もとが痛んだり、あるいは痒みは感じないが腫れ爛れて爪が抜けおちたり、あるいは眉毛が急にぬけ去ったり、また足も知覚がなくなって所々が紫黒色となって高くは腫れず自然に腐るもの、このほかいろいろと状態が変形するものなどがある。こうして数年も治らず、年々腐る範囲が広がっていくものである。

この病に対する処方は漢人《あやのひと》坂上宿禰真部の家の処方である。坂上氏は後漢の霊帝の子孫、阿智使王の後裔と伝えられている。症状は「顔が非常に紫色に浮腫し、声が出ず、手足の所々が紫色になって痛みを感じなくなって腐腫したり、あるいは痒くて飲食は普通の状態だったりする」ものを治療する。殻灰、槻（欅）灰、石灰の三種類を粉末にし、飯汁（重湯かあるいは粘汁）で小豆くらいの大きさに丸め、三〇粒を毎日三回ずつ、三か月くらい与えると、顔色がもとにもどるであろう、とする。槻（欅）は平安時代初期には、薬用として人びとの役に立っていたのである。

## ツキ・ケヤキの語源と方言

次に「ケヤキ」の呼び名があらわれるのは、室町時代初期の応永二十四年（一四一七）五月十二日に伝写された『山門堂舎記』（塙保己一『群書類従』第二十四輯・釈家部十四、続群書類従完成会、一九三二年）の首楞《しゅりょう》厳院《ごんいん》（比叡山延暦寺横川中堂）が仁安四年（一一六九）二月五日に焼失したので、再び建立するための建築資材をあつめた材の一つとして記されている。漢文なので意訳する。

即ち、杣工など相共に柱を二本撰び出しこれを切る。栢木《かやのき》なり。重ねてまた一本撰び出す。合わせて三本なり。いま一本不足する。而して飯室の気焼《けやき》一本切る。合わせて四本なり。

柱材とするため栢木《かやのき》を三本選び出して伐採したが、不足なので飯室に立っている「気焼《けやき》」をさらに一本選んで伐採したというのである。その材木を切り出すにあたっては、寺院領でもどこでもよいとしていた。

一　材木の事

この御堂は四面とも懸け造りである。然れば下殿の大物材木は、横川の内は勿論、仏領は論ぜず、寸法に叶う木は儲けて伐るなり。但し気焼《けやき》の外、余材を交えず。杣工は仰木、和仁の工などなり。

仏領とは、比叡山延暦寺の寺領のことをいう。懸け造りとは、建物を山または崖にもたせ掛けて造ることである。京都の清水寺本堂のいわゆる舞台のような建築方法のことをいう。ケヤキのことを気焼と当て字で記されており、「けやき」という名称はつかわれていたのであるが、漢字で「欅」と表記することはまだ行われていない時代であったのであろう。

ケヤキの漢字表記は、現在は槻・欅の両方が使われている。槻の場合は、ツキと読むときとケヤキと読むときの両方がある。欅の字は、ケヤキの読みだけである。

ツキに槻の字をあてることについて、加納喜光著『植物の漢字語源辞典』（東京堂出版、二〇〇八年）は「樹冠が扇形になるので、規《き》つまりコンパスに木偏を添えたものであろう。してみると半国字といえる」という。また加納はケヤキに欅の字をあてることについては同書で「語源は樹高が高いので擧《きょ》の『上がる』のイメージによって命名された」といい、「擧は手を組んで持ち上げる様子を暗示させる。手をあげると∨形や∧形を呈する。「擧（音・イメージ記号）＋木（限定記号）」を合わせて、枝が高く挙がって樹冠が∧形を呈する木を暗示させた」という。

槻《つき》は平安期以降には、『古今和歌集』等の勅撰和歌集、『源氏物語』、『宇津保物語』などの物語や、『枕草子』などの随筆といった文学作品にはあまり現れず、現れても弓の材料として扱われているにすぎない。

古い時代に呼ばれていた「ツキ」の語源からみる。

①ツヨキ（強木）の義とする（『和語私臆鈔』・『名言通』・『和訓栞』・『言葉の根しらべ』＝鈴江潔子・『日本語源学』＝林甕臣・『大言海』）

②ツキ（衝）の義とする（言元梯）

ケヤキの語源は、樹高が高いので手を挙げた形だとする説がある。

③神が降ってくる神聖な木とされることからツク「憑く」の転（大野晋）

ケヤキ（槻・欅）の語源は、

①木目が美しいところから、ケヤケキキの義とする（『和句解』・『名言通』・『大言海』）。

②キメアヤギ（木目綾木）の義（林甕臣の『日本語源学』）。

③カヨキ（香好）の転声か（『和語私臆鈔』）。

④「欅」の別音kyaにキ（木）に添えた語が転化したものか或は「格」の別音kyakの転か（与謝野

寛）。

木下武司は前に触れた『万葉植物文化誌』で、語源の①のケヤケキについて次のように解説しているので、少し長いが引用し、紹介する。

ケヤキの語源は「けやけき木」に由来するという説でほぼ定着しているが、その解釈には誤解があるようだ。材が優れているので、品質の際立った木と解釈することが多いが、「けやけし」の本来の意味は、『言海』がその語源を「異彌異し」と推定しているように、異様なほど際立ったということである。箒を逆さにしたような樹形で、他を圧倒するほど巨木となり、秋に紅黄色に紅葉して、木枯らしが吹き一気に落葉したかと思えば、春には新緑をつけ、夏には緑の葉がびっしりと茂る。ここまでは普通の落葉樹そのものである。しかし、花・実は目立たないわりに、その近傍には実生苗が一杯生える。しかも、丸い双葉が出て、次に四枚の十字対生の葉が出たあと、かなり長い間、成長が止まったように見え、葉腋から側枝が突然のように生えてくる奇妙な生態をもつ。このことからケヤキが異様に見られたとしても不思議はなく、それが語源に反映されたのである。

ついでに佐藤亮一監修『日本方言辞典　標準語引』（小学館、二〇〇四年）から、欅の方言をのぞいてみる。

いしげやき（奈良県南大和）、いしげやく（福岡県八女郡）、かいけ（徳島県美馬郡・朝植郡、高知県長岡郡・土佐郡）、かえき（新潟県西頸城郡）、かなぎ（兵庫県）、けや（福島県、茨城県、埼玉県秩父地方、兵庫県神戸市、和歌山県、島根県石見地方、広島県）、けやのき（和歌山県日高郡・西牟婁郡）、しらき（奈良県吉野郡）、しろき（奈良県南大和）、すなずき（山形県西置賜郡）、つき（静岡県）、つきげやく（福岡県築上郡）、つきのき（長野県上伊那郡）、まき（埼玉県秩父郡）

また、その方言がどこで採取されたのかは不明であるが、上原敬二は『樹木大図説』のなかで前述の方言以外に、けやぎ、つぎ、つきけやき、ほんげやき、あかけやき、あをけやき、はなげやき、おほけやき、きやき、けやけ、あをまき、きやしき、けき、ちぎ、いつき、との語を収録している。筆者もむかし仕事で山を歩いていたとき、あれはアカゲヤキ、こっちはアオゲヤキだと樹皮の色をみて案内してくれる人が言っていたことを覚えている。

いまは方言として欅のことを、地方によってケヤキと云ったり、ツキと云ったりしており、古い呼び方が浸透していることがわかる。

## ツキとケヤキの比較

槻と欅とはちがう樹種であるか、同じものであるかについて、むかしからあれこれといわれてきたが、現在ではツキはケヤキの古名とする見解がほぼ定着している。ツキとケヤキについてこれまで述べられてきたものを、ざっとおさらいしてみるのも面白そうだ。

貝原益軒の『大和本草』(一七〇八年成る)(校注者代表矢野宗幹、有明書房、一九八〇年)第二冊・巻之十二・雑木類は、槻と欅を別に説明している。

槻《つき》 和名ケヤキ。江陰縣志に曰く、槻は質は堅く、而して勁し、葉は多く繁り陰となる。人家、門、巷に多く、この樹、葉も木理もけやきに似ている。葉をみては分かち難し。ただその木理を見て分かつ。一類別物なり、葉はブナの木にも似たり。古は槻にても弓を作れり。

欅《けやき》 和名ケヤキ。槻と一類なり。処々に多し。箱に作り、案《つくえ》に作ること本草に時珍いえり。良材なり。日本にも多く、これを用う。冬は葉落つ。

貝原益軒の『大和本草』の誤りを小野蘭山・井岡冽が正し、新説を付した『大和本草批正』（未刊）は次のように記す。

槻は詳らかならず。今ツキと云うは、ツキケヤキの事なり。欅類なり。欅大木あり。月ケヤキ、石ケヤキ、大ケヤキ等あり。葉形はブナに似たり。又ムクの葉に似て慥渋なし、互生、枝下垂する故欅柳と云う。木堅くして理美なり。

江戸時代後期の本草学者・岩崎灌園著『本草図譜』（一八二八年刊）（同朋社出版、一九八一年）は次のように記す。

一種ツキケヤキ豆州方言ナタクマ、葉は欅に似て毛茸あり。秋冬葉の色黄色になりて落葉す。木理細にして白く欅より柔なり。古へ弓材に用て造る、此弓をツキ弓といへり。此物の葉干て物をみがくに用ゆ。前条のケヤキの葉は用に堪へず。

岩崎灌園は槻の葉で物を磨くとしているが、欅の葉っぱでは物を磨くことはない、という。物を磨くことが出来るのは、欅と同属のムクノキ（椋木）であり、椋木は欅とおどろくほど似ており、こちらと誤ったのではないか。枚方市には江戸時代に鋳物をしていた旧家に、鋳てつくった金物を磨くための椋木の大木があり、市の天然記念物に指定されている。

江戸時代末期の本草学者・小野蘭山が『本草綱目』（明の李時珍著）をもとに日本の本草について講義した『本草綱目啓蒙』（一八〇七年刊）（東洋文庫、一九九一年）は、次のようにいう。

欅　けやき一名楡欅（通雅）、俗に欅の字を用ふ。大木なり。春新芽を生ず。桜の葉に似て鋸歯大なり。木は殿柱箱案等に用ふ。良材なり。まげやき、いぬげやき、つきけやき、いしけやきの品あり。

『古今要覧稿』巻第三百二十三・草木部は、古くはツキといい今はケヤキというのだとして、次のように述べている。

案るに槻の名は日本紀・延喜式・三代実録・万葉集等にも多く見えて、目前の木也。今是を詳にしる人なきは、名のかはれる也。古槻といひしものは即今云けやきの総名にして、古は専らつきといひ、後世は専らけやきといふなるべし。槻は強木の義にや（和訓栞）と云、けやきの名義は詳ならず。大同類聚方には宇介也支、一名以川支とあれども、詳ならず。宇以を省けば即ケヤキ、即ツキなれば、けやきの名も古くなきにはあるまじき。なれどもけやきとは、となへざる也。今材木に用るもの、となへはけやきとはいへども、字は必槻の字を用ゆ。是古より書きたるものにして、となへも古はツキといひし也。

『古今要覧稿』は、古い時代にはケヤキという樹木名はない。江戸時代には、材木に用いるものの呼び名はケヤキであるが、字は必ず「槻」の字を用いる。槻の字は古くから書いたもので、よびかたも古い時代はツキとしていた、というのである。

白井光太郎は『樹木和名考』（内田老鶴圃、一九三三年）のなかで、次のようにいう。

ツキとケヤキとの区別は、大和本草に云へるが如く、葉を見て分かちがたく、伐て材を見て始めて分かると云ふが一般山民の説なり。然れば別種に非ずして、外界の状況により、区別を生ずるものとすべきが如し。古書に只ツキありて、ケヤキの名なきを見れば、ツキを以てケヤキの古名とすること、其最も穏当なるに如かざるを覚ゆるなり。

江戸時代末期に曽占春が国書に出てくる動植物の呼称の名義を考察した『国史草木昆虫攷』（日本古典全集刊行会、一九三七年）は、次のように述べている。

槻はその材其葉よく欅に似たり。之をつばらにせるにその葉は欅葉に似て辺の岐歯に尖りなく、其材は脈理連絡戻りけれ。俗にケヤキに槻の字を用ひしにツキとよく似たればなり。されどツキは木理交糾してケヤキの如く直聳ならず、其葉もケヤキに似たれどケヤキは葉辺の岐葉げに鋸歯の如く尖れり、ツキは尖葉なし。

ここまでみてくると、ツキとケヤキは別物だとする説と、ツキはケヤキの古語だとする説の二つにわかれ、その論の数は半々である。

本章の冒頭で述べたように、諸書は古くはツキと称していたが、ケヤキと称するに至ったのは近々のことで、従ってツキはケヤキの古名とすることが妥当である。

## 欅の大木を伐採する昔話

欅《けやき》にも昔から人びとの間に、世代をこえて語り続けられる昔話があった。昔話は、親から子へ、子から孫へと語りつがれていく口承文化である。この昔話によって、地域のそれぞれの文化が語り継がれていくと同時に、他国へ出かけた人がその見聞を語ることによって、自分の立ち位置とはことなった文化を吸収し、いつの間にかかみ砕いてわがものとしていたのである。

わが国最大の古代説話集で、平安時代終わりごろの一二世紀前半に成立したと考えられている『今昔物語集　本朝部上』（池上洵一編、岩波文庫、二〇〇一年）巻第十一・第二十二「推古天皇、本の元興寺を造れる話」には、槻の大木を伐採する話が語られている。欠字があるので補いながら口語文に訳し、整理して紹介する。

推古天皇の御代に、仏法が盛んになり、堂塔を造る人が多かった。天皇は百済《くだら》国からきた人に、金銅《こんどう》で丈六（一丈六尺＝四・八五メートル）の釈迦像を鋳造させ、飛鳥の里に堂を建て、この釈迦像を安置しようとされていた。堂を造ろうとされたが、その場所に世の人も知らない槻の大木があった。「疾《はや》く伐り除けて堂の壇を造れ」と天皇から宣旨があった。

推古天皇の時代に飛鳥の地に寺をたてるというのであるから、その寺は『日本書紀』にいうところの法興寺であろう。『日本書紀』が記すように、推古天皇の時代には欅の巨樹は神聖な神木とし、わざわざその側に寺を建立していた。ところが時代が下って、平安時代後期には、欅は寺を建立する邪魔物なので伐採してしまえという考え方に変わっていたことを、この説話は示している。

寺の建立にあたっては行事官を立てて、槻の大木を伐採することとなった。杣人が斧や幅広斧を二、三度ほど槻の根元に打ち込んだばかりで、たちまち死んだ。別の杣人に伐採を命じると、この人も前の時のように俄かに死ぬ。一緒にいた者たちはこれを見て、斧や幅広斧を投げ捨て、なりふり構わず逃げ去った。その後は、「どんなお咎めをうけようとも、この槻の木の傍には近寄らない。命があればこそ、公にもできない」と、おびえ惑うこと限りなかった。

その時、ある僧が「なぜこの木を切ろうとすると人が死ぬのか」と思い、「何とかこのことを知りたい」と思った。雨がふりしきる夜、僧自らが蓑笠《みのかさ》を着け、槻の根元に密かに近寄り、根元にできた空洞のなかにひそんだ。夜もふけてくると、槻の木の空洞の上の方から、多くの人声が聞こえる。聞くと「こうして度々伐りにくる者に伐らせず、みな蹴殺した。それでも最後まで伐らせぬようにはできまい」と。別の声で「度毎に蹴殺す。世間に命を惜しまぬ者はないので、寄ってきて伐ろうとする者はいまい」と。また別の声で、「もし、麻苧《あさお》の注連《しめ》を引きめぐらせ、中臣の祭文をよみ、杣匠《そまたくみ》の人が墨縄をかけて伐る時は、われらの術は尽きてしまう」と云う。また声がして「本当にそうだ」と。嘆き言い合う声がしていたが、鶏の声とともに静まり、音もしない。

僧は「うまいことを聞いたぞ」と、こっそりと立ち去り、このことを報告した。行事官は喜んで、僧の云うとおりに準備して伐採にかかると、一人も死ぬ者はない。槻の木がようやく傾きかけたとき、山鳥ぐらいの大きさの鳥が五羽、梢から飛び去り、それとともに槻の木は倒れた。その跡に御堂の壇を築いた。

欅の昔話は同朋舎がシリーズとして出版してきた『日本昔話通観』から要約しながら引用し、紹介する。このシリーズは日本全国の昔話を収録しており、欅が登場する場面はほぼ全国にわたっているが、四国や九州にはなく、欅の生育地が多くある東日本に偏在しているように感じられる。

花咲爺の変化したもので、青森県三戸郡田子町飯豊の話である。話は方言そのままなので判りやすくして紹介する。ずぅっと離れたところに二軒の家があった。上の家の爺さんが犬を預かった。その犬はご飯を一杯与えれば、一杯分大きくなり、やがて大した犬に成長し猪を獲ってきた。上の爺さんと一緒に山へ行くと、犬が吠えると猪が出てきたので、犬が猪の足に食いついて歩けなくしたところを、上の爺さんは鉞《まさかり》で猪を叩いて殺し、犬に引かせて帰った。

隣の爺さんがそれを聞き、その犬を連れて山へ行ったが、猪が取れないので鉞《まさかり》で犬を殺してしまった。上の爺さんは殺された犬を埋め、その上に欅の木を植えた。欅の木はたちまち大きくなったので、伐採して臼をつくり、餅をついたところ金がジャンガラジャンガラジャンと出てきたというのである。隣の婆さんがその臼を借りて餅をついたところ、汚いものばかり出たので、怒って臼を割り、燃やしてしまった。

上の爺さんは、その灰を持って帰り、屋根の上に上がって「雁の目に入れ、雁の目に入れ」と言ってまくと、ほんとに雁の目に入ってばたばた落ちた。下にいた婆さんががんがん叩いて殺したので雁の山ができた。隣の婆さんはそれを見て、爺さんを屋根にあげて灰をまかしたが、雁の目に入らず自分の目に入ってしまったので屋根から転げ落ちた。そのとき婆さんは落ちてきたのは雁かと思って、がんがん叩いて爺さんを殺してしまった。婆さんはまもなく姿が見えなくなった。

秋田県山本郡峰浜村（現八峰町）の話は、犬が正直な爺に「ここ掘れワンワン」と掘らせると、大判小判が出てくる。隣の欲深爺が犬を借り出し、犬が鳴かないのに畑の隅の盛り上がったところを鍬でけずると、蜂が出て顔中刺されたので、怒って犬を叩き殺した。正直爺は犬の死体を畑に埋めて、欅の木を植えるとたちまち大木となった。その木で作った臼で餅をつくと、餅の中から銭が出る。

## 毛焼き問答

岩手県花巻市狼沢の話である。花巻市の小瀬川に山をたくさん持っている年寄り夫婦がいた。ある時隣村の又八博労《ばくろう》が「家を建てるから、大黒柱にする欅を売ってくれ」といってきた。婆は爺に相談しようとしたが、爺は耳が遠いので、大声でしゃべるのが面倒くさくて、勝手に処分した。

それから二、三日して裏の山でガリガリドスーンと大きな音がした。耳の遠い爺もその音だけは聞こえた。婆は爺に木を売ったことを話す。爺はどの木を売ったかと尋ねるので、婆は股の毛を一本抜いて囲炉裏にくべた。すると爺は「ああ、欅か。なんぼに売った」と聞く。婆は指を一本だすと「何、百両か」。婆があわてて小指を一本だすと、「たった一両か。なんでそんなに安く売った」と爺は真っ赤になって怒った。今度は婆はクルッとお尻をまくって爺の鼻先に向けた。爺は「ああ、そうか、そうか、大きな穴が空いていたから、安かっただな。仕方ねえ」と婆のお尻をペタンと叩いた。

これに類した話が同県遠野市大工町にある。耳が聞こえない爺が婆に「何の木を売ったのか」と尋ねると、婆は股の毛を抜いて炉に投げ込み欅《けやき》を売ったと判らせる。同県二戸郡野代町の話では、爺婆の家の裏に大きな欅の木があり、又八がその木を切れというので婆は承知する。爺が木の倒れた地響きでわけを尋

毛を焼いてケヤキと覚らせる昔話の分布地

ねると、婆はわきの下の毛を一本抜いて焼く。爺が「欅一本売ったのか、だれに売ったか」と尋ねると、婆は流しの鉢を持ってきてまたぐ。「又八に売ったのか」と得心する。

宮城県登米郡南方町（現登米市）青島の話は、石巻から欅を買いにきたので、婆が売ってやる。耳の遠い爺が「どこの人」と聞く。婆は火打石をくるくる回すと、爺は石巻の人だとわかる。婆が髪の毛を抜いて火にくべると、爺は欅とわかり「いくらで売った」と聞く。婆が爺の金玉に指二本あてると、「金二両か、安かったな」という。婆が逆立ちして保登《ほと》を見せると爺は、「がま（空洞）だったのか、それなら仕方がない」と言った。

同県名取郡秋保町境野の話では、耳の遠い爺と口のきけない婆が裏山の木を売って暮らしていた。爺が風邪をひいて寝込んでいるので、婆が代わりに木を売る。爺が「何の木を売った」と聞くと、婆は尻の毛を焼く。爺は「ああ、欅か」という。

秋田県山本郡二ツ井町（現能代市）田代の話は、五城目の寺の大きな欅が邪魔になるので伐ることになり、和尚の許可を得ようといくら頼んでも、和尚は耳が聞こえないので返事をしない。寺のおかさが股を開いて陰部の毛をむしり、火にくべる真似をすると、和尚は「あの欅を伐るというのか」と許可した。

山形県上山市楢下の話は、貧乏な家で息子が欅を売って立派な年取りをした。無筆で耳の遠い親父が年取りのできたわけを尋ねると、息子はしぐさで股間の毛を抜いて焼き「うちの欅を売ったか」、下を向いて小便をし「下の庄兵衛に」、四寸二分の男根をだして「四両二分だ」と伝える。「安かったなあ」というので嫁が尻を出して見せ「はぁ、穴空いて、傷物だったのか」と親父は納得した。

福島県東白川郡古殿町論田の話は、耳の聞こえない爺がいて、婆が茶を飲みながら襟元の毛を抜いて火にくべる。爺は首をかしげたが「背戸の欅がどうした」というと、婆は片手をあげる。爺が「五文か、安く売ったな」というと、婆は股を広げて指をさす。「中はうつろだったか」と言った。

福島県田村郡船引町（現田村市）春山の話は、金持ちの家に大きな欅の木があった。息子がその木を売るが、爺は耳が聞こえないので何しに人が来るのか尋ねる。息子はぼんのくぼ（首）の毛を引っ張って欅を売ったことを教え、自分の金を指さしていくらで売ったか教え、爺が「二分《にぶ》（銭の単位）百では安い」というと嫁が自分のものを見せると「中がうろならしかたがない」と爺は納得した。

栃木県芳賀郡茂木町の話は、口のきけない息子がぼんのくぼの毛を三本抜いて火にくべたので、父親は裏山の欅を三本売ったと知る。つぎに値段を聞くと、睾丸を三回たたくので「大金三百両」と父親は知り、「安いじゃないか」というと、お袋が隠しどころをみせ「中はうつろだ」と教えた。

新潟県北蒲原郡安田町（現阿賀野市）の話は、耳の遠い爺のいる家で銭が急に必要になる。爺が父に「あの銭どうした」と聞くと、父は髪の毛を抜いて火にくべる。爺は「欅を売ったのか」と言うと、父はうなずく。

同県、五泉市中川新の話は、材木師が欅を買いにくる。耳の聞こえない爺が「何の木を売った」と聞くので息子は脛の毛を囲炉裏にくべると、爺は欅と承知する。

## 欅を伐採する話

岩手県雫石町の話は、欅の精と杉の大木の秘密である。志度前の十石沢の老杉が周辺の村に日陰をつくって困るが、神木なので切れない。南部の殿様が船を造る木として目をつけ、伐ることになる。木を切ったが一日では切れないので、そのままにして翌日行くと切り口は消え、元のようになっている。何日切っても同じなので困っていると、役人の夢枕に白髪の爺があらわれ、「老杉の下の欅の精だが、こっぱを全部焼かないと老杉には魂があり、切れない」という。

翌朝見ると杉木の下に弱々しい欅があるので、杉を伐りながらいわれた通りこっぱ（木くず）を焼くと切り倒せる。木を運ぶのに川に流すが、繋《つなぎ》の大欠《おおかけ》の淵の上で流れなくなり、いくら人夫がかかっても動かない。役人の夢枕に欅の精の白髪の老人が現れ、「ある家の娘を乗せてかけ声をすれば動く」という。娘を頼み、娘が「よういわしょ」と声をかけるとすぐ動き出すが、杉の木は娘といっしょに大欠の淵に沈んでしまった。

新潟県長岡市麻生田町の話は、欅が伐採を中止してくれたお礼をする話である。不作の年、庄屋が欅の大木を伐って売ろうとした。欅の大木が庄屋に声をかけ、「五、六年伐るのをまってくれ。山奥の欅と仲良くなり子供ができたが、その小木の枝が良くなるまで待ってくれ、百姓の食う米は出す」と言うので、庄屋が山奥へいくと欅の小木がある。庄屋が同情して伐るのを止めると、その年は豊作になった。

新潟県十日町市中条の話は、一日では切れない欅の話である。寺尾の正眼寺建築のとき、枯木又の竜王池の大欅を用材に使用しようと、寺尾の代表が枯木又にもらいに行くと、枯木又の村人は「祟りがある」と反対する。どうにか話をつけ、祟りが本当か牛馬の骨を池に投げ入れて試すと、大蛇が現れ、寺尾の代表は追いかけられて死ぬ。木こりは大勢でやれば大丈夫と、大欅を途中まで伐るが日が暮れて中止となった。翌日行くと大欅は元のようになっている。そこで一日で伐り倒し、運び出してしまった。

宮城県白石市不澄ケ池の話は、欅の下の銭の化け物である。延明寺の裏は昼でも暗くてうす気味悪い。味右衛門といううどん屋が馬市の帰りに、「暗くなってから不澄ケ池の欅の下を通ると、『おぶさってぇ、おぶさってぇ』という声がするから、早く帰ろう」と話し合っているのを耳にする。

味右衛門は化け物の正体をあばこうと、暗くなるのを待って出かけると「おぶさってぇ、おぶさってぇ」と声がする。「おぶさりたいならおぶされ」と背中を向けて叫ぶと、ドサッと落ちてくる。背負ってきて土蔵の中におしこみ、戸を閉めて鍵をかけて寝る。翌朝土蔵を開けると、大きな袋に金銀、大判小判が入っており、大金持ちになった。

延明寺の裏のケヤキの下から「おぶさってぇ」とお化けの声がするという。

仙台市宮城野の話は、節分の豆まきの起源である。貧しい薪取りが山で働いていると、「あんこ餅好きか」と突然鬼から声を掛けられたので、「女房と取り換えてもいいくらい好きだ」というと、「それ食え」と重箱を出して去る。このとき鬼にあんこと女房をとりかえられたのだ。家に帰ると女房の姿はなく、家の中が荒らされている。男は乞食をして山々を十年も探し回ったがみつからない。鬼ケ島へ渡ると、海辺で体の右半分が鬼、左半分が人間の、十歳ほどの男の子に出会う。片子と名乗る男の子に案内されて家につくと、女房がいた。その晩男と鬼が酒飲み競争をし、鬼は酔いつぶれてしまう。その隙に無事に日本に帰る。片子は「鬼子、鬼子」とはやされて居づらくなり、「鬼の体の方を細かく切り、串刺しにして戸口に刺しておくと鬼除けになる。それでもダメなら石で目玉をねらえ」と言い残して欅の木から落ちて死ぬ。やってきた鬼は戸口に近寄れず裏口から入ってきたので、その目玉に石を投げつけると、逃げて行った。

それから節分には片子のかわりに田作りを串刺しにして、「福は内、鬼は外、天打ち地打ち四方打ち、鬼の目玉ぶっつぶせ」と言って豆まきをするようになった。

## 欅の空洞に棲む蛇や蜘蛛

仙台市宮城野の話は、天人を女房にする経緯である。男前の侍が「この世で一番美しい嫁をお授けください」と観音様に三七《さんひち》二十一日の願掛けをする。満願の日にお告げ通り娘がやってくる。「どこへ行くか」と声をかけると、「天から舞い降りたばかりで行く当てがない」というので家に連れていく。その美しさが大評判となり、殿様の耳に入って、「ぜひ妾に」と願われたが、「天からの授かりものだから」と断る。天人の娘が「親の許しを得て夫婦になりたいので、一緒に天国へ行ってくれ」といって、雲をよび、二人はそれに乗って天人の家に行く。

門番に迎え入れられ、りっぱな部屋に通され、両親に会って話したら喜んで承諾してくれた。翌朝、庭の太い欅に立派な若者が鉄の鎖で繋がれ、やせ細っていた。侍が驚いてわけを聞くと、天人の両親は「あれは人間のなりをしているが、鬼だ。娘を嫁にくれと追い回すので、しかたなく下界に下ろしたらますます暴れるのでつないでいる」という。二人は両親から金銀の宝物をもらい、下界に下って幸せに暮らした。

秋田県山本郡藤里町の話は、お守りのお札である。母が娘二人を栗拾いに行かせた。先妻の子米福には穴の開いた袋、実の娘粟福には良い袋を持たせた。米福は栗が袋にたまらないので家に帰れず、山中の婆の家に泊まる。婆が小豆を炊き包丁をとぐのを見て米福はこわくなり、「小便出る」と告げると、腰に縄をつけられる。便所で生みの母にもらったお札にあとを頼み、縄を欅の木に結んで逃げる。婆が呼ぶとお札が答えるので、婆は怒って綱を引っ張り、欅はひっくり返って便所がこわれる。米福は婆に追われると二枚目のお札で砂山を出し、三枚目のお札で沼を出して追撃を妨害し、寺に逃げ込む。和尚は米福を箱に入れて天井につるし、お経をあげる。婆がきて箱を見つけるが、お経のため動けなくなった。

秋田県南秋田郡八郎潟町一日市の話は、素人和尚が欅の入ったお経をよむ話である。むかしあるところにお経も何も知らない長老がいた。古着屋から和尚の着る袈裟を買って、和尚のまねをすることにした。「奥山の欅のまつかさ猿三疋とまった。のぼったりくだったり、のぼったりくだったり」と、これを言って回ることにした。ある村には寺はあるが和尚さんのいないところがある。その村の親方が病気になって死んでしまったので、その長老が引導をわたさなければならなくなった。その長老は朝早く親方のところで、いい着物三枚があるというのを立ち聞きした。そして「オクヤマニ、欅ノマツカサ、サル三匹トマッタ、ノボッタリ、クダッタリ、ノボッタリ、クダッタリ」と。ここで鐘を一つガーンと叩いて、「さぁー、いい着物三枚だせえっ」。また鐘をガーンと叩いて「そらそらそら、お経まで三枚出せていうものな」と三枚いい着物をださせ、それが引導渡しであったと。これでとっぴんぱらりだ。

山形県酒田市上藤塚の話は、鳥から宝物を貰う話である。貧乏な親方とかかと息子がいた。かかは二人が稼ぐわらじを作って働く。親方が家の裏の欅の大木で卵を抱いている鳥が、卵にひびが入らず困っており「ひびを入れてくれたらいい物を授ける」という夢を四日続けて見る。親方が欅の木に登ってみると卵があり、巣にぶっつかった拍子に卵が転げてひびが入り、鳥が孵って飛び去る。次の朝、親方は夢で告げられたとおり、欅の木のてっぺんを見ていると、大きな鳥が飛んできて輝く指《ゆび》がね（指輪のこと）を出して「欲しいものが何でもでる。大切に使え」と言ってくれる。もらった指がねに「銭でろ」というと銭が出た。

山形県西置賜郡白鷹町貝生の話では、大工の失敗を女房が助ける。飛驒内匠頭が京都で寺を建てるとき、欅の大柱を誤って一尺短く切る。内匠頭は心配で飯も食えないでいると、女房がわけを聞いて「蓮華の座など飾りをつければよい」と教えてくれる。頭がそのとおりすると、皆から褒められる。

福島県福島市湯野東湯野の話では、欅の空洞にすむ大蛇が娘のところに通ってくる。名主の一人娘のもとに、毎夜紋付の若侍が通ってくる。若侍は窓から忍んできて窓から帰るので、ふしぎに思った娘が母親に話すと、母親は「糸玉をつけた縫針を裾につけろ」と教える。翌朝、糸をたどっていくと屋敷の庭の大欅のゴロ（空洞）の中に入っており、中から雷のようなうなり声が聞こえる。欅の木を伐り倒すと尾に縫針が刺さって苦しんでいる大蛇がいる。娘は身重になっており、法師に教えられて五月節句の菖蒲湯に入ると、たくさんの蛇の子を生み落した。

新潟県小千谷市の話は、欅の空洞にすむ蜘蛛のはなしである。村の屈強な男十人が山寺の化け物退治に行き、火を焚いて待っていると、大きな青道心《あおどうしん》が琴を持って出てくる。みなが琴に触ると手がくっついて離れなくなり、裏山の欅の大木の洞穴に引き込まれかける。応援の村人が棒を投げると、琴は大きな蜘蛛になり死んだ。

## 欅とばか婿の挨拶話

福島県双葉郡川内村の話では、欅を伐っていて山師が神隠しされる。山師たちが大欅を伐っていると、そこへ毎日美しい女が通って笑いかける。なぜ笑うのか、誰かあとをつけてみないかということになり、一人の山師がつけて行き、やっと追いついた。女は「われを見届けにきたのか。いいところへ連れていこう」と先に立って歩き、しばらく行くと「ここからわしの腰をつかんで目をつぶってくれ」という。そうすると今度は「目を開けて」と言われ、見るときれいな野原のようなところで、女たちが御馳走したり、歌ったり、踊ったりしていた。やっと庄屋を尋ねると「三百年もむかし、山師が一人消えたそうな」という。山師はふと帰りたくなり、暇乞いをして帰ったが、仲間の山師も村の人も親もおらず、家もない。

福島県須賀川市狸森後作の話は、ばか婿の挨拶話である。婿が正月に嫁の家に行くというので、嫁に「新年おめでとう。昨年中は……」って言えと挨拶の言葉を教えてもらう。ところが婿はそれを忘れてしまい、行く途中に立派な欅を伐っている人がいた。「この欅は、立派な欅だなぇ、この欅でなにするんだ」と尋ねると、「元のほうで臼をとって、梢《うら》のほうではだをとんでごす」と。婿は嫁の家に行って「こっちの欅は立派な欅で、元の方で臼とって、梢のほうでほだをとんでごす」と言った。ほしたら嫁の家では、こんなばか婿どのに娘をやっておけないなどという。ここの嫁は「婿は馬鹿でないから、今までどおりおいてくれ」と親に頼む。

福島県相馬郡飯舘村小宮の話は、隣の爺が大切にしていた欅が枯れ、ばか婿が見舞いに行くのに舅に尋ねる。舅は「もとの部分では臼を、中の部分では板を取り、そのウラで杵をとったら、大した損にならない」と教える。婿は教えられたとおり挨拶して、人を感心させる。つぎにその家の婆が死に、婿が悔やみに行くが、今度は相談する人がいなくて、前の欅の木の見舞いのときの挨拶をそのまましてて化けの皮がはがれた。

埼玉県川越地方の話は、仲人に連れられて村まわりをしたばか婿が、欅を伐っているところで仲人に「一のくろ（部分のこと）は立臼に、二のくろは大黒柱にするとよい、と言え」と教えられる。そのとおりに言うと「偉い婿だ」と褒められるが、弔いに行ったときにも、ばか婿は同じことを言った。

新潟県中蒲原郡村松町（現五泉市）川内の話は、舅がばか息子に旦那の家の欅が倒れた見舞いに行かせる。「幹は餅臼にでも作り、枝の股は脚立にでも作られたら」と挨拶を教え、婿もそのとおり言って見舞いをする。つぎに年寄りが亡くなり見舞いに行き、「胴は搗臼、手や足は脚立にしたらよい」と言って怒られた。

富山県氷見市の話も、ばか息子の話である。あるところにだら（ばか）がいた。あるとき大風が吹いて、隣の家の大きな欅やら杉が倒れた。見舞いに行く息子に父親は「さいわい見事な木ばかりで、太いところは臼になされ、細いところは杵にでもなされたら」と教え、だら息子はその通り言うと、ありゃ大した者じゃと褒められた。それから何日かたって、近くの男の子が亡くなった。だら息子の父親はあいにくよそに行っていなかった。だら息子は、「前より上手に言うてくる」と母親に言ってでかけ、「さいわい子供さんは見事な太りようで、太いところは臼に、細いところは杵にしたら立派なものになる」と挨拶し、やっぱりだらやないかいと大笑いされた。

千葉県市原市五井町の話は、金のため方である。名医に道楽息子の治療を頼むと、息子を庭の欅の梢まで登らせる。息子が落ちそうなり、枝をつかんで助けを求めると、医者は「今、枝をつかんでいるように、金を大切につかむ気になれば助けてやる」と言って、そのとおりに約束させた。

群馬県多野郡上野村塩の沢の話は、欅の樹皮に火を乗せ、むじなを退治する話である。番小屋に泊まって鳥や獣を追い払っていたお玉婆のところに、むじなが爺に化けてやってきて、金玉を広げて「これにくるまれ」と言う。しっかり者の婆は翌朝家に帰って、爺が家にいたことを確かめたうえで、今夜は絶対に山へ来ない約束をする。婆がいろりでおきを作って待っていると、むじなが爺に化けてやってきて居眠りを始める。婆が欅の木の皮の上におきを乗せて金玉にはじきかけると、むじなの体を固めていた松脂に燃え移る。むじなは死んだが、肉は固くて食えなかった。

栃木県上都賀郡粟野町加戸の話は、難題を解決し婿になる話である。看板に「一、峠にある欅の数。二、家の蔵の五穀の名。三、俵に何斗入っているか。この三つの問題を当てた者を娘の婿にする」とあるのを見た旅人が、山向うの大尽を訪ねる。峠にクマン蜂がいたので、主人に「欅の数は九万本」というと当たる。蔵の中の作物を「米、麦、稗、蕎麦」と言うが、あと一つがわからなくて困っていると、娘が口に手を当てて「アワワ」と言ったので「粟」と答える。さらに娘が「ヨイショ」と子供をあやす格好をしたので、旅人は「俵は四斗五升だ」と答えて、娘の婿になった。

### 欅に登る蛇女房の話

群馬県利根郡新治村（現みなかみ町）布施大塩の話は、蜘蛛《くも》が大きな欅の切株の上で遊んでいると、蛸《たこ》がきて力比べを挑む。蜘蛛は蛸に「そこへじっとしてろ」と言い、切株に糸をひっかける。糸の引き合いをすると欅の切株が抜け、蛸は驚く。蜘蛛は頭がよいので、蛸に引きずり込まれずに済んだ。

茨城県勝田市東石川の話は、ほら比べである。ほら吹きが達才に「ゆうべの南風で欅の根臼が吹き飛ばされた。こちらにきていないか」と尋ねる。達才は「家の裏の大きな蜘蛛の巣に引っかかっている」と答えると、ほら吹きは達才のほらに驚いて帰っていった。

神奈川県津久井郡津久井町（現相模原市）青根の話は、謎かけ話である。平丸に謎解きの名人がいた。

昔話にはケヤキの伐株を渕に引き込む力持ちの蛸が出てくる。

諏訪神社の欅に大きな瘤《こぶ》ができたので、若者がその名人に謎をかけ「欅のこぶとかけて何と解く」と言うと、名人は「りっぱな家のお嬢さんと解く」と答え、「その心は、お手にとどかぬ」と言った。

新潟県佐渡市羽茂町本郷の話は、ネズミと団子の話である。爺が婆に作ってもらった団子をもって山の畑に行き、団子を食べようとすると団子がころがる。爺があとを追うと団子はネズミの穴に落ち、急にあたりが暗くなる。爺が明かりをたよりに家を訪ね宿を請うと、姉さんが泊めてくれる。やがて歌が聞こえ、「三十になっても猫の声ぁきかん」との歌声が聞こえた。爺は「三十になっても猫の声を知らないのはかわいそうだ」と猫の鳴きまねをすると、みなネズミになって逃げた。突然あたりが明るくなり、爺が気づくと道端の欅の株を枕に寝ていた。

新潟県小千谷市首沢の話は、蛇女房の話である。親が草取りをしていると、蛇が蛙をくわえているのを見て、「蛙を俺にくれろよ。もしお前が女なら、息子の嫁になってこい」と頼む。蛇は蛙を放し、蛙は足を引きずって去る。何年か経ち親が蛇のことを忘れたころ、美しい娘がやってきて、「約束どおり息子の嫁にしてください」と言う。やむなく嫁にするとよく働いたが、息子は体を悪くしてやせこけてくる。医者にかけ薬を飲むが治らない。ある日やってきた足の悪い占い師が「二里先の奥山の谷底に大木の欅がある。その欅のてっぺんにある鷹巣から卵をとってきて息子に飲ませると治る」と教える。親が村人に頼もうとすると、嫁が進んで引き受ける。

嫁は欅の下で大蛇になり、木に這い上がると、鷹が怒って蛇を谷底に蹴落として殺す。それ以後息子の病気はみるみるよくなった。占い師は、助けた蛙だった。

新潟県長岡市成願寺町の話は、聞き耳頭巾の話である。正直で働き者の若者が山で白ひげの老人から聞き耳頭巾をもらう。東の長者は寝床の下に蛇と蛙とナメクジが埋められて、三すくみになっている祟りで寝込んでいること、西の庄屋の娘は欅の大木が伐られ、切株から芽を出すごとに切られるので、その思いで寝込んでいることを知る。両方とも解決して大金をもらう。

富山県中新川郡上市町極楽寺の話も、欅と蛇の話である。青どろという滝橋の淵に深い洞が二つあって大蛇が棲み、女に化けて欅の木の下に出ていた。男がその女に「何が一番嫌いか」と聞くと「たばこのやにだ」と答える。男は家に帰って煙草を煮てやにをとり、手桶でその女にかけ、逃げながら「自分の一番嫌いなものは大判小判」と言う。その晩女が男の家にきて、「やにの仇」と大判小判を玄関に積んで帰ったので、男は村一番の長者となった。

愛知県北設楽郡設楽町田峯の話も、欅と蛇の話である。穴滝のそばにある大きな欅を伐りに行くと、若い女がうらめしそうに見ているので、一度は伐らずに帰るが、翌日伐ってしまうと、男は熱をだして死んだ。その欅の木は、大蛇の遊ぶ木だった。

兵庫県美方郡美方町（現香美町）東垣の話は、欅の木で化け物を退治する話である。男が化け狸を退治しにでかけていくと、葬式がやってくる。葬式にあたるのは気持ちがよくないので欅に登っている。葬式はやってきて男が登っている欅の下に、棺桶を置いて帰ってしまう。すると棺桶の蓋が開いて死人が出て、だんだん背が高くなり男の足首を握る。刀で斬るとギャーッという声がして、棺桶もなくなっている。夜が明けて血の跡を伝っていくと、古狸が山の穴の中でうなっていた。

## 欅の木に登って洪水を逃れる話

鳥取県西伯郡淀江町（現米子市）富繁の話は、大根飯封じの話である。富繁に安泰寺という寺があって、和尚さんと小僧の二人住まいだった。和尚さんは大根好きでご飯に大根をいれて炊き込み飯にさせていた。小僧はそれが大変嫌いだった。小僧は大根飯をやめさせることを考えついた。寺の後ろに大きな欅の木があった。小僧はそれに七夕提灯を一つかけ、鳥屋で鶴を一羽買ってきて、それに提灯をくっつけた。そして欅の木に登り、「和尚ぅっ、起きろっ」と大声を出すと、何事かと思って和尚が戸を開けて顔を出すと、小僧が「わしゃあ、大山の天狗じゃ。ここで大根飯を炊くそうじゃが、大根飯を炊くとこの寺はつぶれてしまうぞ。明日からやめぇい」。和尚は大山の天狗のことばに「天狗さんの教えなら、明日からやめよぅ」と返事をした。それから小僧は提灯に火をともし、鶴を放すと提灯の明かりが空をとんでいったので、和尚は大山に天狗が帰ったと思った。翌朝小僧が「和尚さん、今日の大根飯はどのくらいにしますか」と尋ねると、「夕べ天狗さんに叱られたので、大根飯はやめてくれ」というので小僧は喜んだ。

山梨県西八代郡市川大門町（現市川三郷町）大木の話は、猫と欅の話である。寺の猫が年をとって何か和尚に恩返しをしたいと思い、「近く大家で葬式があり、それを火車がねらっている。火車は普通には見えないが、衣の袖から欅の木を見ればわかる」という夢を和尚にみせる。大家の娘が死んだので和尚が行き、猫が夢で言ったように袖から覗いてみると、欅の木の股に火車がいる。和尚が上のお坊さんに相談すると、「先に人形の葬式をして、そのあとで本当の葬式をすればよいだろう」という。人形を入れた葬式をすると、火車が棺桶を取るが、すぐに捨てていく。三日目に本当の葬式を出すと、何事もおこらない。

山梨県西八代郡上九一色村（現甲府市）の話は、欅に登って洪水を逃れる話である。江戸へ出稼ぎにいった男が、ためた金で故郷の土産にと、大先生から「頼らば大木」「うまいものを食ったら油断するな」という言葉を五両ずつで買う。帰る途中で洪水にあうが、「頼らば大木」と欅に登って助かる。泊まった宿屋でうまいものを食わされたので、「うまいものを食ったら油断するな」と寝床を出て押し入れに隠れ、夜中に出た強盗に殺されずにすみ、無事に家に帰り着いた。

静岡県北伊豆地方の話は、ほら話である。駿河人と相模人と伊豆人が同じ宿屋に泊りあわせ、お国自慢をしあう。駿河人が「富士に腰かけて駿河の海で足を洗った男がいる」と言うと、相模人が「箱根山から近江国の琵琶湖まで水を飲みに行き、たった三口で湖水を飲み干してしまう大きな牛がいる」と言う。つぎに伊豆人が「天城山には根元を一回りするのに三日三晩かかる大欅が生えている」と言う。駿河人と相模人が「そんなものは役に立たない」と言うと、伊豆人が「相模国の牛を殺して皮を張って、天城山の欅で太鼓をつくり、駿河の大男に鳴らさせる」と言った。

鳥取県八頭郡佐治村（現鳥取市）瀬木の話は、力自慢である。三田の大力と藤左衛門の力比べは、藤左衛門が普通ではどうしても割れない鬼胡桃の実をもって三田の大力に売りにいったら、三田の大力は「おい藤左衛門、この胡桃は腐っとる」と言いながら、ぼりんぼりんと指で潰してしまった。さあ藤左衛門は腹が立ってきて、庭の奥にあった欅の臼を見かけて「おい三田殿、この臼は腐っとる」と言いながら、その欅の臼の縁をぼりんぼりんと指でこかしてしまった。

### 欅の大黒柱は家の守護神

埼玉県狭山市も欅がたくさん生育しているところで、『狭山市史　民俗編』（狭山市編・発行、一九八五年）にはいくつか欅に関わる伝説を記している。

下奥富での話は血の出る欅である。吹上のお神明さまにある欅の大木は、枝をおろすと血が出るといわれ、あまり近寄らなかった。笹井には「ズイコウの欅」という話がある。笹井の宗源寺の境内に「ズイコウの欅」とよばれる大きな欅があった。毎晩、夜中になると境内から「ズイコウ、ズイコウ」と何か鳴くような音がするので、寺の者が不思議に思い、あちらこちら調べたところ、欅の根元から不思議な音がすることがわかった。ある人は「ズイコウ、ズイコウ」という音は、若くて成長期にある欅が、栄養分である水をすいあげるときに出す音ではないかといったそうだが、不気味な欅の音はとうとう謎のままだった。今は欅は伐られてしまった。

下奥富の大芦にある大樹寺の境内の欅の話である。この欅の根っこに大穴があり、大人一〇人は入れたという。その欅の木に登りながら眺めると、川越の伊佐沼がゆうに見えたという。この寺の御本尊は虚空蔵菩薩だが、むかしこのご本尊を背負ってきた人があった。そのときこの大欅を目指して歩いてきたといわれる。この欅は神の木とあがめられ、根っこのでっかい穴で湯をたて、その湯を薬湯といってみんなで飲んだ。これは万病に効いたという。神の木だから、枝が枯れて落ちたとき、自分で討ち死にしたのだといわれた。

明星院は、同村の渡辺氏の祖先が上総の国から虚空蔵本尊を背負ってきて安置した寺で、そのとき杖の欅を傍らに挿したところ、根を生じて大木となった。神木様と称したが今は枯れてない。

石上堅著『木の伝説』(宝文館出版、一九六九年)も、欅の伝説を伝えている。静岡県高田郡中狩野村(現伊豆市)雲金の佐野神社境内に、二本の槻の木がある。高さは三〇メートルほどあり、二つの木が抱き合って合体しているので、夫婦木《めおとぎ》という。妊婦がこの夫婦木を巡ると必ず安産するという。夜中に人に知られないように巡るのが古いならわしであった。

東京都板橋区本町にある岩之坂はむかしは中山道で、のぼり口に榎《えのき》と欅の大木が立っていた。二つの木と岩之坂をもじると「エンノツキノイヤナサカ」となる。欅は槻だと俗にいわれていて、いつしか縁切り榎に祈れば、悪縁が切れるという信仰がはじまった。榎に祈ってその皮を削った粉末を、こっそり夫にのませると、別れることができると信じられていた。悪縁が切れるといわれたこの榎も、嫁入り時に通ればその逆で、結婚の不幸を暗示することにもなった。幕末の皇女和宮が中山道を通って、将軍家茂のもとに向かった時には、この榎の根元から枝葉まですっかり薦《こも》で隠したと伝えられている。むかしは周囲六メートルもあったのだが、腐った根株がその穴に第六天神の小祠を抱き、鉄柵に囲まれており、夫と相手の名前を書いた紙片が投げ込まれている。明治一六年（一八八三）の火災にあったのだが、現存（昭和四〇年代初期）するのは槻の根っこのようだ。

ケヤキの芽吹きは全木一斉にはならない。はじめおずおずと芽を出し、霜のおそれがなくなるとしだいに芽を出す。

現在のプレカットされた材でつくる家が流行する以前の、和風の家では大黒柱に欅の太角を使った。大黒柱は家の神が天下り宿る柱だとされていた。大黒は穀物霊である少彦名神を左右した農耕神（大穀神《だいこくしん》）を大国主神と信じて、久しい。農家・町家でこの神の天降りを信じた大黒柱は、ついには台所の柱や倉の柱に転じて、柱に祀られる台所の守護神とも福の神ともいわれる時代となった。その大黒柱をもつ家を建築する人は、現在では少なくなった。

『長野県史 民俗編』(長野県編、長野県史刊行会、一九八六年)は、草木の様子と農作業について記しているので、欅に関わるものを抜粋する。東信地方では、春欅の芽吹きが早いと晩霜《おそじも》はないといい、欅の芽が一斉に出ると陽気がよいという。南信地方では、欅の葉が開けば苗代に氷が張らないといって、苗代の種蒔きの目安とした。北信地方では、欅の芽吹きで綿の種をまく目安にした。

東京都府中市の大国魂神社参道となる馬場大門欅を、まだ市街地となる以前の農家があった時代には、並木の欅の芽吹きが不揃いだと晩霜の憂いはまずないものと判断して安心していた。また逆に揃って芽吹くと晩霜の心配があると、芽吹きで春先の気象判断をしていたと、上原敬二は『樹木大図説』の中で記している。

## 欅の大木が立つ一里塚

およそ一〇〇年間続いた戦国の世が鎮まり、関東平野の一角の江戸に政治の中心が定まると、幕府の政策として大名たちに課した参勤交代をはじめ、人々は江戸と在所とを往復するために街道を使うことが多くなった。物資の流通は陸上輸送よりは、船を頼りにしていた。徳川幕府は陸上交通網を整備する一環として街道に、一里(三九二七メートル)ごとに距離標を設けることにした。一里塚の設置である。

慶長九年(一六〇四)二月四日、徳川家康は日本橋を起点として東海道、東山道、北陸道の三つの街道に一里塚を設置するよう関係する大名に命令した。のちには全国の街道へと、一里塚の設置は発展していく。一里塚は、街道の側に距離が一里ごとに、旅行者の目印となるよう五間(九メートル)四方の塚(土盛)を築き、塚の側や上に榎《えのき》を植えさせたり、標識を立てたりした。

一里塚の設置は所務奉行（のちの勘定奉行）であった大久保長安の指揮で行われ、一〇年ほどで完了した。長安はこのとき、現在知られている里程標、つまり一里＝三六町、一町＝六〇間、一間は六尺という間尺を整えたのである。

一里塚には、榎などの木が植えられ、木陰で旅人の休息がとれるよう配慮されていた。現存する一里塚の多くは道の片側のみに残っているが、本来は街道の両側に対で築かれたのである。一里塚に植えられた樹種は、一般的に榎が多い。一九世紀の天保年間調査の「宿村大概帳」によると、榎が過半数ともっとも多く、次いで松が四分の一強、三番目は杉で一割弱、そのほかは栗、桜、檜、樫は数本程度となっており、本書主題の欅は植えられていないことになっている。

ところが、植えられていない筈の欅の大木が生育している一里塚が、東日本を中心に何か所か現存している。現存している一里塚そのものの数が少ないにもかかわらず、欅の一里塚があるということは、まことに貴重な存在である。欅は長命で大きく育つので、塚の目的である旅人の目印として、あるいは夏の炎天下の木陰は休息場所としては最適であった。現存している欅の一里塚を紹介する。

甲州街道に存在する一里塚は、長野県諏訪郡富士見町富士見御射《みさ》山《やま》神戸にあるものが、甲州街道では唯一のものである。ＪＲ中央本線「すずらんの里」駅がある町で、町はずれ近くでいまは旧道となっている道を茅野市方面に向かって丘陵部へとのぼっていくところにある。江戸の日本橋から四八番目（四九番目という説もある）の一里塚である。道をはさんで東西に二つの塚があり、大欅は西塚にあり、樹高二五メートル、目通り周囲六・九メートル、推定樹齢三九〇年で、根張りは塚の大きさとほぼ同じになっている。一里塚は富士見町指定史跡になっている。東塚には榎が植えられていたが、明治の初めごろ枯れてしまったという。塚上の欅の根元には、一里塚碑と標高九一七メートルの碑がある。

中山道で現存する欅の一里塚は、埼玉県熊谷市新島にあり、日本橋から一七里地点に設けられたものである。中山道の東側にあり、欅の大木が塚の上に立っている。当初は中山道の両側に五間四方の塚を築き、榎等を植えたといわれているが、西側の塚は残っていない。宝暦六年（一七五六）の「道中絵図」に熊谷周辺では榎を植えたとされているが、現存している塚上の樹は欅であり、熊谷不思議の一つとされている。樹齢は三五〇年と推定されている。平成二二年（二〇一〇）九月にあった雷雨で、一里塚上の欅の大半は折れたものの、若芽を芽吹いている。この一里塚は、熊谷市指定史跡である。

日光街道筋の埼玉県越谷市蒲生愛宕町にある蒲生一里塚は、埼玉県内の日光街道筋に現存する唯一の一里塚である。文化年間（一八〇四～一八一八）に幕府が編纂した「五街道分間延絵図」には、綾瀬川と出羽堀が合流する地点に、日光街道をはさんで二つの小山が描かれ、愛宕社と石地蔵の文字が記されている。現在の一里塚は高さ二メートル、東西幅五・七メートル、南北幅七・八メートルの東側一基だけが、地図に描かれた位置に残っている。塚の上にはムクノキの古木、太さ二・五メートルの欅のほか、松、銀杏が生い茂っている。『新編武蔵風土記稿』によると「ここに一里塚あり。塚上に杉樹を植へ、後に愛宕社」とあり、はじめには杉が植えられたようである。いつ欅にかわったのかは不詳のままである。

三国街道筋の群馬県渋川市横堀は宿場町の一つで、三国街道は中山道高崎宿から分かれて越後国・佐渡島に至る街道で、群馬・新潟県境の三国峠を越えていた。ここ横堀宿に一里塚がある。かつては三国街道をはさんで一対で存在していたが、西側の塚は開発で消滅し、東側の塚だけが現存している。塚は東西一五メートル、南北八メートルで、塚の中央に大欅が枝葉を広げている。塚には馬頭観音、石碑、石灯籠、石祠が祀られている。

### 奥羽・羽州街道の欅の一里塚

青森県上北郡七戸町森ノ上にある天間館一里塚とよばれる塚にも、大木の欅が立っている。ここの一里塚は江戸日本橋から一七六番目にあたり、慶安二年（一六四九）〜承応元年（一六五二）ごろ築造されたと推定されており、青森県指定史跡となっている。街道の両側に残っており、西側の一里塚の上の欅は樹高二五メートル、目通り周囲九・六メートルで、「天間館のけやき」の名称で七戸町指定天然記念物（二〇〇五年二月二二日指定）となっている。反対側の塚は杉などが数本生えているのみで、余り目立たない。一里塚そのものは二メートルほど土盛をされただけであるが、地形的に少し高くなっているところにあるため、欅は良い目印になったと思われる。

青森県にはもう一つ奥州街道が走る十和田市大字相坂字白上に、欅が生えた一里塚がある。南部藩の手で築造されたとされており、寛文五年（一六六五）の三本木村絵図には「古もり」と記されている。現在残っているものは一基だけで、旧国道四号線を建設する際に破壊されたといわれている。この地域周辺は一里塚に植えられた欅の大木に由来して一本木《いっぽんぎ》とよばれ、現在は欅の大木は失われているが、後継樹が育っている。一里塚は十和田市指定文化財である。

羽州街道（旧国道一三号線で現在は秋田県道）が市街を南北に走っている秋田県湯沢市愛宕町二丁目にも、欅が立つ一里塚がある。慶長九年（一六〇四）徳川幕府が奥州その他道筋の諸藩に命じて築かせたものの一つである。道路を隔てた東側に同じように塚があったが、道路拡幅のため取り除かれた。一里塚上の欅は樹齢四〇〇年、樹高二二メートル、幹周り五・七メートルで、かつては大きなくぼみや空洞があったそうだが、旺盛な成長力でいまではそれも見えなくなっている。塚の土盛を覆い尽くすように根を地面まで下ろした珍しい景観をしている。しかし近くの住宅に枝葉が落ちるとの苦情があり、かなりの枝が切られ、さらに根にも切断された部分があり、アスファルトで覆われている状況なので、今後も旺盛な樹勢を続けられるかどうか疑問視されている。塚は秋田県指定史跡であり、欅樹下には地蔵と御堂、馬頭観音が祀られている。

秋田県湯沢市にはもう一つ欅のある一里塚が残っている。同市湯ノ原一丁目にあり、湯ノ原一里塚と呼ばれるもので、羽州街道を横切って日本海側から太平洋側に通じる本庄・小安《おやす》街道とよばれる脇街道に築かれたものである。正保四年（一六四七）に描かれた「出羽一国御国絵図」から、かつては街道をはさんで両側に築かれていたことがわかるが、現在は一基のみである。塚の上の欅は樹齢四〇〇年余り、湯沢市指定文化財である。

東西の大動脈の東海道が走っている静岡県三島市錦田一丁目には、日本橋より二八番目の錦田一里塚が道の両側に対になって立っている。松並木が数百メートルにわたって残されており、地元の「松並木を守る会」の人たちが守ってくれている。松並木の中が旧東海道で、ここは富士山を見る最適場所なのでカメラマンが多い。旧東海道は舗装され、自動車の交通量が多い。松並木のなかに錦田一里塚があり、二代目とみられるかなり太い欅が両方の塚の上に立っている。

福井県今立郡池田町には北国街道が走っているが、いまは旧街道とは縁が切れてしまっている。大杉が立っている須波阿須疑《すわあずき》神社の大きな鳥居から、目の前の国道四七六号線をはさんで社頭一里塚と呼ばれる塚に上に欅の大木が立っている。慶長年間に整備された一里塚とその上に植えられた名残である。旧街道の役目を終わった一里塚の大欅は、足羽川と国道に挟まれ、樹下に道祖神が祀られ、悠然と立っている。ここの欅は榎と一緒に植えられたようで、いまは榎を抱きかかえるように根元部分で合体し成長してきた。樹齢三〇〇年で、目通り周囲は欅・榎の二本が癒合しているので二本をあわせて約八メートルで、池田町

秋田県湯沢市の一里塚のケヤキ。長年のうちに塚は根で覆い隠されてしまった。珍らしい景観となっている。(湯沢市提供)

指定天然記念物である。

　兵庫県篠山市波々伯部の波々伯部神社の前を、篠山城から京へと通じる京街道が走っている。神社の鳥居脇には城から二番目の一里塚があり、その上に欅の巨木が立っている。幕命により諸藩が街道に一里塚を築いたとき、篠山藩が大手門から京に向かう街道に建設したもので、欅は一里塚の標木として植えられたと伝えられている。樹高二〇メートル、目通り周囲五・五メートル、樹齢三〇〇年、日置の一里塚欅とよばれている。

ケヤキの大木のある一里塚の分布図

　一里塚は旅人の目印にするために一里ごとに設けられ、普通は土盛をし、その上に榎などの樹木が植えられた。その中間にも塚を造らないが、目印の樹木は植えられていたようで、埼玉県さいたま市浦和区上木崎一丁目のJR与野駅前にあった大欅がそれだといわれた。しかし残念ながら、記念すべきこの欅も樹勢が衰え、通行する人びとに危険だとされ、周囲の方々に惜しまれながら、平成二二年（二〇一〇）五月に伐採された。現在与野駅にその面影が展示されている。

　一里塚そのものは各地に少しづつ残っているようだが、ここでは塚の上に欅が立っているものだけを取り上げた。前にも触れたように、塚の目印とされる樹木は、榎が最も多く、次いで松、杉、栗、桜などで、本書の主題の欅は挙っていない。しかし、熊谷の不思議と言われるように、植えたことのない欅が一里塚に現存している。

考えるに、一里塚築造を命じた老中は、樹木の知識はほとんどなく、榎を植えろとは言ったが、実際には現地の施工者にまかせきりだったに違いない。植えるように指示された榎ではなく、同じエノキ科の欅と差し替えたのではなかろうか。一里塚に植えるといっても、榎は苗を植木屋が養成するような種類ではないため、ころあいのものと云えば自然生えのものを探す以外に方法はなかったであろう。自然生えの苗は、いざ探すとなればなかなか見つからないものである。

一方、欅のほうは関東地方以東は、欅の郷土《ごうど》で、あちらこちらの屋敷林には大木が生育し、風で飛ばされた種子から生えた手ごろな欅苗が見られたのであろう。榎と欅の樹形を比べると、欅が一段とすぐれている。そんなこんなで、報告は榎を植えたことにし、実際は欅を植えたに違いない。

# 第四章　暮らしを守る欅

## 屋敷林の欅

代表的な屋敷林の一つ、島根県出雲平野の築地松

わが国の村里では、ほとんどの農家の屋敷は周囲に樹木を植えていた。寒い冬の季節風だけでなく、台風のこともあり、あるいは夏の山風のこともあるが、強い風で住居が壊されたり、屋内の温度低下あるいは温度上昇をふせぐため、樹林をつくり微気象（地表付近のごく狭い範囲の気象）を調整していた。

いつの時代からはじまったのか詳らかではないが、欅が生育している地域の人びとは、欅を屋敷内にとりこみ、屋敷林の樹木の一つに加えて、生活をともにしてきた。また生業である稲作に欠かすことのできない水を供給してくれる川は、自然のままだと大雨のときには洪水となって、住居や水田や畑を襲ってくるので、その対策として堤防に竹や柳、櫟《くぬぎ》・欅等を植えるなどして堤防の決壊を抑えてきた。ここでは、人びとが生活していく中で必須の住居や、食料生産に必要な河川の治水、あるいは交通機関への障害を減少させることに関わる欅について述べていく。

屋敷林をもつ地域をみると、岩手県の胆沢扇状地、栃木県の那須野原、群馬県の赤城山麓、関東の武蔵野、静岡県の富士山東南麓・御前崎、富山県の砺波平野、島根県の出雲平野、伊豆半島、房総半島、大井川下流、愛知県の伊良湖岬、紀伊半島南部、高知県の室戸岬・足摺岬、鹿児島県の薩摩半島・大隅半島、南西諸島などである。そのほか小規模で不規則な地域風があたる地域にも、屋敷林をもつところがかなりの数にのぼる。

屋敷林に欅をもつ地域を杉本尚次著『日本民家の研究――その地理学的考察』（ミネルヴァ書房、一九六九年）に掲載されている表「屋敷林・石垣の諸相」から抜粋する。

屋敷林に欅がある地域とその位置

| 〔地方〕 | 〔地域〕 | 〔屋敷林の樹種〕 | 〔主な方位（位置）〕 | 〔調査者〕 |
|---|---|---|---|---|
| 東北 | 福島県相馬郡石神村 | 杉・竹・欅 | 北・西 | 綿貫勇彦・村田貞蔵 |
| 関東 | 武蔵野台地 | 樫・欅・杉 | 北・西・南 | 矢沢大二・辻村太郎 |
| | 赤城山麓（南麓） | 槇・欅 | 北・西 | 矢島仁吉・杉本尚次 |
| | 榛名山麓 | 槇・欅 | 北・西 | 矢島仁吉 |
| | 関東平野西南部 | 杉・欅 | 北・西 | 伊藤隆吉 |
| | 大宮付近 | 杉・欅・樫 | 北・西 | 松村繁樹・佐藤甚次郎 |
| 中国 | 岡山県北部（勝北・奈義） | 竹・欅・樫・杉 | 北・西 | 竹久順一・鶴藤鹿忠 |

この表は多くの地理学者の調査結果をとりまとめたものであるが、屋敷林に欅をもつ地域はこの表のほか、宮城県仙台平野、富山県の砺波平野、長野県の安曇野などがある。

屋敷の廻りを高い木々で取り囲んで屋敷林をつくることは、その地域の住民が長年の経験により生み出した地域気象に適応する生活の知恵であり、いわば生活文化であり、環境文化といえよう。ここにかかげた表の樹種で見られるように、どの地域にも現れるのは杉で、欅と杉は互いに持ちつ持たれつの関係にある。そして全国的にみて屋敷林にある樹種は、杉が東北地方から九州地方までにもっとも広い範囲にわたり、屋敷林の樹種として用いられている。

## 仙台平野のイグネの欅

『宮城県史一九　民俗I』（宮城県史編纂委員会編、宮城県史刊行会、一九九三年）によると、屋敷とは家を構える一区域の土地の意味で、居《い》屋敷・家《か》屋敷などとよばれている。農村では何々屋敷といって、各々の家を区別している。地形からみて台屋敷、窪屋敷、谷地屋敷、田中屋敷などがあり、周囲に堀をまわした堀之内屋敷、土豪の住んでいた舘屋敷・土豪屋敷、新しく作られた新屋敷・新百姓屋敷など、歴史的に見ても重要な手掛かりの得られるものがある。

たいていの屋敷の西北方向には、屋敷林として防風林が作られている。イグネ、エグネ、クネとよび、古くは四壁《しへき》とよんだ。屋敷林は冬季の寒風や降雪から家を守り、枯葉などを燃料や肥料として利用している。樹種は多様で、杉、欅、松、栗、水田地方では榛《はん》の木等、常緑樹、落葉樹などさまざまである。

むかしから屋敷林を保護する政策であったから、屋敷に課税するばあい屋敷林としての面積の幾分かを除地としていたが、屋敷林の樹木は勝手に伐採することは禁止していた。安政二年（一八五五）には、百姓が自分が植えた居久根《いぐね》を伐採して家の修繕に使いたいから許可してほしいという願書「名取郡南方長岡村百姓米吉奉願候御事」のうちには、「伐った跡には極印をおしていただく。規則の通りすぐに植え継をいたします」とあり、伐採してもすぐに後継樹の植栽をすることが条件となっていたのである。

仙台市青葉区上愛子の農家とイグネ（仙台市提供）

このように、宮城県下では農家の屋敷林はひじょうに大事に取り扱われ、古い家柄の家では屋敷林の古さを誇りとしている。先の戦争のときには涙をのんで屋敷林の樹木を供出・伐採したが、そのために屋敷の品位は失われ、同時に家への風当たりが激しくなって困難を極めたのである。

仙台平野の北西部に位置している大崎市（旧古川市）の屋敷林の欅を『古川市史第三巻　自然・民俗』（古川市史編さん委員会編、古川市、二〇〇三年）からみると、古川市域の屋敷は水田地帯に多く散在している。通称「国人《こくじん》」と称した中世土豪の屋敷、家臣屋敷、それによってできた組屋敷で、一個の集落がなりたっている。

古川地方は寒冷なので、冬季の防雪、防風用として屋敷の西から北に厚く樹木を植え、これをイグネといった。語源は「生根《いくね》」で、古い言葉である。屋敷林の樹木は杉が圧倒的に多いが、むかしは欅と雑木であった。これらの樹木のなかには、特別な意味を持って植えられる木や竹がある。旧家でよくみられるのは、梍《さいかち》と柊《ひいらぎ》である。

梍と柊は屋敷の入口つまり門口《もんぐち》に植えてあり、樹齢数百年という古木ばかりで、旧家の象徴であり、屋敷の守護神という信仰上の意味ももっている。柊はトゲのついた葉で、太古から魔よけの木とされ、屋敷内に悪霊や悪病が入らないようにするとの呪《まじな》いである。梍は幹に大きなトゲがあり、登ることはできない。その大きなトゲは、漢方薬の原料とされる。

梍は、よく葛西氏の家臣が、主家が滅びてからその家臣たちが再起を誓ってふたたび勝つ、すなわち

「再勝《さいかち》」という意味で植えたといわれているが、『古川市史』は単なるこじつけにすぎないという。そして「むしろこれは正月神の贈り物として植えた縁起の木と考えた方がよい。正月神はこの地方では門口で迎える。正月神が持ってくるめずらしい品物のなかにこの梍の実とムクロジ（無患子）がある。梍の実は洗剤として使われた」という。さらに同市史はつぎのように屋敷林の欅などの樹木の用途をいう。

本当の再起の志をもって植えたのはむしろケヤキ、カシ、ズサ（エゴノキ）の木と雌竹《ヤダケ》である。これも旧家の屋敷にはほとんど植えられている。そしてこれら木竹については、「いざというとき、ケヤキやカシの堅木《かたぎ》は槍の柄にし、ズサで弓を作り、雌竹で矢を作るのだ」という。これこそ本当の武士の心である。

菊池立と佐藤裕子と二瓶由子は、仙台平野は多様な樹木が自然樹形を保ちながら民家を囲むイグネ型の屋敷が典型的にみられる一つとして、仙台市東南部の若林区でイグネの悉皆調査を行い、『仙台平野中部におけるイグネの分布（2）——仙台市若林区におけるイグネ分布』（『東北学院大学東北文化研究所紀要』32、二〇〇〇年）としてまとめている。それによると、「イグネを構成する樹木の種類は、全体で三三科五九種であった。樹種別に出現戸数でみると、最も多いのはスギで一六七戸にのぼり、イグネをもつ全戸数二三六戸に対して約七三%を占める。ほかに一〇〇戸を超えたものはヤダケ、シロダモ、マダケの三種、これらに次いでマサキ、ハンノキ、クロマツなども多くみられた」と分析している。同報告の表から欅の位置をみると、欅が出現する戸数は一九戸で、順位は第一六位となっている。

菊池立と阿部貴伸と内藤崇は仙台市若林区の南に隣接する名取市北東部の、名取川右岸部の旧浜堤列や旧名取川自然堤防などの微高地に形成されていた集落のイグネを調査し、『仙台平野中部におけるイグネの分布（3）——名取市北東部おけるイグネ分布』（『東北学院大学東北文化研究所紀要』33、二〇〇一年）としてまとめている。それによると、調査範囲内の総戸数は九三三戸で、イグネのあった家の数は三四八戸であった。また、「イグネを構成する樹木の種類は全体で二八科四五種であった。樹種別の出現戸数をみると、最も多いタケ類で二七五戸にのぼり、イグネをもつ全戸数三四八戸に対して約七九%を占める。ほかに五〇%の出現率を超えたものはスギ、シロダモ、ヒノキ類、ツバキ類の四種、これらに次いでカキノキ、マサキ、クロマツなども多く見られた」とする。イグネに欅をもつ戸数は四〇戸で、順位は一四位となっている。

この地域でもイグネは減少している。イグネを失った理由を聞き取り調査した結果、次のような回答があった。

① 行政的区画整理でやむなく伐採した
② 家の改築・建て増しでイグネにかかるので伐採した
③ イグネの日陰のせいで裏の田畑の収穫が悪いので伐採した
④ 電柱をたてることになって伐採した等

同時に、どの家も最近二〇年ほどは新しい木を植えたことがないという。

イグネの伐採とその後の影響も聞き取っている。七代続き約三〇〇年の歴史のある家では、昭和四八年(一九七三)三月に家を建て替えたとき、一気にすべてのイグネを伐り倒した。その前は杉、欅、榛の木、竹などがあった。イグネを伐ってしまったため、大風が吹いたとき古い建屋の屋根が三か所吹き飛ばされたし、雨漏りが出てきたという。

福島県編・発行の『福島県史　第二四巻　民俗2』(一九六七年)は、日本の家という概念は家族の住む家屋とその周囲をとりまき、生活を支える屋敷構えまで含まれているとしている。屋敷の周囲を限るのをイグネ、クネガキなどというが、県北地方ではその境に植える樹木のことをイグネとよんでいる。つまり、イグネには、屋敷全体を示すものと、屋敷境の境木を示すものという二通りのものがあることが示されている。福島県北部の境木のイグネは、隣家との境には主に樹木が植えられたためにいつの間にか転訛したものと思われ、主に杉が植えられ、風除けの意味をもっている。

浜通り地方では竹林に沿って垣を結い、ときには西北の卓越風を避けるために常緑樹を植えて屋敷構えをつくる。これはだいたい阿武隈川流域にまでおよび、会津地方では杉、松のほかは欅などの落葉樹を植える。

## 東京都下の屋敷林の欅

欅といえばまず武蔵野が思い浮かべられるほど、関東平野と欅は深く結びついている。

『練馬区独立30周年記念　練馬区史　歴史編』（練馬区史編さん協議会編、東京都練馬区、一九八二年）によれば、武蔵野にある農家の住居は冬になると北西の風が吹きまくるので、それに備えて北から西にかけてよく枝葉がしげる樫、欅の類や竹等による屋敷林を廻らし、住居はそれを背にして南向きにし、住居の南東を空き地にして物干し場にする。

屋敷林には欅や楢の落葉樹と樫のような常緑樹を混ぜ、杉、松、竹も一部にみられる。これは落枝も落葉も含めて薪炭の材料となり、家屋の修理用材、新築の材料ともなる。落葉はまた農家の大切な堆肥の原料となった。春から夏にかけて強い季節風をうけるところは、家屋の前に何本かの樫の木を植え、刈込みをして家屋を守る壁のような樹形をつくる家もある。水の便のよい小川を前に、台地をうしろにした初期の集落にくらべ、武蔵野の原を開墾して移ってきた多くの農家がそうした点では共通の特徴をもっている。

東京都府中市の屋敷林のケヤキ大木。この小道の奥に住居がある（新建新聞社出版部『木の文化４　欅』2005年）

東京都練馬区立野町には、かつての武蔵野の面影をいまに伝えている練馬区文化財の「井口家屋敷林」（平成二三年三月登録）がある。井口家の現在当主は一〇代目の方である。徳川綱吉の時代の一七世紀、多摩川から千川上水《せんかわじょうすい》が分水して開削された際、旧関村字立野の開発に尽力されている。いま千川上水が家の背戸を流れている。屋敷林には欅を中心に、ヒイラギモクセイ（柊木犀）、イヌシデ（犬しで）、シラカシ（白樫）、孟宗竹林が見られる。欅の一〇本は推定樹齢二〇〇年以上であり、柊木犀は全長二二三メートルの生垣とされており、白樫は欅と同様に防風林を構成している。孟宗竹林は、千川上水の土留めとなっている。

屋敷林は自給自足が原則の農家の暮らしの原点で、孟宗竹林からは季節には竹の子が収穫され、竹材は漆喰壁の内側の支持柱にあるいは食器に、農作物の支柱などにされ、竹の皮は食材を包んだり竹縄をなうのに使われた。防風林のシラカシは農具の柄に活用された。欅は大黒柱などにも活用された。屋敷林内に落ちてくる枝は各種の燃料に、落葉は堆肥にされ、良質の腐葉土として田畑の肥料となった。

ところが、燃料革命・肥料革命が行われた現在では、落枝・落葉は利用されなくなってゴミとして処理することが必要になってしまった。また都市化によって屋敷周辺に住宅が建て込んでくると、落枝や落葉は近所に迷惑を及ぼす不要物と化すだけである。井口家では、電線に障害を及ぼすおそれや近所迷惑に配慮して、平成二六年（二〇一四）三月に屋敷林の欅の枝を切り詰めたので、残念ながら屋敷林の景観がすこし損なわれている。

練馬区早宮三丁目に練馬区の文化財（平成三年と同一九年登録）である「内田家の屋敷林」がある。「内田家の屋敷林」は約四〇〇年前から続いてきた元農家の内田家が所有しており、同家は「欅大尽《けやきだいじん》」と呼ばれていた。日当たりや風通しのよい高台にあり、広さは三一一五平方メートルで、内部は二つの区域に分かれており、東側は屋敷を囲むように樹木が植えられ、西側は「西山」とよばれ、農地の落葉堆肥づくりの雑木林となっている。かつて武蔵野の農家に見られた防風、日よけのための屋敷林と、農用林としての雑木林の形態が保たれている。

屋敷林には欅、シラカシ（白樫）、ムクノキ（椋木）、エノキ（榎）等があり、高さ二メートル以上の樹木が三〇九本、良好な土壌環境のもとに生育している。欅は幹周り二メートル（直径約六四センチ）以上のものが、屋敷の四方を取り囲むように二一本が直線状に並び、関東南部の屋敷林を特徴づけている。これは垣根の代わりに植えたためだといわれている。欅の樹齢は三〇〇～四〇〇年と推定されており、枝葉は住宅のはるか上方で四方にひろがっている。中でも門の脇にある大欅は、幹の直径一・五メートル、高さは三〇メートルを超えており、練馬区の「ねりまの名木」に指定されている。

この屋敷林全体は歴史的、自然環境的に貴重であるとして、練馬区の保護樹林や登録文化財となっている。内田家がこの屋敷林を守り継ぎたいとの強い意向があることを受けて、平成一八年（二〇〇六）東京都は都市公園法の緑地保全地区に指定した。都内には緑地保全地区は一四か所あるが、屋敷林を指定したのは初めてであった。

東京都西多摩郡瑞穂町の『瑞穂町史』（瑞穂町史編さん委員会編、瑞穂町役場発行、一九七四年）によれば、屋敷の周囲に樹木を植えることは、防風ならびに建築用材、燃料の採取といった実利面を考えてのことである、という。七軒新田の清水家は両隣との境界には生垣もなく、屋敷の背後は母屋の両妻にかけて欅の大樹が十数本あるのみで、きわめて開放的な屋敷構えである。総じて新田集落はこのような開放的な屋敷が多く、せいぜい街道沿いに生垣を仕立てるぐらいで、風の強いといわれる武蔵野台地上にありながら、一軒一軒は風に対してまったく無防備の感がある。

長谷部も下師岡も栗原も集落形でいうと街村形であるが、この街村の一軒一軒に一〇本、一五本と植えられた欅が、街村をつつんで一続きの森を形成している。この集落をつつむ森全体が風を和らげる役目にもなっている。かつまた、どの新田も畑・屋敷の総体をおしつつんで松、杉、雑木の混植林が仕立てられていて風を和らげるような配慮がされていた。

旧村落も欅を仕立てることは同じである。旧村落や新田集落を通観すると、開放的な屋敷構えで、屋敷林を構成している樹種は欅のほかに杉と樫である。樫は夏冬を通じて防風的役割が主である。杉と欅を混植する風《ふう》はずいぶん多かった。この二つの樹種は建築材料であり、欅は大黒柱や根太材として有用で、江戸期様式の建築では、根太に大丸太を据え、大きな梁《はり》に対応して家屋の重心を下げる役目をさせたのである。

東京都調布市の『調布市史　民俗編』（調布市史編集委員会編、調布市発行、一九八八年）によれば、一般に屋敷地の周縁には樫や欅を植えてある家が多い。とくに樫が多く、茅と小麦わらで葺いた屋根が風（とくに台風）で捲《めく》れてしまうので、防風林として常緑樹の樫が適切だとしている。樫は同時に防火の目的もあった。樫や欅を焚物《たきもの》につかったり、鍬の柄等に利用したり、業者に売却したりしていた。屋敷地の周縁

（境）には、樫、欅とともに垣根もつくられ、竹の枝を地面にさしてそれを縛っただけの作りであったという例もある。

東京都や埼玉県では屋敷林のことをヤマ（山）あるいはイヤマ（居山）とよび、おもに樫類や欅で構成されている。屋敷の北側と西側に白樫を植えて、北風と西日をさえぎり、南と東に欅を植えて冬の日差しの確保と夏の木陰を得るという方法は南関東の一般的な屋敷林のパターンである。常緑樹の白樫はカシ類のなかでも最も北に生育する樹種で、関東平野の暖温帯樹種のなかで普遍的にみられるものであり、一方の欅も関東平野の丘陵斜面を郷土《ごうど》としている樹種である。奇しくも関東平野を代表する常緑樹の白樫と、落葉樹の欅をこの地域の人は実にうまく使いこなしてきたのである。

## 埼玉県下の屋敷林の欅

埼玉県下の屋敷林について埼玉県編・発行の『埼玉県史　別編1　民俗1』（一九八八年）は、「自然を取り入れた屋敷の風情は、民家のたたずまいに一層の雅趣を与えるものであるが、大宮台地や武蔵野台地などで屋敷林が民家を取り囲むように繁茂しているのをみると、人間がそこに住んでいるのか心細くなるほどである」と述べている。屋敷林の呼び方は地域によって異なっており、県南部の草加市や岩槻市ではヤマ、鴻巣市や桶川市ではウチヤマ、大宮市（現さいたま市）や飯能市ではウラヤマなどと、ヤマの系統の呼び方をしている。そのほか小鹿野《おがの》町や児玉町ではカゼヨケ、秩父市や横瀬町ではケーデー、神泉村ではヤシキギとよんでいる。

屋敷林の立て方は風向きと風勢によって異なり、多くの地域では母屋の北側から西側にかけて立てているが、比企《ひき》地方から大宮台地の西半ばでは西側を最も強化し、新座市や所沢市などの武蔵野台地の上では北から西南側まで厳重に立てている。

屋敷林に立てる樹種は、県内全般に欅が植えられている。埼玉県の中央部から南部にかけての屋敷林を構成している樹種は、欅、榎、小楢、すだ椎、ひさかき、白樫、青木、黐《もち》の木、淡竹《はちく》、などで、常緑樹が多いのが特徴である。県北部や秩父地方では欅、樫、小楢、栗、杉、真竹などで、樫と杉が多いのが特色である。

屋敷林には防風のほかに屋敷構えに威厳をもたせたり、農作業用の木材や竹材を手に入れるという副次的な目的もある。大きく育った屋敷林の木立は、家柄の良さを表すとされ、よほどのことがない限り伐採するものではないといわれている。

埼玉県所沢市の屋敷林について『所沢市史　民俗』（所沢市史編さん委員会編、所沢市、一九八九年）は、所沢市では今日まで伝えられている村地域の屋敷の大半が近世初頭に独立した典型的な農民のものであるという。

その多くは冬の強い北西側からくる季節風を防ぐためのもので、屋敷の西から北にかけて欅、樫を主体とした樹高の高い樹木が植えられており、その間に杉、櫟《くぬぎ》、竹などがみられる。昭和年代には北側の屋敷林を背負って藁《わら》屋根のイタク（居宅）が南向きに建てられ、庭の南側には樹高の低い樹木や柿などを植え、台風などの南の強風に備えている。屋敷の下草の中には、フキ、ミョウガ、セリ、ヤマゴボウ、ユリ、ノビル等の山菜があり、低木にはサンショウ、タラ、グミ、アケビ、ザクロなどの食用となるものがあった。

藁屋根の居宅の建築材の主要部分に屋敷林の欅をつかった。大黒柱や長押《なげし》は欅の大木を使い、座敷、デイには檜や杉を用い、台所などは松や栗等を用い、土台には栗が利用された。これらの材木はほとんど屋敷林から得られた。山林を所有しない農家は屋敷林に家屋の建築材となる樹種を植えておき、成長すると伐採して柱や板に挽き、物置や納屋に蓄えて二世代か三世代を経て家の建築時に用いた。昭和の後期ごろまでは製材した家屋用材を納屋の風通しのよい庇の下や、土蔵の庇の下に横積みにして保管している風景が見られた。

埼玉県鴻巣市の『鴻巣市史　民俗編』（鴻巣市史編さん委員会編、鴻巣市発行、一九九五年）によると、鴻巣市の一般的な屋敷地は、母屋を中心にその後背に防風林としての屋敷林を形成し、大小の差はあるが一定面積の居住空間が点在していた。一般的な屋敷の構成は、南向きに建てられた母屋を中心に、その東側に木小屋、作業所、灰小屋、便所が配されている。母屋の北側には井戸、味噌部屋等が配され、北西には蔵等や屋敷神が配されている。これら北側からとりまくようにヤマと呼ばれる屋敷林としての防風林が配されている。屋敷地の広さは大小あるが、一般的に三〇〇坪（約一〇〇〇平方メートル）くらいである。

母屋の後背地に樹林を形成している屋敷林はヤマとよばれており、広さはおおむね屋敷の半分か三分の二程度である。この屋敷林は、鴻巣地方の植生上のさまざまな樹林で形成されているが、一般的には欅、杉、楢、樫、椎木、檜、榧、栗、櫟、榎、椋木、ソロ（しで）、水木、棕櫚、梅、柚、竹（真竹、淡竹、孟宗竹）等である。

鴻巣地方の屋敷林の役目は、まず北からの季節風を防ぐ防風林で、木の幹・枝・葉等は格好の燃料となった。欅や杉などは建築材に充てられた。竹は建築材のほか、篭・笊《ざる》をはじめあらゆるものに利用された。杉や檜の若木などは、稲わらの積場の柱として利用された。大宮台地の屋敷林は、周囲の低地帯の屋敷林と比べると、その規模も広く、樹木の種類も豊富であった。

埼玉県戸田市の『戸田市史　民俗編』（戸田市編・発行、一九八三年）によると、戸田市全域にわたってかなりの宅地化がすすみ、多くの民家が密集している。その中に各種工場、倉庫等の大規模な建物が建っている。古くからの集落は、荒川の自然堤防に立地し、その後背湿地を田圃としていた。これらの集落は散村の形式をとって、ほとんどが農業を営んでいた。周囲を屋敷林に囲まれ、母屋、付属屋が配置されている伝統的な農家風の大きな屋敷はたいへん少なくなった。屋敷に風除けのため欅を一〇本ほど植えている家が多かったが、現在ではその景観をほとんど見ることができない。

埼玉県岩槻市の『岩槻市史』（民俗史料編、市史編さん室編、岩槻市発行、一九八四年）によると、岩槻市の農家の屋敷の区画は、屋敷林や生垣などで行われているのが一般的である。農家の屋敷の規模は商家や町屋などに比較すると大きく、昭和三〇年（一九五五）頃まではどの家も草葺屋根で、防火については細かな配慮がされていた。屋敷の周囲には樫、ソロ（しで）、欅などの樹木を植え、防火とともに防風の役目ももたせた。屋敷林の大きく育っている樹木は、家柄の良さをあらわしているものといわれ、よほどのことがない限り伐採するものではないという。屋敷林の落葉は貴重な燃料として、木小屋に保存された。

埼玉県児玉郡児玉町（現本庄市）の『児玉町史　民俗編』（児玉町教員委員会・児玉町史編さん委員会編、児玉町発行、一九九五年）によると、屋敷林は家を風から守るために植えられた木立であり、屋敷の囲いであるとともに、目隠しであり、また構えに威厳を持たせたり、木や竹材を調達するという副次的な目的もある。この地方では、寒い冬のあいだ「赤城おろし」「浅間おろし」と呼ばれる有名な関東の空っ風が吹きおろす。この冷たい北西風を防ぐために、農家では屋敷の北側から西側にかけて屋敷林をつくる。

屋敷林はカゼヨケ（風除け）とよばれたり、ヤマと呼ばれたりしている。植栽されている樹種は欅、樫、小楢、杉、竹などが多い。また同様に、屋敷の周りに生垣をめぐらす家も多い。生垣は刈込み式のものが多く、クネ、カキネとよばれている。樹木は常緑樹で、とくに樫が多く、カシグネとよばれる。

屋敷林や生垣は丘陵、山間部ではなく、平坦地の農家に多くみられる。しかし最近は道路の拡張や母屋の改修、新築にともなって、屋敷林が削られたり、生垣に代わって、ブロック塀や石の塀などが作られるようになった。

埼玉県草加市の『草加市史　民俗編』（草加市史編さん委員会編、草加市発行、一九八七年）によると、農村部の屋敷構えはその生業の違いから宿場とは明らかに性格を異にするものがある。宿場が街道沿いに間口を開いて一軒一軒が軒を並べて接しているのに対し、農村部の多くの家々は一軒ずつが離れていて、家の周囲には田畑が配置され、屋敷はうっそうとした木々に囲まれている。

うっそうとした木々はヤマとよばれる。母屋の裏手を中心に西側や東側にかけ、母屋を守るように取り囲んでいる。茅葺や藁葺などの草屋根が主体の、かつての農家にあっては火や風は大敵であり、比較的高い木々は母屋を火や風から守るのに適していた。ヤマに植えられている木の種類は、欅、樫、黐《もち》の木、杉、槇、樰、檜、竹、樅などであるが、その中で比較的多いのが欅、樫、竹の類である。

## 長野県安曇野の屋敷林の欅

長野県中央部、松本盆地にある安曇野市の欅のある屋敷林を、同市の屋敷林とまちなみブロジェクト編・発行の『安曇野の屋敷林――その歴史的まちなみを訪ねて』（二〇一〇年）から紹介していこう。安曇野市は北アルプスのふもとに広がっていた穂高町、豊科町、明科町、堀金村、三郷村という五か町村が平成一七年（二〇〇五）一〇月に合併して誕生しており、この市域には屋敷林が二〇〇〇〜三〇〇〇か所もあるといわれている。

安曇野の屋敷林の特徴を同書で信州大学名誉教授土田勝義が述べたところによると、「安曇野の屋敷林を考えてみますと、それぞれの屋敷林はそれぞれの特徴をもっていることです。すなわち屋敷林の広さ、位置、樹種、下層植生、水分条件、土壌条件、管理法などが異なっています。さらに屋敷林ビオトープとしての機能（屋敷林生態系）を持っており、その姿も屋敷林ごとに異なっております。要するにそれぞれ個性があるということです。安曇野の屋敷林の全体的な特徴としては、敷地が広く、ボリュームがあること、樹種（針葉樹や広葉樹）が多い、大木が多い、庭園と一体化している（観賞用に利用）、林床植物が豊か（安曇野本来の野生植物が残存している）、本棟造《ほんむねづくり》の家屋と共存している、などがあります。まだまだ未知のものがたくさんあるでしょう。これは他の地域の屋敷林にはない特徴だと思いますので、そういう意味でも価値があるとおもいます」と、このように評価している。

同書で欅をもつ自家の屋敷林について、安曇野市三郷下長野在住の松岡淳夫が述べているので、少し長いが引用する。

屋敷林考——私と庭の樹木

私の住む家の庭には、樹齢三〇〇年を超えるといわれる大欅が六本ありました。その一本は樹の空洞化が進み、倒木の危険が出て四年前に切り倒して、現在五本が残っています。これらの間に朴樹（ホオノキ）、檜、翌檜（アスナロ）、杉の老木が重なって生え、森を形づくっています。

この大欅には、蔓《つた》の幹が径三〇センチ以上の藤蔓をからませ、時季には欅の梢に藤の花房が咲き競います。そしてそれらの樹木の下には江戸時代に始まった造園で、多少見応えのある庭になっています。土地に縁のない道行く人はこの樹木をみて、「社の森かと思った」とも言われました。

最近、平野部の田園地帯の景観のなかに、屋敷に茂る樹林を屋敷林と呼び、その由緒を加えて注目されるようになりました。その地に古い歴史の中で、先人たちが拓いて定住し、農業を興し、自然から身を守ってきた一つの証として、この樹林が景色の中にしっかりと根付いたものと考えます。先人

長野県安曇野市北穂高の原木戸集落の屋敷のケヤキ古木は、この地域のランドマークになっている（屋敷林と歴史的まちなみプロジェクト編・発行『安曇野の屋敷林—その歴史的まちなみを訪ねて』2010年）

たちは自然の脅威にさらされ、これに太刀向かい、また自然の恵みを享受し、感謝しながら生活し、繁栄してきました。周りの樹木は、そこに住む人びとの生活を囲み、激しい寒風から凌《しの》がせ、枯枝や落葉の肥料などを供し、さらに境界の区割りを誇示してきたと考えます。

そして人びとは世代を経て繁栄し、樹木は年輪を重ねて育ちながら、そこに住む人びとの生きた有り様を見つめています。これらの屋敷林は地域文化の原風景として、心に和む景観の重要な要素であると考えます。私の歴史に託して一本の若い欅を植え、古くからの樹木の仲間に加えました。

同書にある松岡淳夫宅の配置図をみると、東西約七三メートル、南北約五一メートルという広い敷地の真ん中に住居があり、敷地を東西にほぼ半分にした北側は樹林と庭となっている。北風の防備に重きを置いた樹林の配置となっている。

安曇野市穂高北穂高の原木戸集落は、穂高川と高瀬川のあいだにある中洲の上に発達した村である。この地域の屋敷林は街道の両側に、ぽつぽつと散見される。途切れ途切れの屋敷林のあいだから、圃場整備された農地の向こうに望む北アルプスの眺めは素晴らしい。街道沿いに植えてあった榛木《はんのき》の大木が倒されたり、欅の木が折れたりするほど西風の強い地域である。街道沿いの臼井宅は北と西側に屋敷林をもち、南側ではかつてはわさび畑を耕作していた。そして敷地の南東隅には欅の大木が立ち、原木戸のランドマークとなっている。

安曇野市穂高有明の富田地域は、「木戸」を中心とした古いエリアと、戦後にできた新しいエリアとはっきりと二分されている。富田では戦前の八〇戸ほどの住宅をつなぐように通りができ、屋敷林も連続した景観となっている。中木戸の一部の道路拡張を機に、道沿いのブロック塀が生垣にかわり、平成六年（一九九四）度に第一回の穂高景観賞を受賞している。

屋敷林は杉、檜が中心だが、金森宅の欅は推定樹齢二〇〇年といわれている。富田地区の中心にあたる内山宅には、敷地の北側に大きな欅が四本あったが、古木のため枝が折れたり、落葉のこともあり、平成二一年（二〇〇九）に伐採された。

安曇野市穂高牧の荒神堂集落は、集落全体が屋敷林に覆われている。周囲には田圃がひろがっており、集落全体が田圃の海に浮かぶ屋敷林の島のようにみえる。集落は高台にあり、東側の安曇野一帯、西・北側の北アルプス、南側の烏川沿いの赤松林などの眺望が素晴らしい。集落の中心にある寺島宅は、周囲を大木となった広葉樹の深い屋敷林に囲まれている。門を入ると中は広く明るい。北と南に欅があり、庭では当主が菊づくりに励んでいる。欅の落葉の腐葉土は菊の肥料に大変良いという。北側には桜や落葉樹も混ざり、春にはいっそう美しい屋敷林である。

安曇野市穂高柏原の久保田集落は、窪んだ地形から称えられたといわれ、一時期村名として窪田の字が与えられていたこともあったという。烏川右岸に広がる扇状地の扇頂付近に位置している。久保田の屋敷林は、豊科から穂高牧の満願寺へ続く栗尾道の近くにある。栗尾道の変形五叉路前の望月宅や敷地の東側に欅があり、北側には落葉広葉樹のある屋敷林をもつ家がある。栗尾道よりやや北に離れて、大きな欅のある安田宅がある。この家の大きな欅の愛称は「トトロの木」で、この家の屋敷林は南側に多く配置され、敷地内の樹種は欅が多い。

安曇野市明科七貴の塩川原は、高瀬川・犀川の段丘に発達した地形で、北側に大穴山があり南側に傾斜している。東西に連続した山麓の狭い耕地に集落が点在している。北側の山に防風を期待しているのか、安曇野の平坦地に散在する集落をそっくり包み込むような形の屋敷林は見当たらない。場所によっては南風をふせぐように、屋敷の南側や東側に往年の樹木が残っている。高瀬川・犀川等三川合流地点付近では、南西風に対抗するかのように川筋に欅の大木が列をなして繁茂し、地区全体の防風林の格好をなしているところもある。この地区の真島宅の長屋門の角に大きな欅が三本立っている。

## 富山県砺波平野の屋敷林の欅

富山県西部の砺波《となみ》平野は、平野部一面に緑の屋敷林に囲まれた家々が点在する典型的な散村である。家々は一軒ずつ孤立しており、その家を取り囲む屋敷林はカイニョと呼ばれている。屋敷林の樹木は杉か主体であるが、アテ（ヒバ＝アスナロを富山・石川県ではこう呼ぶ）、欅、榎、樫、竹など多くの種類となっている。分家の際には、柿、栗、梅の苗木は必ず与えたという。それに加えて桃、梨、杏、栃、枇杷《びわ》、銀杏なども加え、花を観賞したり、実は食料として利用するとともに、販売し、家計の足しにした。女の子が生まれると桐の木を、男の子だと杉の木を植えた。そんなことにより、多種類の樹木が生育する屋敷林が出来上っていった。

砺波平野のほぼ中央部に位置している砺波市の平成八年（一九九六）八月現在の指定樹木は五四種一二八本あり、樹種別では杉が最多の二三本、次いで欅の一四本、三位は山紅葉の七本、四位はスダ椎の六本、五位は榎と銀杏の各四本である。また指定屋敷林は二六か所に上っている。

砺波平野の屋敷林については、砺波郷土資料館が編集し、砺波散村地域研究所が平成八年（一九九六）八月に発行した『砺波平野の屋敷林――散居に暮らした人々の自然と共生の証』が詳しく調べているので、同書から紹介する。

砺波平野は北が開いているだけで、東側には庄東山地と高清水山地が、南側には蟹谷丘陵が、西側には砺波山丘陵と宝達山地があって、三方を山に囲まれた盆地状の平野で、南砺市、砺波市、小矢部市、高岡市という四つの都市を育んできた。飛騨高原に源を発する庄川の扇状地がほとんどであり、西の山すそを小矢部川が流れている。冬は寒く、夏は三〇℃を超す暑さが続く。一年を通じて西風が卓越するが、春にはフェーン風が吹く。

屋敷林の配置は、一般に南側から西側にかけて高く厚い配置となっているが、強風の卓越方向によって少し異なる。砺波市庄川町から南砺市城端町にかけての山麓一帯では、特に強い南〜南東のフェーン風が吹くので、これに備えて屋敷林の配置は南側に厚い。南砺市福光町の医王山（九三九メートル）山麓では、砺波山丘陵の凹部を西の石川県側から卓越する西風に備えて西側の屋敷林を厚くしている。

砺波平野の屋敷林は、水を好む杉が主体である。これにアテ（ヒバ＝アスナロ）、欅、樫類、榎、竹等が加わる。常緑針葉樹の杉はよく育ち、防風効果もあり、落ちてくる枝葉は山の遠い平野の只中ではよい燃料となり、その材は建築用材など用途が広いため、もっとも多く植えられてきた。欅も家の建築用材として用いられた。
砺波平野では「高《たか》（土地）は売ってもカイニョ（屋敷林）は売るな」といわれ、大きな屋敷林は住む人の自慢であり、先祖代々大切に守り育てられてきた。ところが明治維新後、政府は食料増産に努め、それまでの農業のやり方を強制的に改めさせた。農業増産ができないのは、水田が屋敷林の陰となるためだとして、水田の陰になる樹木の伐採を奨励した。ところが、この地方の人の屋敷林に対する思いは強く、田の畦畔や用水沿いのハンノキ等は伐採されたが、屋敷林の伐採はすすまなかったので、富山県は罰則付きの取締規則を作って布達した。

屋敷林に包まれた散村の景観を一変させたのは、太平洋戦争のおわりごろの昭和一八年（一九四三）で、前年に出された「屋敷林供木運動推進についての知事示達」による督励で、昭和一八年から伐採が本格化した。直径一尺五寸（約四五センチ）以上の杉が対象であったが、それ以下のものも伐採された。続く一九年、二〇年は戦争が激化し、木材不足となり、寺院の境内林の大木もほとんど伐採され、散村の景観は変わり果てた。ほとんどの家では、伐採後に杉苗を植えたので、この杉が現在の屋敷林の中心となって成長している。

砺波地方の屋敷林に生育している樹種を、前に触れた『砺波平野の屋敷林』でみると、樹高によって一〇メートル以上の高木層、五～一〇メートルの中木層、一～五メートルの低木層、一メートル以下の小低木層に分けられる。

高木層　杉、欅、あすなろ、赤松、柿、栗、檜、椹《さわら》、栗、黒松等四四種
中木層　杉、柿、楓、赤松、あすなろ、黐木《もちのき》、樫、栗、椿、樫、辛夷《こぶし》等七六種
低木層　椿、楓、正木、山茶花、梅、羅漢槇、柘植《つげ》、一位《いちい》、梅もどき等八〇種

小低木層　椿、躑躅《つつじ》、南天、青木、山椒、紫陽花《あじさい》、馬酔木《あしび》、茱萸《ぐみ》、万両等一五三種

一戸当たりの平均樹種数は、一種から一四種であり、平均六種程度である。

南砺市城端町西明地区は、南砺の山麓に形成された小さな扇状地にあり、山の斜面をかけ下ってくる南南東の強風が卓越する地域で、各家は卓越風の方向に厚い防風林をもっている。根井宅はいわゆる旧家で屋敷の周囲全部に杉の垣をめぐらし、そのなかに杉、欅、あすなろ、榛の木などの郷土の樹種を植え、森のような屋敷林になっている。高木が九四本あり、そのうち七四本が杉で、欅が六本ある。屋敷のほぼ真ん中に母屋があり、欅は母屋の南側に三本、北側に三本あり、南側の欅の間隔はやや狭いが、北側の欅の間隔はゆったりとしている。屋敷林というよりは、森とよんだほうが適切だろうといわれる。

砺波市堀内は庄川扇状地の扇央部に位置している。芳里家は堀内集落の旧家で、前庭の左右に欅の大木がある。目通り周囲三メートル以上あり、平成六年（一九九四）に砺波市の指定保存樹となっており、遠くからも望まれる。家は明治一四年（一八八一）に建てられ、そのときに欅も植えられたものだと云われ、建物の下に根を張って湿気をとってくれているので家は乾燥しているという。

この欅は春一斉に芽を吹き、秋には紅葉して、屋敷林の中でみごとな美しさを醸し出している。晩秋の落葉期になると、大木だけにおびただしい量の落葉に、家の人は苦労する。朝・昼・晩の三回、欅の落葉を集め、田圃へはこんで焼却するのは老夫婦の日課となる。

砺波平野の屋敷林は落葉や枝打ちした枝は囲炉裏の燃料となり、毎日の煮炊きや暖房に使われた。欅や楓などの落葉はコッサ、杉の落葉はスンバと呼ばれていた。水田地帯なので平常の燃料は藁だけであったから、スンバやコッパは貴重な燃料であった。

## 都会の道路の彩りとなる欅並木

ここまでは平野部の住居を欅がどう守ってきたかについて述べてきたが、都市のなかで人々に潤いを与えてくれるものに街路樹がある。街路樹とは、道路法の定義によると「道路用地内において、車道と平行に列植されている高木をいう」とされており、高木とは高さ三メートル以上の樹木のことである。

大小のビルが立ち並ぶ都市の道路沿いに植えられた街路樹は、コンクリートやアスファルトといった無機質なものの多い都市中で貴重な緑であり、私たちが生活する街に四季の彩りを与えてくれている。そればかりか、ヒートアイランド現象の緩和など、さまざまな働きがある。関東大震災や阪神淡路大震災の際には、街路樹が延焼を防ぐなど防災機能も併せもっていることが認識されてきている。またこれまでの研究結果では、騒音の緩和や炭酸ガスをはじめとする大気汚染物質の吸収などに、街路樹は役立っている。

街路樹にどんな種類の樹木が植えられているのか、すこし資料が古いが平成二一年（二〇〇九）一月の国土交通省の『国土技術政策総合研究所資料』をみると、高木の樹種数は四九六種という多数に上っているが、その本数は最大のイチョウの五七万一六八八本から最少はコマユミ、サルナシ等（全二八種）の一本というものまである。街路樹が植えられている道路には、国土交通省、都道府県、市町村、地方道路公社が管理する道路があるが、それらの道路の全国樹種別高木本数の上位一〇位までを次に掲げる。

| | |
|---|---|
| イチョウ（銀杏） | 五七万一六八八本 |
| サクラ類（桜類） | 四九万四二八四本 |
| ケヤキ（欅） | 四七万八四七〇本 |
| ハナミズキ（花水木） | 三三万二七一八本 |
| トウカエデ（唐楓） | 三一万七〇五一本 |

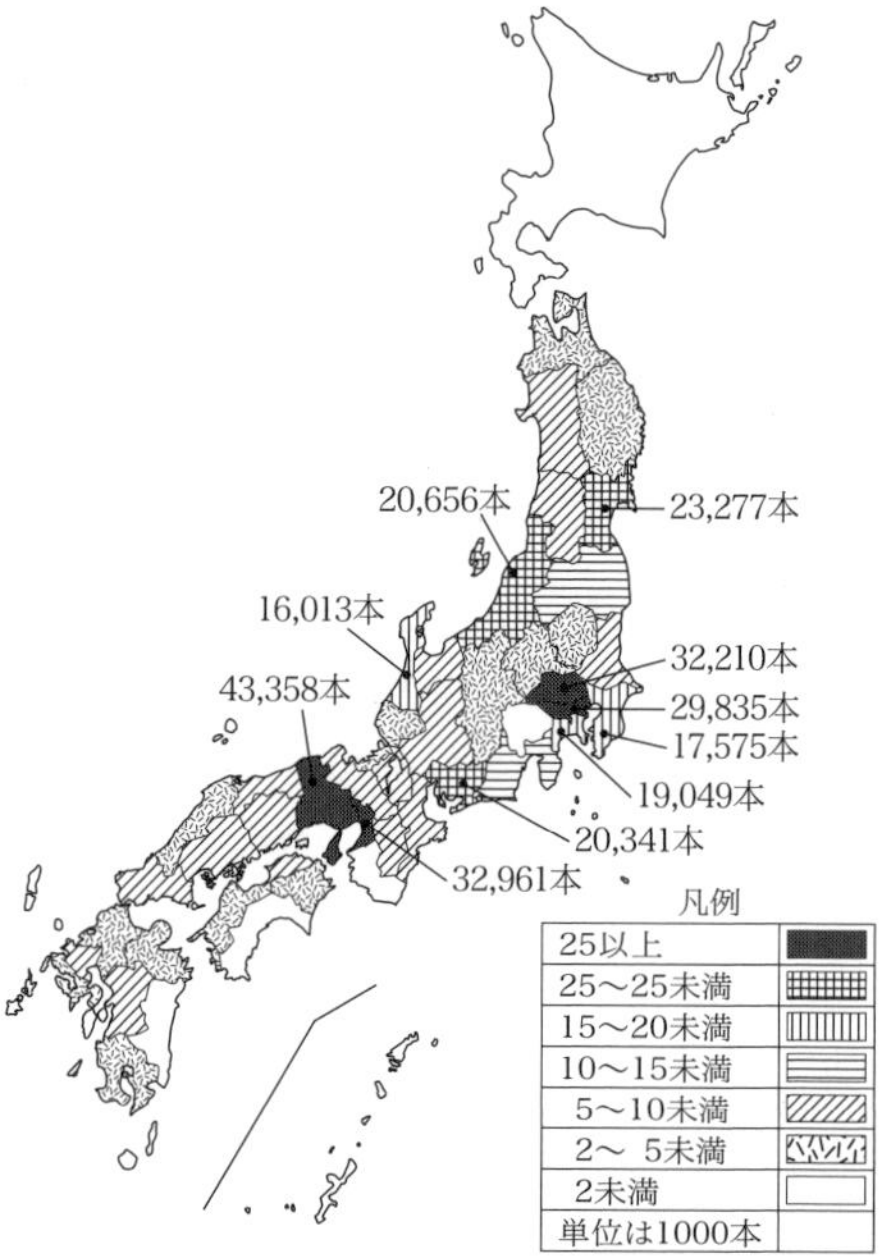


ケヤキ並木の府県別本数分布図（本数は上位10位）

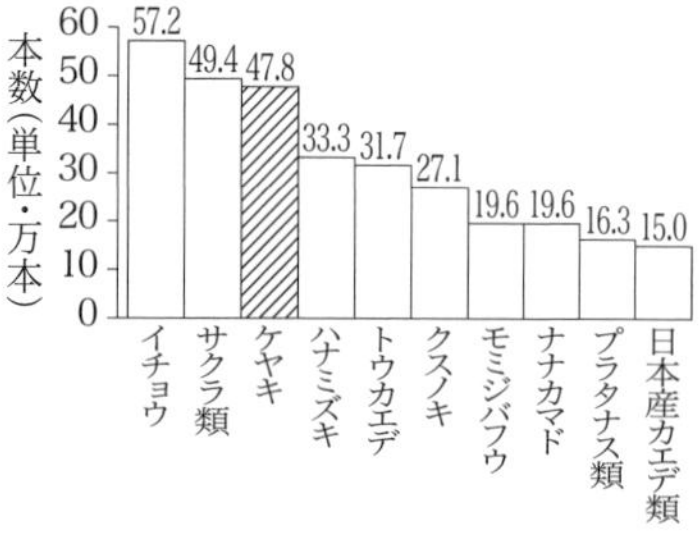


街路樹の樹種10傑

クスノキ（楠）　二七万一四二八本
モミジバフウ（もみじ葉楓）　一九万五八一九本
ナナカマド（七竈）　一九万五五七七本
プラタナス類　一六万三四八九本
日本産カエデ類　一五万〇一五三本

このような結果で、欅は全国ベースの第三位に食い込んでいる。そして銀杏、桜類、欅は平成四年（一九九二）以降上位三種のなかに入っている。前に触れた国土技術政策総合研究所の分析では、昭和六二年（一九八七）度以降の二〇年間において、高木の本数は一・八倍に増加しているが、高木全体よりも本数の増加率が高いのは欅の三・六倍、楠の二・一倍、桜類の一・九倍である。欅は生長が旺盛で剪定に手間がかかり、一般的に管理がしにくいが、樹形の美しさが好まれたため、本数を増やしたと考えられた。

同研究所資料から欅並木の本数が多い都府県を一〇位まで挙げると、兵庫県（四・三万本）、大阪府（三・三万本）、埼玉県（三・二万本）、東京都（三・〇万本）、宮城県（二・三万本）、新潟県（二・一万本）、愛知県（二・〇万本）、神奈川県（一・九万本）、千葉県（一・八万本）、石川県（一・六万本）となる。兵庫県がダントツで、二位を一万本以上ひき離している。地域的にみれば、関東南部から東海地方に欅並木が多い都県があり、近畿では大阪府、兵庫県で多く用いられているが、他の府県では少ないという特徴がある。また、北陸の新潟県と石川県では重用されて、東北では宮城県が特別に多い。

そうはいっても、欅がその都県の街路樹の樹種別の本数の一位であるとはいえないので、それぞれの都県の五位までの樹種別はどうなっているのかをみることにする。

並木に欅の多い都県の本数五位までの樹種（本数の単位・一〇〇〇本）

| （都県） | （一位） | | （二位） | | （三位） | | （四位） | | （五位） | |
|---|---|---|---|---|---|---|---|---|---|---|
| 兵庫 | 山茶花 | 五九・〇 | 楠 | 四七・三 | 欅 | 四二・四 | 銀杏 | 三二・八 | 唐鼠黐《とうねずみもち》 | 二四・四 |
| 大阪 | 銀杏 | 三七・四 | 欅 | 三三・〇 | 唐楓 | 二八・一 | 楠 | 二七・五 | 白樫 | 一七・八 |
| 埼玉 | 花水木 | 三二・五 | 欅 | 三二・二 | 銀杏 | 二七・八 | 桜類 | 一七・九 | 唐楓 | 一四・八 |
| 東京 | 銀杏 | 六二・六 | 花水木 | 五六・九 | 桜類 | 四〇・六 | 唐楓 | 三六・八 | プラタナス | 三六・一 |
| 宮城 | 欅 | 二三・三 | 唐楓 | 一二・六 | 銀杏 | 一〇・五 | 七竈 | 七・三 | 白樫 | 七・二 |

| | | | | | | | | | | |
|---|---|---|---|---|---|---|---|---|---|---|
| 新潟 | 欅 | 二〇・七 | 銀杏 | 一二・二 | 桜類 | 一一・二 | 猿滑り | 六・二 | 松 | 四・七 |
| 愛知 | 唐楓 | 五六・六 | 銀杏 | 四三・五 | 南京櫨 | 二四・二 | 桜類 | 二四・一 | 欅 | 二〇・三 |
| 神奈川 | 銀杏 | 三八・七 | 桜類 | 二八・四 | 百合木 | 二一・五 | 欅 | 一九・〇 | 花水木 | 一四・一 |
| 千葉 | 夾竹桃 | 四五・二 | 銀杏 | 二四・三 | まてば椎 | 二三・六 | 桜類 | 二二・二 | 欅 | 一七・六 |
| 石川 | 欅 | 一六・〇 | 銀杏 | 一〇・七 | 桜類 | 七・八 | 松 | 七・〇 | もみじ葉楓 | 四・六 |

上位一〇位までの都県での本数別順位をみると、欅が一位であるのは宮城、新潟、石川の三県であり、東京では五位までにも入っていない。欅は南関東の郷土樹種といわれながらも、東京では外来種の銀杏、花水木、唐楓、プラタナスという四種が上位にあがっている。考えてみれば、それほど東京では大気汚染など環境が悪いと云えそうである。

## 日本の代表的な欅並木

欅並木は各地にあり、世間によく知られた並木通りに、宮城県仙台市の青葉通り欅並木、同市の定禅寺通りケヤキ並木、埼玉県所沢市の国道四六三号線欅並木、東京都の表参道欅並木、大国魂神社参道欅並木などがある。町の並木はまた街路樹とよばれる。

街路樹とそこに住む人々の健康について、インターネット「ニューズウィーク・日本語版」が、平成二七年（二〇一五）八月二五日付でシカゴ大学の研究成果を載せているので紹介する。同年七月に「サイエンテック・リポート」に掲載された論文によれば、シカゴ大学の研究チームはカナダのトロント市内の街路樹三五万本の分布状況に関するデータと、三万一一〇九人の住民を対象として調査した。その結果、街路樹の密度の高い地区の住民の方が、自覚的健康感が高いことが明らかになった。また、街路樹の少ない地区の住民と比べて、高血圧症や肥満などの心臓や代謝性疾患が少ないことも明らかになった。街路樹が一街区当たり一〇本増えて樹木密度が四％高まると、健康状態の自覚感が向上し、一世帯当たりの年収が一万二〇〇〇ドル（約一二〇万円）増加に相当する効果があることがわかった。同じく一一本増えるとその地区の住民の心臓病、糖尿病、肥満といった代謝性疾患の発生件数が減り、その効果は年間個人所得二万ドル（約二四〇万円）増加、あるいは一・四年若返りに匹敵するものであるという。

戦前の仙台市は豊富な屋敷林があり、それらの樹木がたくさんあったため杜の都と呼ばれていた。それが先の戦争の時の空襲で焼き払われ、一転して緑の乏しい街となった。戦後の復興にあたり、市街地の道路は広くとり、街路樹を植えて街に樹木をとりもどす施策をとった。青葉通りは現在のＪＲ仙台駅と仙台城址（青葉城）との間である青葉区中央二丁目から大町二丁目までの仙台市都心部を貫いて結んでいる道路である。青葉通りの欅並木は一・五キロ続き、その本数は仙台市建設局緑政部公園課の田島彰主幹の話では、平成一一年（一九九九）一一月現在で二〇二本あるという。昭和二六年（一九五一）に時の岡崎栄松市長の英断によって植えられ、定禅寺通りの欅並木は昭和三三年（一九五八）に星野武市市長の決断で植えられ、こちらの本数は一六四本である。

広くとった道路に並木を植えようとした当初は、樹種の選択にいろいろな案が出て、風格があって樹幹が大きくなる一一種が候補に挙げられて検討された。そして最後に欅と栃の木に絞られ、仙台営林署と相談して苗木がたくさん購入できる欅を植えることに決まった。欅の街路樹は両側歩道と中央分離帯の三列に植えられており、これら欅の樹冠によって通りが覆われている。

欅並木は街の発展と歩調をあわせるように逞しく成長し、欅並木の下を行き交う人々に緑を味わせるとともに、四季の変化を感じさせてくれる。若葉が萌え「青葉まつり」が行われる春、涼しい木陰を作り炎暑を和らげてくれる夏、秋ともなれば濃い緑の葉から黄色、赤、褐色と樹ごとに色合いを異にし、裸木となった冬は赤・黄色の光のページェントが繰り広げられ、市民に憩いと潤いを与えてくれている。

黒田四郎の「東北見聞録2」というネットは、「仙台のある運転手さんから聞いた話であるが、『大阪からのお客さんにケヤキ並木を案内してもらいたいといわれ、青葉通りから禅定寺通りを一周したところ、お客さんからとても素晴らしいので、もう一回まわってもらいたい』と言われ、再びまわったという。これは仙台のケヤキ並木の素晴らしいの素晴らしさを端的に表現したものではなかろうか」と記している。

都市に潤いを与えてくれるケヤキの街路樹
(京都市東山区)

東京都渋谷区にある明治神宮表参道のケヤキ並木は、おそらく日本の欅並木として最も有名で、なおかつその美しさで知られている。都道四一三号線のうち青山通りから明治神宮（原宿駅前）の神宮橋交差点に至る区間で、明治神宮創建の大正八年（一九一九）に同神宮の参道として作られた通りである。

明治神宮が鎮座されたときには参道にはまだ街路樹がなく、翌年になって欅の若木が二〇〇本植えられたが、先の戦争の時アメリカ軍の東京大空襲（山の手大空襲）によって昭和二〇年（一九四五）五月に周囲の建物とともに大部分が焼失した。戦後の昭和二五年（一九五〇）に植えなおされ、欅は通りの両側に一列ずつあり、現在は一六三本が生育している。表参道ヒルズ前などの合計一一本は空襲の火災に堪えたもので、樹齢九〇年を超えているものもある。

余談だが、表参道の街は欅並木の美しさに惹かれるように集まった人たちの街で、東京でも最も洗練された文化を発信しつづけていることで知られている。現在は通りを中心とする原宿・青山地区の街域をさして「表参道」と称することが一般的で、町域でいえば渋谷区神宮前と港区北青山・南青山が含まれ、銀座と並んで高級ブランド旗艦店が集積しているエリアとなっている。

表参道を中心とした商店街には商店街振興組合の原宿参道欅会が結成されており、この会が平成一七年（二〇〇五）一二月に表参道欅並木の一本一本について健康診断をおこなった。並木の樹勢や現状を把握するためのもので、街路樹は欅一六三本と銀杏五本であった。

最大の欅の樹高は約二三メートル、幹の周囲は約三メートルであった。この樹高はビルの六〜七階に相当した。枝の広がりは二〇メートル以上あった。街路樹の八〇%以上が樹高一五メートル以上あり、高い樹が立ち並んでいることで美しい街の景観が保たれていた。しかし、絶え間のない自動車通行による排気ガスの影響や、長年の剪定の影響もあり、樹勢が衰え、害虫や腐朽菌に侵されている樹も少なくない。樹木医の調査では街路樹のうち二二本が、根株に空洞ができたり、ベッコウタケという腐朽菌により空洞が生じるなどで、不健全木と診断された。これらの樹は強風による倒木のおそれがあり、現に台風などの強風があったとき倒木が発生したり、小枝が道路に落下し、通行の自動車や人に危険をさらしている。不健全木は参道が作られた当初に植えられたいわゆる一代目の欅が多く含まれている。

原宿表参道欅会はこの欅並木を守っていくため、土壌改良や支柱、ワイヤーの設置、植込みの整備、ベンチ兼用の植込み柵の設置などを通じて、欅並木の維持・管理を積極的に推し進めている。

杉並区中杉通りの欅並木は、都内二三区の西端に位置する杉並区にあり、ＪＲ中央線阿佐ヶ谷駅を中心に南北に広がる都内有数の欅並木である。この欅並木は、戦時中の強制疎開で撤去された建物の跡地を利用して道路として整備された後、昭和二九年（一九五四）に地元の人が資金を募り、欅苗木一一九本を植えたのがはじまりである。現在では延長一・五キロに総数二七〇本のトンネル状の並木となり、街のシンボルであると同時に杉並区を代表する景観として杉並百景の一つとして選ばれている。

新宿区の神楽坂通りは、江戸時代から続く歴史のある通りで、欅並木がある。昭和五五年（一九八〇）に道路の舗装改良にあわせて神楽坂上交差点と神楽坂下交差点の間に区の木であるケヤキが植えられた。狭い歩道に窮屈な感じだが、車道の上に枝を伸ばし、緑のトンネルをつくっている。

豊島区雑司ヶ谷の法明寺には「鬼子母神大門の欅並木」とよばれる並木がある。安産を司る鬼子母神が祀られているお堂への参道の石だたみの両側にある欅並木は、江戸時代から有名で、樹齢も古いけれども樹勢も素晴らしい樹が並んでいる。この欅並木は天正年代に雑司ヶ谷村の住人長島内匠が奉納したものといわれ、樹齢は四〇〇年を数える。境内の大銀杏とともに東京都の天然記念物に指定されている。

武蔵野市の成蹊学園の欅並木は、同市の指定天然記念物になっている。この欅並木は成蹊学園の吉祥寺移転にさきがけて、大正一四年（一九二四）に欅の若木を玉川、用賀、狛江村などから運搬し、本館前と外周の道路に植えたものである。植えられたときの樹齢は三〇年前後と推定されており、現在の樹齢は一〇〇年を超える。

八王子市の多摩御陵・武蔵陵墓地への外参道沿いには高さ二〇メートルほどの欅が一六〇本植えられている。南浅川橋から見通すことのできるこの欅並木は、四季折々に美しいアーチを描いている。

埼玉県には日本一長い欅並木が存在する。国道四六三号線の浦和と所沢間の一九キロのうち一七キロにわたって欅並木が続いており、途切れているのは途中の荒川を渡る羽根倉橋の付近だけである。その間に欅が二四一七本植えられている。昭和三九年（一九六四）に所沢市道として開通したこの道が浦和まで全線開通したのは昭和五〇年（一九七五）のことで、それと前後して沿道に武蔵野を代表する樹木である欅が並木として植えられた。

筆者の住む大阪府枚方市の香里《こうり》団地は、昭和三二年（一九五七）に完成した住宅団地であり、そこの「ケヤキ通り」には二七〇本の欅が植えられた欅並木があり、約六〇年を経過した現在は、大通りを左右にはさんで空を覆うほどに茂っている。昭和五九年（一九八四）に枚方八景の一つに選定された。春は萌え立つ若葉の色、秋には紅葉して青空に映え、晩秋には木枯しによって枯葉が一斉に流れるように散り、歩道を埋める。

## 欅で大雨の山地崩壊・土砂流出を防ぐ

山裾にある住居を欅は守れるかどうかを調べてみたい。平成二六年（二〇一四）八月に発生した広島市阿佐区や可部南区の集中豪雨によってあちこちに山崩れが発生し、数多くの住居を押し流し、大勢の方が亡くなっている。欅で山地崩壊は防げないものであろうか。

「欅は崖止めによい」と欅が自生している地方では言われている。現在、大木の欅が生育している地の立地条件を見ると、山麓の急斜面や川岸の淵の近くであったりする。また山地でたびたび崩壊が起こるような場所では、暖地だと通常は常緑広葉樹の林になるはずであるが、それらの木は育ちにくい。そのため欅や椋木《むくのき》、いろは紅葉等の落葉広葉樹林が発達している。山のなかで、このような樹木が優先している斜面があれば、過去に崩壊したことのある崩壊地であると推定できる。

山地の崩壊防止を目的として欅を植えたところはこれまでにはないところから、自然生であれ、人工植栽であれ、欅林が出来あがっているところを観察していくよりほかに方法はない。片倉正行と奥村俊介は「ケヤキ人工林の生長」（『長野県林総研研究報告』第五号、一九八九年）で、長野県内各地に存在する欅の人工林を調査し、人工的に植栽された欅がどの程度の成長を示すのか調査を行っている。そのなかに地表が侵食されているところに欅林が成立したところがあった。場所は長野県木曽郡日義村（現木曽町）の「日義村有林22林班ほ2小班」であった。なお、林班・小班とは林業用語で、森林の場所を特定するための記号で、いわば町でいうところの何丁目何番地にあたる。

県西南部の木曾谷北端部に位置し、気候的には太平洋型気候区に属する。地質は古生界粘板岩で、周辺は山地規模が大きく急峻な山地である。調査林分は傾斜度40度ほどの急峻な斜面下部から中部にかけて2・0㌶ほど成立し、ミズナラを亜高木層にもつケヤキ林である。なお特に斜面傾斜が急な部分では、風化のすすんだ粘板岩地帯特有の地表侵食が起こり、深さ2m、幅4m程度のガリーの発達が随所に認められるが、ケヤキ林分はこの侵食を強く抑制し山腹崩壊を防止していると判断された。

この欅林の林齢は一一〇～一四〇年生で、立木の密度は一㌶あたり一五〇～一二〇本のやや疎らな状態で、平均胸高直径四六センチ、上層の樹高約一九メートルであった。欅林は傾斜四〇度と、現地に立つと切り立ったように感じられるほどの急傾斜地にあり、山腹崩壊が極めて発生しやすい山腹である。基岩の風化が進んでいて、深さ二メートル、幅四メートルという相当に大きなガリー（雨水で土壌が侵食された谷溝）があちこちにみられるが、生育する欅によって崩壊が防止されていると、調査した片倉と奥村は認めたのである。

わが国では台風や梅雨末期の集中豪雨による洪水では、河岸侵食や山地斜面の崩壊により流木が多発し、流木によって諸施設や人家などが被害を受けている。欅は谷間の木といわれるほどで、主として谷間を生育地としている樹木である。谷間に生育している欅が、洪水による河岸侵食を防止したり、上部の杉林が流木化することを防止した事例を石野和男・濱田武人・佐野浩一・大下勝史・野呂直宏・岡本宏之が調査し「流木の流出防止を目的とした渓流および谷底河川沿いのケヤキの植林に関する研究」(『大成建設技術センター報』第四二号、二〇〇九年)として発表しているので、要約しながら紹介する。

平成一六年(二〇〇四)一〇月には、岐阜県宮川に観測史上最大流量の洪水が発生し、JR高山線の橋梁が被害をうけた。宮川右岸側で河岸まで杉が植えられていたところは杉が流出し流木となったが、同じ右岸側で河岸に欅の立木のあった場所ではケヤキ上部の杉林の流出はみられなかった。欅の胸高直径九〇センチの立木では根元から六メートルのところまで洪水が達し、この地点の最大流速は毎秒三・六メートルと算出され、それほどの洪水に欅の大木は耐えていたのである。しかし、樹齢一〇年生以下で胸高直径一〇センチ程度の欅は折れ曲がっていた。

同年九月には三重県の宮川にも観測史上最大流量の洪水が発生した。河床勾配が一三分の一(水平一三メートルにつき一メートル上昇)の河岸に生育している欅は、土石流で流下する流木を捕捉し、また別の欅はおよそ一トンの石の衝撃に耐えて捕捉していた。また別のところでは、欅により河岸侵食が阻止されていた。

平成二六年(二〇一四)八月一九日からの大雨により広島市を中心に山腹崩壊や土石流により、死者七四名という激甚な被害が発生している。この災害から本格的な復旧対策や計画策定および災害に強い森林造りの検討委員会が設けられ、検討会が三回にわたって開催され、近畿中国森林管理局と広島県は「八月一九日からの大雨による広島市における山地災害対策検討会　検討結果のとりまとめ」(二〇一五年)としてとりまとめている。

この広島土砂災害での山地崩壊および土砂流出現象は、最大一時間雨量が一〇一ミリ、連続雨量二五七ミリという豪雨が誘因であり、豪雨が短時間に集中したことにより被害が拡大していた。国と広島県がそれぞれ所有している山地を全一七か所調査し、分析し、対策を検討している。各地で山腹崩壊と土石流が発生しているなかで、森林や立木により土石流等が抑止された所も確認されている。

それによれば、安佐南区の阿佐山（五八六メートル）の南斜面の美濃越地区では杉・檜林が流木をせき止め、土砂および流木が麓へ流れ下るのを阻止して、約四六五立方メートルの土砂を捕捉している箇所もあった。また阿佐北区可部の高松山国有林では、谷の出口付近に欅や櫟《くぬぎ》の大木が存在し、直撃した土石流や流木を捕捉し、麓の方へ流下することを阻止していることが確認された。

そして、災害現地の調査結果から、近畿中国森林管理局と広島県は、山地災害等に対して防災機能が高いと考えられる植栽樹種として次の一〇種を選定した。そのなかに欅が含まれている。これら一〇種の樹種ばかりでなく、もちろん現地に多く生育しているエゴノキ、コシアブラ（漉油）、リョウブ（令法）、ヒサカキなどの低〜中木や、山地に生育する樹木に肥料分を与える役目の肥料木としてオオバヤシャブシ（大葉夜叉附子）やネムノキ（合歓木）なども適宜加えるなど、現地の状況に応じて柔軟に対応していくとしている。

防災機能が高いと考えられる樹種

| （樹種） | （形態） | （根茎支持力） | （耐瘦地性） | （耐乾性） | （耐湿性） | （生長） |
| --- | --- | --- | --- | --- | --- | --- |
| アカマツ | 常緑針葉樹 | 大 | 強い | 強い | 弱い | 早い |
| スギ | 常緑針葉樹 | 大 | やや弱い | やや弱い | やや強い | 早い |
| ヒノキ | 常緑針葉樹 | 中 | やや強い | 強い | やや弱い | 早い |

| | | | | | | |
|---|---|---|---|---|---|---|
| ツブラジイ | 常緑広葉樹 | 大 | やや弱い | やや強い | やや強い | 普通 |
| クヌギ | 落葉広葉樹 | 極大 | やや弱い | やや強い | やや強い | 早い |
| アラカシ | 常緑広葉樹 | 大 | やや弱い | やや強い | やや弱い | 普通 |
| コナラ | 落葉広葉樹 | 大 | やや強い | 強い | やや強い | 普通 |
| アベマキ | 落葉広葉樹 | 極大 | やや強い | やや強い | やや強い | 早い |
| エノキ | 落葉広葉樹 | 大 | やや強い | やや強い | やや強い | 普通 |
| ケヤキ | 落葉広葉樹 | 大 | やや弱い | やや弱い | やや強い | 普通 |

（根茎の支持力は、苅住昂著『樹木根茎図説』を参考としている）

要するに、山地の山腹の崩壊や土砂の流出を防止するためには、単一の樹種だけに限定せず、多種の樹木を植えることで、総合的な抵抗力を発揮させることが大切である。

ここまでは主として山間部の土砂災害や洪水防止等をみてきたが、河川が平野部に出てきた時の洪水対策をどうするかについては、山梨県の治水工事が参考となる。山梨県の甲府盆地は富士川の上流である釜無川や笛吹川などの河川が作り上げた扇状地で、糸魚川〜静岡構造線という大断層が南北に縦断しており、さらに富士山をはじめ南アルプスの高い山々に囲まれている。そのため各河川の流域内には、崩壊地が多く、崩壊した土砂は大雨があれば下流へと流れくだって洪水となった。

とくに北西の長野県境から流下する釜無川が平野部に出たところが竜王の鼻とよばれるところで、そこに支流の御勅使川《みだいがわ》が合流する。この二つの河川を治めることが、甲府盆地を平穏にするために必要であった。信玄堤は御勅使川の河道を安定させ、この川が釜無川への障害をなくするために築かれている。甲斐市竜王にある信玄堤は有名で、そこでの構成物は堤防、出し（水制工の名称）、出し水制、縦列の水制、護岸、根固、堤防の狭間に植栽されている竹木、それに自然の地物である。

信玄堤沿いには約八〇メートル幅の欅林が、竜王の三社神社から開国橋までの約三キロの区間、堤防沿いの堤内地に生育している。この欅林は現在文化公園となっており、その中に小川が流れ、桜が植えられている。近代では信玄堤と呼ばれて親しまれているが、史料では「竜王川除」と記されている。昭和三〇年（一九五五）の竜王村編・発行の『竜王村誌』には次のように記されている。

竜王村の西部、釜無川添ひに延々長蛇の如く南北に走って、樹木鬱蒼として一偉観を呈するのが、即ち竜王村の御林である。信玄築堤と共に防水林として設けたもので、延長千八十五間（約一九五三メートル）、幅二十一間（約三八メートル）、総面積七町六反余、柳・樫・椚《くぬぎ》・雑木・竹藪密生し、信玄堤・信玄橋と共に一景観たるを失わない。尚長短敏歩等に移動あるは水害の為川欠等によって年次記録に多少の相違あるは余儀ない所である。

○文政二年竜王村御林帳

卯六月　　名主　六郎右衛門

釜無川通字下山

一　川除御林壱カ所　平均　長千八拾五間　横廿壱間八寸

此反別七町六反四畝廿五歩

内弐町八反五畝廿五歩　数度之川欠分

残而四町七反畝廿六歩

御囲内

壱町七反八畝拾五歩　平均　長弐百五拾五間　横弐拾壱間

木数八百九拾五本　　竹数弐千四拾八本
本数及長さ太さハ除く　　椚　榎　柳　栗　松　雑木　竹
御囲外
五町八反六畝六歩
内弐町八反五畝廿五歩　数度之川欠分
残三町拾市歩
此木数九百六本　内七百九拾四本　節曲木
樹木之種類本数　長さ太さ等ハ除く　椚　榎　栗　槻　柿　雑木　杉　楢

文政二年（一八一九）の御林帳では、欅は堤の御囲外つまり堤から河川敷の側に椚《くぬぎ》・榎や栗などと共に生育していた。ここでは槻と記されているが、江戸時代はこれを「けやき」と読んでいた。そして『竜王村史』はこれより前の文化一一年（一八一四）に完成した『甲斐国志』を載せており、山川第一・赤巖龍王村の項で「赤岩一ノ堤防千有余間ヲ築ク　其上ハ巨木鬱蒼タリ　名シテ公林トシ敢テ斧ヲ入レシメズ実ニ万代ノタリ」と称えている。

信玄堤にある欅の幹の胸高位置の周囲長をはかり、最も長いものが四・二メートルだから樹齢を一三八年だと算出し、江戸時代末期に植えられたものであろうと、堤が築造された説に異議を唱えている人もいる。異議が正しいとすれば、明治末期の山林制度から考えられることである。

藩主の威厳が保たれていた江戸時代にあっては、うっそうと繁る巨木林の禁伐という制限が守られていたが、藩が解体した明治維新の際には新政府の令もいきとどかず、一時山林原野の規制が緩んだことがあった。この時代に各地の乱伐が行われ、例えば奈良県吉野山でも神木ともされていた桜樹が伐採された。

それにつけこみ、巨額の代価が得られる欅林が売られ、伐採されたのであろうか。しかし伐採後は洪水被害の発生をおそれ、伐採後ただちに欅を植えたものであろう。そう考えると、異論とのつじつまが合ってくるが、いまのところそれを確かめるだけの資料がない。

それはそれとして、川側に植えた欅などの樹木によって、いざ洪水となったとき流木を捕捉して、田や住居地に侵入させないことを目的としたものであろう。洪水の時、田畑や屋敷に流れこむおそれのある流木や土砂を堤で阻止し、水だけが流れ込むのであれば被害は大きくならないのである。

重要な交通機関である鉄道は山中を走っている線が各所にあり、山地の崩壊や落石、あるいは雪崩から鉄道を守るための鉄道防備林が設けられている。そのなかで欅に関わるものがあるので紹介する。

その前に神田誠也・北原曜・小野裕は、長野県諏訪市にある鉄道林の下諏訪一号林と松本市にある平瀬二号林につくられている欅人工林を調べ、「鉄道防備林におけるケヤキ人工林の崩壊防止機能」(『中部森林研究』五九号、二〇〇一年三月)として報告している。それによると、欅が山地で土砂崩壊を防止する力は杉、檜、落葉松、小楢、櫟に比べても、かなり高い値が示されたとしている。

長野県明科町(現安曇野市)にあるかつての旧国鉄篠ノ井線の山側にあった鉄道防備林明科一四号林地は、欅人工林となっている。この欅林のあるところは、現在は廃線となっている。周辺は地形開析《かいせき》のすすんだ斜面規模の小さな山地で、基岩は第三系泥岩で、過去には小規模の地滑りが多発していたところである。開析とは、地上の起伏に多数の谷が切れ込んで、河川が浸食する作用のことをいう。土砂崩れが列車を直撃したこともあると、この欅林の案内板に写真入りで掲示されている。線路に沿い土砂流出防止林としてニセアカシア・赤松林が造成されていたが、ニセアカシアが成長にともない倒伏が頻発しはじめたため、昭和二〇年(一九四五)ニセアカシアを伐採し、欅三万本が造林された。

現在は鉄道跡は欅林も含めて地元に売却され、「けやきの森公園・マレットゴルフ場」として整備され運営されている。この区間の旧篠ノ井線は単線であったため。潮沢信号所というスイッチバックの交換施設もあった。架線の支柱や信号機、踏切の痕跡などが残っていて、線路さえ引かれれば今にも列車が走ってくるように感じられる箇所が多い。廃線跡ウォークという、鉄道趣味をもつ人たちに好まれているところである。

　長野県明科町の「けやきの森公園」は寡雨寡雪地域にあたっているが、鉄道は豪雪地でも山腹の斜面下部を走っている。岐阜県の最北部にある宮川町（現飛騨市宮川町）のＪＲ高山本線には、雪崩防止の欅人工林の鉄道防雪林がある。この斜面は昭和初期に大雪崩が発生し、鉄道を押し流したので、昭和一〇年（一九三五）に欅が植えられ、現在は大木に育ち、雪崩や崩壊を防いでいる。また飛騨高地の豪雪地帯の宮川町では、傾斜地の住居では雪崩防止のため、裏山に欅を植栽しているので多くの欅がみられ、旧宮川町では町の木を欅としていた。

旧国鉄篠ノ井線旧線潮沢信号所跡の上方にはケヤキの鉄道林がある（新建材新聞社出版部『木の文化４　欅』2005年）

　富山県の南西部は飛騨高地の富山県側にあたり、五箇山とよばれる旧平村相倉《あいのくら》は、周りを一〇〇〇メートル級の山に囲まれた集落で、雪持林と呼ばれる防雪林がある。この地は積雪量三メートル前後となる豪雪地帯で、独特の合掌造りは二〇余棟が現存しており、国指定史跡として文化財保護地域に指定されている。集落の上の方には切り立った岸壁が露出し、それに続く山腹は急斜面となっている。この急斜面に雪持林という、集落を雪崩から守る天然林がある。山毛欅《ぶな》や楢や欅の大木が茂っており、禁伐林となっている。

# 第五章　領主と槻（ケヤキ）

## 領主と山林

第二章で述べたように、現在の私たちがケヤキとよんでいる樹木は平安時代以前はツキとよび「槻」の字で表記していた。いつの時代からかツキは古語となり、江戸時代にはケヤキと呼ばれていた。ケヤキの漢字表記には「欅」と「槻」の二つがある。近世の文書ではケヤキは「槻」と表記しているので、この章ではもっぱら「槻」の字で記したが、ケヤキと読んでほしい。

領主とは、自分のものとして所有している土地の主のことである。歴史学の用語でいうと主従制により私的権力によって一定の土地・人民を支配する人のことをいう。近世の江戸時代においては、全国の土地・人民は幕府のものだと考えられており、国とか村とかという一定の地域を将軍が大名たちに領有し支配することを認めていた。大名以外にも寺とか神社が領有することもあったが、それはわずかであり、ほとんどすべては幕府と大名たちの領土となっていた。

『教養の日本史』（竹内誠・佐藤和彦・君島和彦・木村茂光編、東京大学出版会、一九八七年）によると、江戸時代の幕藩体制では、中央統一政権である幕府と、そのもとに結集した個別の権力である藩で構成されていた。幕府の経済的基盤の中心は天領と呼ばれ、全国にひろがる約四〇〇万石の直轄領であった。これと将軍直臣《じきしん》の旗本知行地の約三〇〇〇万石を合わせると、当時の日本全国の総石高約三〇〇〇万石のほぼ四分の一におよんでいた。

将軍の下には、旗本、御家人、大名があった。大名は将軍から与えられた領地での石高一万石以上を知行《ぎょう》するもので、全国に二六〇家〜二七〇家があった。大名は領地において土地・人民を支配し、規定の範囲で家臣団をもつことが将軍に認められ、藩を形作っていた。藩とは、本来は「守る」とか「垣根」といった意味で、幕府の藩屛《はんぺい》としてこれを守ることを意味し、近世中期以降に儒学者によってつかわれるようになった。

「藩」が公式の名称となったのは明治元年（一八六八）で、旧幕府直轄領を「府」「県」と称したのに対して、旧大名領を「藩」と称するようになったが、わずか三年後の明治四年の廃藩置県によって消滅した。厳密にいえば、江戸時代の各大名の領地、組織、構成員を総称しての「藩」は用いられないが、ここでは便宜上「藩」の名称をつかい、記述していく。

江戸時代の大名や小名は、自分の領土内で生産される米を中心とした産物からの収入で、財政を維持していかなければならなかった。そのため各藩とも、農作物を生産できる田畑の検地をおこない、生産量の目安をたてた。その収穫量や収入の目安のことを高《たか》といい、村ごとに高は定められ、その高に対して一定の率で税がかけられた。

一方、百姓の側も、領主への税の貢納と自家用の食料生産のため、田畑の地力を維持・増進しなければならなかった。自給肥料として山野の生草や灌木類の茎葉が重要な地位をもっており、同時に生活していくための住居建築資材も、道路や橋などの土木用の資材も山林に求められた。

各藩の山林は大まかにいえば、建山・御山・官山などといわれるもっぱら藩の用材を生産する山林と、野山・草山などといわれる専ら百姓が利用する山林とに分かれていた。

そして山林に生育している樹木は、百姓にとっても、領主である藩にとっても、重要な産物であり、資材であった。とくに藩では、国表での城、侍たちの住居の建築資材や、さらには参勤交代で赴く江戸での屋敷の修繕資材が必要であった。江戸での藩の建物資材は、国表から運ぶか、江戸の材木商から高価の材木を買い入れて調達しなければならなかった。

そんなところから、藩によって事情はことなるが、藩つまり官が用いるための一定の樹種を定め、たとえ百姓が専ら利用する山であっても、百姓の利用を制限し、その樹種は藩の独占利用としていたのである。藩はある一定の樹種を独占利用するため、厳しい罰則を設けていた。百姓にとって藩の山林利用の規制は、農業経営にも日常生活にも、大きな影響を与えていた。

藩によって名称は異なるが、領主が領民に対して許可を受けることなく伐採利用することを禁じた藩独占樹木のことを、制木（金沢藩・盛岡藩など）、御留木《おとめ》（高知藩・仙台藩など）、御用木（山口藩・広島藩など）などと呼ばれていた。

## 山口藩御用木の槻（ケヤキ）

山口藩の本拠地は山口県の萩であり、本来は本拠地から萩藩とよばれるべきであるのに、農林省編纂の『日本林制史資料』は政庁があった山口を本拠地として、山口藩としているので、これに準拠する。農林省編纂『日本林制史資料　山口藩』（内閣印刷局内朝陽会発行、一九三〇年）によれば、「御用木」との名称が現れるのは徳川四代将軍家綱治世の延宝九年（一六八一）正月一一日の「郡御書付」の次の箇条である。

一　御用木・紺屋灰・鍛冶炭の儀は申すに及ばず、諸材木・薪以下、ともに他国へ一切出し申すまじ

山口藩御用木の一つである樫

き事

内容は御用木と、紺屋灰つまり染物屋の媒染とする灰と、鍛冶屋用となる松炭については言うまでもないことであるが、もろもろの材木や薪についても、他国へは一切移出してはいけないというのである。この条文のなかに、御用木ということばがでてくるのであるが、それでは御用木とはどんな樹種をいうのかは明確にされていない。本来は御用木とは、これこれの樹種であると徹底されているのであろうが、採録されているここまでの文書には明らかにされていない。

同書のなかで御用木の樹種が明らかになるのは、明和三年（一七六六）九月に郡奉行から諸郡の御代官に発した「諸沙汰記」のなかの一節で、付けたりとして御用木の樹種を次のように明らかにしている。

付　槻・杉・檜・椋《むくのき》・桐・楠・樫　この類御用木につき、給領山にても容易に採用（伐採のこと）は
差し免ぜられず候、このことわりは品によって時々御料簡をもって御免相成り候事

このように、ケヤキ・スギ・ムクノキ・キリ・クスノキ・カシという七種類の樹木は、藩の御用のために用いる樹種であることを明らかにしている。

御用木の伐採については、これより前の延宝五年（一六七七）の「御書付　地方諸法度」の六箇条で詳しく定められている。それによれば、第一条で、一郷一村の給主はその村で調達できない場合は御用木を

伐採することが出来るが、ただし他の村への移出は許さない。第二条では、入会山での御用木伐採は代官の許可が必要である。第三条では、郷の屋敷周りや預山《よさん》の御用木は伐採禁止、ただし屋敷周りに自分が苦労して育てた御用木は伺いのうえ伐採は可能である。このように定められている。

安永四年（一七七五）四月二八日の郡奉行粟屋六郎右衛門から各代官あての「御立山事」との文書は、松巨木・檜・槻その他の御用木を代官所より付取することについて通達しているので意訳する。

廻状をもって申し上げ候、後年に御用に引き当てとなす御家来山、寺社・百姓山の松の木、兼ねて伐採を差し止められ候ところの寸法のうちで、大きな分で、かつ檜・槻そのほかの御用木など、今般御代官所より付取《つけとり》を仰せ付けられ候段御沙汰相成り候。しかるところ、はしはしに於いては付取《つけとり》寸法にゆきあい候分をも、伐採いたす者あるように相聞こえ候。（以下略）

後になって藩の御用に引き当てられるはずの家来の山・寺社・百姓の山では、かねてから松大木の伐採は差し止められていた寸法のうち、大きな分のマツの大木や、檜や槻そのほかの御用木などは、今回代官所より付取を仰せ付けられた。このことは、末端においては付取の寸法になっているものでも伐採されているると聞こえてきたので、このような通達を発したというのである。

一定の大きさに達した檜や槻などの御用木は、伐採することを差し止められていたというのである。しかし、決められた大きさの御用木であっても、伐採されているように聞こえてくる。決められた寸法より小さいものでも、後の御用に当てられるものなので、代官がそれらの樹木の伐採に気を配るようにと注意を促したのである。いわば、若木の伐採に留意するようにと、御用木の資源の蓄積を図ろうとする藩の経営意思が述べられているのである。

## 広島藩御用木の槻（ケヤキ）

広島藩は安芸国広島に本拠地をおいていた藩で、浅野氏が治めていた。藩の領域は、寛文四年（一六六四）の安堵状によると、安芸国沼田郡・山県郡・高宮郡・賀茂郡・安芸郡・佐伯郡・豊田郡・高田郡、備後国御調郡・世羅郡・三谿郡・奴可郡・三上郡・甲奴郡であった。郡内一円のところと、郡内の特定村だけという分轄支配とされていた。

農林省編纂『日本林制史資料　広島藩編』（内閣印刷局内朝陽会、一九三〇年）によると、享保一八年（一七三三）一二月に御山方から出された「郡中村々相触候御法度書」の第五条に御用木の種類が記されている。

かねて相きめ之れ有る御用木の品、松・樅・杉・檜・栗・槻・栂・楠・弓木は、野山《のさん》、腰林、または家周りにも、随分立て置き申し候。御用に仕上げられる可候節は、相応に代銀下され、持ち主は勝手にも相成り候事に候、右御用木の品々はたとえ村方の道・橋・樋材木または家作りの入用にても断りなく伐り申さず、願い出て免許を請け伐採仕すべき事。

附たり　桐・樫の義は、以前は御用木に内々相決めあり候ところ、近年御用にて百姓共勝手次第に伐採申す事に候得ども、以前より帳づけの分は伐採申す度義がある節は願い出て、免許を請け、伐り申すべく候。そのほかにても大木にて木筋宜しく、木伐り申す度は、これ又申し出るべく候。御用にして御買上げに相成るべく候。

広島藩では藩の御用木としてマツ・モミ・スギ・ヒノキ・クリ・ケヤキ・ツガ・クスノキ・弓木という九種の樹木を指定していた。これらの樹木は野山・腰林という百姓が専ら利用する山野や、家の周囲にもたくさん生立《おいた》てることとしている。そして藩の御用のときには、めしあげて相応の代銀を下される。この九種類の御用木は、村で道路や橋の新設および修理、あるいは水路の樋の材料、また家作りのため必要であっても、藩の役所に断りのない伐採はさせない。そのことを願い出て、許可をうけ、しかる後に伐採を行うことと定められていたのである。なお、弓木とは弓を作る木という意味で、真弓《まゆみ》という小高木のことである。

そして年月は不詳であるが、天明年間の「御山方御用木」として、松、栗、樅、檜、杉、槻、栃《とち》、柏、栂《つが》、槐《えんじゅ》、楠、桑、弓木という一三種に増加している。そして桐と樫の二種も御用木同然のことであるという。松のほかはすべて色木と称するとする。色木とは御用木の別称と考えてさしつかえないであろう。

御用木を江戸の藩邸に送っていたことについて、前に触れた『日本林制史資料　広島藩』の文化六年(一八〇九)の「堀江典膳殿山方内考之趣書認られ候写」に記されているので、意訳して記す。

往古は江戸表へも板、材木そのほか、こちらより常に運送して貯め置きしていた。長屋などはこちらから採寸して組み、三棟も四棟も江戸を回して置いた。青山のお屋敷に貯め置かれ、お屋敷が類焼したときは、早速それをもって建て組まれていた。既に明和年中の類焼の節は、焼失した霞通御長屋は青山に貯め置かれた材を取り寄せて建てられた。往古はこのように手厚いことであり、不慮の備え分も蓄えていたが、当時は平常用いる板、材木類も一つも蓄えがない。近年の明和・寛政という両度の類焼のときも兼ねての手当がないので、俄かに奥筋の御建山である恵下和田辺りの山より、材木を伐り出し、江戸へ運送し、またはこちらのように(国元の広島の如く)切組《きりくみ》もあった。河水が乏しいときには、材木を下すことができないため、雨を待って下ろすため、急速の間に合すことが出来ない。上等な槻の類は、上方で求めることによってその費用が少なからずかかる。

なお、切組とは、設計図に合せて部材を作成し、組立てればよいようにしたもので、現在の言葉でいうプレカット材のことである。

藩の権威を象徴する槻の一枚板の門扉として使えるような、上質の槻材は上方（大坂）で購入できるが、そのための費用がたくさんかかるというのである。

『広島県史　近世1』（広島県編・発行、一九八一年）によると、広島藩の用材調達は太田川水系の水運を背景に、安芸国北部諸郡を中心に行われた。『広島県史』の正徳年間における広島藩用の林産物の種類と産地および年間調達量が整理された表によると、槻は臨時に伐採される種類のもので、産地は山県郡、佐伯郡、高宮郡、高田郡とされていた。

槻の産地とされていた山県郡のうちでも山林に恵まれている筒賀村（現安芸太田町）の、山林の槻をみてみよう。『筒賀村史　通史編』（筒賀村・筒賀村教員委員会編・発行、二〇〇四年）によると、寛文一〇年（一六七〇）には旧上筒賀村と下筒賀村には山の名前で一四あり、そのうちに槻がある山は炭割木山の狼山（立木の種類は杉、槻、松、ほうその四種）、材木山の三谷山（立木の種類は槻、杉、松苗の三種）、炭材山の市間山（立木の種類は杉、槻、栗、槇、ほうその五種）、炭材山のかに畠い丿又東平（立木は槻、杉、松苗の三種）という四つの山であった。ところが享保元年（一七一六）には山の名前は二四に増加しており、藩の御建山と野山が分かれていた。そして槻が生育しているところは三谷山（立木の種類は杉、栂、槻、松の四種）と鷹巣山（立木の種類は杉、栂、樅、松、栗、槻の六種）の二つの御建山であった。

これについて『筒賀村史　通史編』は、次のように分析している。

槻は「欅の一種にして、別して材の良なるもの」であったため、古くは郡中に多く自生していたが、「今（一八世紀後半）は旧《むかし》も取り尽してなくなりぬ」と伐採されつくされた。槻は良材なので、競って伐採され、山の槻は尽きたというのである。

広島藩で御用木の伐採願いが出された例があるので、取り上げる。安政四年（一八五七）一二月に、沼田郡八木村の上《か》ミ八幡社の建替えに当たって、氏子総代である惣七・久七・惣右衛門・平兵衛から、当分庄屋正三郎と庄屋忠左衛門に当てた願書である。

沼田郡八木村上ミ八幡社建替足材木元伐り御願書付

細野新宮（高二十間　横二十五間）

一　八幡山之内

杉元伐り　二本　（長三間以下・周り三尺以下）

檜元伐り　一本　（長三間・周り三尺五寸）

槻元伐り　一本　（長三間・周り三尺）

杉元伐り　三本　（長三間半以下・周り三尺五寸以下）

右は当村氏神上ミ八幡社拝殿の柱朽ち損じおり候ところ、近年度々の地震にて大破に及び、もはや捨置き難く候につき、古木取り合わせ柱替え建替え仕したく存じ奉り候間、前段の通り足材木を八幡山内にて何卒元伐りの儀御赦免成り遣られ下され候はば有難き仕合せに存じ奉り候

この願書は、朽ち損じた八幡社の柱を取り換えて、修繕することを目的としたもので、八幡社の境内林に生育している杉・檜・槻という三種の樹木で、周り三尺（直径およそ三〇センチ）と周り三尺五寸（直径およそ四五センチ）という大きさのものであった。

## 金沢藩七木制の槻（ケヤキ）

金沢藩（加賀藩ともいわれた）の寛文四年（一六六四）の安堵状の領域は、農林省編纂の『日本林制史資

金沢藩七木制の一つである松林

料　金沢藩』（内閣印刷局内朝陽会、一九三三年）によると、加賀国四郡（加賀郡、石川郡、能美郡の内、江沼郡）、越中国四郡（射水郡、砺波郡、新川郡の内、婦負郡）、能登国四郡（羽咋郡の内、能登郡の内、鳳至郡の内、珠洲郡の内）、近江国高島郡の内という連続する三か国と飛び地が一カ所であった。

　藩有林である御林山は、絶対に百姓たちには伐採させなかった。私有林である百姓稼山は、金沢藩では七木の縮《しまり》と称して重要な樹木は百姓が自由に伐採できないきびしい規則を設けていた。

　加賀藩の藩主前田利常は加能（加賀国と能登国）惣検地の際、元和二年（一六一六）七月二日に山林に関する「定」を発した。その第一条がつぎのものである。

　一　能登国中山々材木之事、杉・檜木・栂・栗・うるしの木・けや木等、下々為売買伐採候事堅令停止候当地用所においては印判次第にきらせ可申候事

　この条文に記されたスギ、ヒノキ、ツガ、クリ、ウルシノキ、ケヤキなど七種類の樹木を七木と称したのである。この七種類の樹木は、百姓たちが収益をえようとして売買する目的に伐ることは、堅く禁じられたのである。

　石川県羽咋郡の『志賀町史　第五巻沿革編』（志賀町史編纂委員会編、志賀町役場、一九八〇年）によると、

この七木の樹種は時代により地域により一定しないが、能登地方では「松、栗、杉、槻・樫・桐・栂」が七木とされていたとする。そして加賀地方では、寛文三年（一六六三）に石川郡と河北郡に出された定書によると、「松・杉・桐・槻・樫・唐竹」の六木とされ、需要の多かった栗は「栗之木之儀は、百姓支配に仰せ付けられ候、随分茂らせ百姓助けに仕すべく候」として除外されている。

金沢藩は領国が三か国にまたがっているため、それぞれの国の事情もあり、国や地方ごとに伐採制限の樹種を違えている。文化三年（一八〇六）五月一三日に藩から御算用場諸方掛り竹中何兵衛に紙面をもって伝えられた七木はつぎのとおりである。

七木之定

加州　松、杉、桐、槻、樫

越中砺波・射水両御郡　松、杉、桐、槻、檜、栗

同新川郡　松、杉、桐、槻、樫

能州　松、杉、栗、槻、桐、樫、唐竹

加州つまり加賀国では五種類、越中国の西部にあたる砺波・射水郡では六種類、同国新川郡では五種類、能州つまり能登国では七種類であったが、定の文言は七木となっている。

この七木は畦畔《けいはん》七木・垣根七木と称され、田畑の畦畔や百姓の居屋敷周りの純然たる百姓所持のものであっても、伐採することは厳しく禁止されていた。ことに御林山の七木を盗伐した場合は本人は禁牢はもちろん、一村一作一歩過怠免《かたいめん》と称し、その年の年貢米は村全体が一歩（一〇％）増免される規定であった。免とは田租に賦課する割合のことをいう。

農林省編纂『日本林制史資料　金沢藩』によると、安永元年（一七七二）一一月一八日に、荻島村の字・

付御林山で七木の一種の松を盗伐した百姓がいたので、荻島村が一歩一作の過怠免を仰せ付けられている
ので意訳する。
なお明和九年（一七七二）一一月一六日に改元があって、安永となる。
明和九年（一七七二）五月、荻島村百村字付御林山のうちで、松の木を盗伐したところを、所口山
廻り足軽荒木仁左衛門が見つけ、問いただすと、断りをいうので、宇津出山方御奉行所へそれぞれ断
り申し上げたところ、宇津出で御詮議があり、手鎖のしまりを仰せ付けられ、十村（藩の役職のこと）
へ預けおかれ、七月三日金沢へ引かれて登り、同四日町会所で禁牢を仰せ付けられた。同一一月二八
日に出牢を仰せ付けられた。それより宇津出にまかり越し、そこで請書付などを御取りされた。定め
のとおり荻島村へ過怠免一歩一作を仰せ付けられた。
荻島村庄左衛門が山方御法の不届きなことを致したので、
諸入用別冊の帳面の表見届け申し渡した覚え
一　合四百六匁八分三厘　　惣入用の銀高
内
二拾目三分四厘　　肝煎與四左衛門より出すべき分
拾六匁二分八厘　　組合頭両人より出すべき分
残り
三百七拾目二分一厘　　不届きをした庄左衛門より出すべき分
但し右の内五拾目庄左衛門より出すべき旨申す由、いかに心得ているか沙汰の限りの次第であ
る

百姓中は御定めの通り過怠免一分御収納の米ならびに春秋その銀共に上納いたすべき事（以下略）

荻島村の百姓である庄左衛門は、字付御山のうちで松の木を盗伐したのを山廻り役人に見つかり、七月四日から一一月二八日までの五か月にわたって牢に入れられていた。それだけでなく、盗伐に代わる諸費用を村役人の肝煎が約五％、組合の頭の二人が約四％、残りを庄左衛門が負担することを仰せ付けられていた。さらに荻島村の百姓一同は過怠免として、その年の米は一〇％を上乗せして収納しなければならなかったのである。相当に厳しい罰則だといえよう。

字付御林山というのは、藩の用材確保のために設定された二つの御林山の一つで、もう一つは鎌留御林山で、こちらの山は立木はもちろん下草に至るまで伐採・刈取はすべて禁止されていた。字付御林山はこの鎌留御林山以外のそれぞれの村の山林のことで、百姓は山役銀を負担して七木以外の雑木・下草の刈取りが認められていた。

この字付御林山は百姓持山御林とも称されていたが、山林はすべて藩の御林であり、雑木や下草の採取などの百姓稼ぎが認められているから、百姓持山であるという建前であった。

まえに触れた『志賀町史』によると、能登国四郡では享和元年（一八〇一）に出された山方仕法により、一村に一か所鎌留御林山が指定された以外は、すべて百姓稼山に払い下げられた。同時に七木の伐採も大幅に緩和され、七木の伐採は目廻り一尺（約三〇センチ）以下なら自由に、一尺以上であっても理由によっては許可されることになった。この山方仕法は百姓に有利な施策であったが、金沢藩はその代償として翌二年から各村々一斉に上高《あげたか》を命じたのである。上高とは、山林から得られる税をかける収入の目安を上げることをいう。

## 金沢藩の七木盗伐の罰

すこし年代は遡るが、農林省編纂『日本林制史　金沢藩』の延宝三年（一六七五）一一月二三日付けの「改作所旧記」は、八件もの松の木を盗伐したものをあげている。槻を盗伐して処罰されて事例は見つからなかったので、同じ七木の松を盗伐したときの藩の対処の仕方を参考として掲げる。

加賀郡小坂村松盗人百姓伊右衛門は、周り一尺五寸までの松ころ（丸太）一五本を金沢へ担ぎ出したところを捕えられ、篭舎《ろうしゃ》（牢舎）につながれたが上免《じょうめん》は容赦《ようしゃ》された。上免とは税率をあげることをいう。同郡神谷内村松盗人百姓市右衛門は、長さ七尺周り五寸より八寸までの松の木五本を金沢へ担ぎ出したところを捕えられ、同じく篭舎につながれたが上免は容赦された。

石川郡窪村松盗人百姓長兵衛女は、長さ二尺周り八寸より一尺までの松の木七本を、ころにして担ぎ出したところを捕えられたが、夫婦ともに死去のため上免は容赦された。同所松盗人百姓三右衛門女は、長さ二尺周り一尺三寸より五寸までの松ころ四本を担ぎ出したところを捕えられ、篭舎につながれたが上免は容赦された。

加賀郡夕日寺村松盗人百姓八右衛門は、長さ四間一尺より一丈で周り一尺六寸より七寸松の木八四本を盗伐し家作にしたところを見咎められた。この者は木数を多く盗みかつ家作りしており罪が重く、その身を村から追い出し、村には一歩（一〇％）の上免を命じられた。

同村松盗人百姓與三兵衛は、長さ一丈周り六寸の松の木一〇本をはさ木（稲を乾燥させるために掛けるための架木のこと）にするためにと、在所に伐採しておいていたところを見咎められ、篭舎につながれた。同村松盗人百姓加右衛門は、長さ一丈周り六寸の松の木一五本をはさ木にするためにと在所で伐採して置いていたところを見咎められ篭舎につながれた。

能美郡和気村松盗人百姓三九郎は、山方役人の長瀬孫丞方より御算用場に申し出があり、召し寄せて吟味したところ、松の木の長さ五尺周り七寸より五寸までの木三本が、作物にかぶさってきて作物に日陰となるので伐採したという。そのためこの者を篭舎につないだが、上免は御容赦された。

このように、金沢藩が定めた七木のうち、もっとも身近にあり、もっとも多数山野に生えている松の伐採でも篭舎につながれるという罰をうけたのである。

金沢藩の七木の制は、領内すべての地に適用されており、砺波平野の屋敷林の樹木ももちろん適用されていた。延宝六年（一六七八）九月の「八拾弐ケ条御条目申渡置之事」には、つぎのようにある。

一　御林幷持林にても、七木幷雑木にても、此方に断り無く、一本も伐間敷事。勿論居垣根の七木、雑木同断之事

金沢藩の百姓たちは自分所有の山には七木以外の雑木を繁茂させた。

金沢藩では百姓が七木を伐採して使用する必要がおこった場合の手続きは、つぎの通りであった。百姓屋が火事にあうか或は修理する必要があるとき、たとえ自分の持山や家の屋敷周りの樹木を伐採するときでも、必要な材木数を藩に申請し、藩の許可があると山廻役が伐り渡した。持山や持林または田畑の畔にある松木が茂り田畑の作物の陰をつくるので枝葉を下す必要があるときは、その村より願帳面に十村（藩役職の一つ）と山廻役が奥書を加えて藩に提出し、許可があってはじめて

これを村方に渡す。このようにきわめて複雑な手続きが必要であった。

金沢藩の藩内の百姓は七木の伐採が厳重な制限の下に置かれていたので、自己所有の山林でも七木の処分や換金が自由にならないので、百姓持山は主として七木以外の雑木を繁茂させ、自家の薪をとり、炭を焼き、あるいは苅敷といって草や灌木類の若葉を田畑の肥料として用いていた。

金沢藩は明治三年（一八七〇）九月、従来の七木に対する種々の取り締まりを一切廃止し、百姓の持山持林は極印なしで自由に伐採できることとしている。

七木が百姓の持山・持林にあり、藩の御用で伐採するときのことを寛文三年（一六六三）一〇月二八日の仰せ出しでは、「松、杉、桐、槻、唐竹は御用のほか、伐り申間敷候。但し百姓持高のある分は最前仰せ出され候通り下され候間、自然御用に伐取り候はば、その時々御奉行代銀受け取り相渡すべく候」とあり、代銀が藩から下された。そのときの代銀はあらかじめ延宝三年（一六七五）三月二八日の御算用場の「能州定竹木直段之事」により、決められていた。樹種や規格により、値段が決められているので、抜粋して掲げる。

船物道具等松材木直段

| | | |
|---|---|---|
| 一 壱本 | 目廻り五尺五寸 | 三拾目 |
| 一 壱本 | 目廻り壱尺壱寸 | 弐匁 |

御郡方御拂松・栂直段

| | | |
|---|---|---|
| 一 壱本 | 長四間・廻り五尺 | 九匁八分 |
| 一 壱本 | 長九尺・目廻り四尺 | 一匁弐分 |

一 栗直段・松・栂直段に壱分増

一　桐・槻・杉は松・栂直段に三増倍
一　槻之木地木壱坪につき　　拾八匁
一　槻の搗臼壱柄　　五匁宛

この直（値）段によると、栗材は松・栂と同一規格の値段の一〇％増しとなり、桐・槻・杉は松・栂の同一規格の値段の三倍であった。同じ七木とは言いながら、松と栂がもっとも多く生育していて、材としてもっとも手に入れやすかった。それに比べて桐・槻・杉はどこにでも存在するという樹木ではなかったようである。ましてや大木は手に入りにくくなっていたのであろう。

和歌山藩の御留木の一つである楠の樹林

## 和歌山藩・岩村藩の御留木と槻（ケヤキ）

紀州は木の国といわれる和歌山藩に徳川家康は、元和五年（一六一九）に息子の徳川頼宣を封じた。その目的は西日本から江戸へ至るには必ず紀州を経由しなければならないという地理的条件と、無尽蔵の木材資源の掌握にあった。頼宣はただちに家老安藤直次を田辺に、水野重仲を新宮において、それぞれ口熊野・奥熊野の木材を支配させた。

新宮市発行の『新宮市史』（新宮市史編さん委員会編、一九七二年）によると、寛永一三年（一六三六）の「奥熊野山林御定書幷に先年之壁書」（『和歌山県誌』）には紀州藩の山林制度が一一箇条にわたって記されている。そのなかで留木については、「楠・栢《かや》・槻の三木は大小を問わずたとい枯木でもいっさい伐り出してならぬ」とされている。また正保二年（一六四五）の「百姓教訓」においても「杉・檜・栢・槻・楠・松の六木は、御留山はむろんのこと、いずれの山でも伐り取ってはならぬ」と訓令を出している。

和歌山藩では山林取締では藩有林の保護に重きをおき、民有林の保護を軽視する傾向が生じたため、かえって藩有林を厄介視する風潮が生まれた。また自己所有山に留木が生えると、ひそかにこれを伐り取り、留木以外の木を育てる結果となり、かえって留木の減少をみるという逆効果も生まれた。このような弊害をさけるため、やがて留木制度を緩和する方向に進んだ。農林省編纂の『日本林制史資料　和歌山藩』の正徳五年（一七一五）ごろまとめた「紀州領内地方之記」という記録には次のように記され、杉・檜・松という三木については留木制度が緩和されていた。

一　紀州・勢州在々山々空地ハ百姓自由ニ柴草伐取申候。松・杉・檜・槻・楠・栢・此六木ハ御留木ニ之れ有り候。

一　両熊野ハ楠・栢・槻三木ハ御留木。松・杉・檜ハ八十年以前御免にて、百姓自由ニ伐取候。

和歌山藩は紀伊半島の海側である紀伊国と伊勢国の南半分を領有していたため、紀州や勢州という言い方になっている。この両方の国ともマツ・スギ・ヒノキ・ケヤキ・クスノキ・カヤという六種類の樹種は御留木であるという。しかしながら、熊野地方では楠と栢と槻の三種だけが留木であった。なお、両熊野とは、和歌山に近い方から口熊野（現在の和歌山県分となる西牟婁郡・東牟婁郡）と、奥熊野（現在の三重県分となる南牟婁郡と北牟婁郡）と呼ばれていた。

岐阜県の『恵那市史　通史編第二巻』（恵那市史編纂委員会編、恵那市、一九八九年）によると、恵那市域は岩村藩と苗木藩と名古屋藩に分かれていた。

岩村藩は岩村城を拠点として美濃国恵那郡・土岐郡・安八郡など周辺を支配していた藩で、石高は二万石である。岩村藩では領内のあちこちに御林山を設定し、常に藩の需要に応えられるよう植樹育成保護を図っていた。元禄一六年（一七〇三）の「藤村差出帳」には次のように記されている。

一　村中持山ニ権見平・前林山・川戸平山右ケ所之山ニては本郷・深萱共ニ薪・家萱取来候　山間数場広ニ御座候ニ付書上不申候　附川戸平山之内ニ槻少々御座候　御先代より村ニて入用之節は御断申上　伐採遣申候御事

先代の丹羽氏時代から、村普請で材木が必要な時は藩の許可を得て、伐採しこれに用いていたという。その川戸平山には、槻がすこしばかり生育している場所があったと付記している。また御城山では檜・椹・柏・栂・朴・槻・松・姫子（姫子松のこと）・栗というすべて御用木となる木は、細木でも伐採は禁止されていたのである。

## 名古屋藩の札木の槻（ケヤキ）

名古屋藩とは明治のはじめに居城が名古屋城であることからいわれるようになった藩名で、江戸時代には尾張藩とよばれていた。尾張藩は尾張国一国と美濃国・三河国および信濃国の一部（木曽の山林）を領地としていた徳川御三家中の筆頭格で、諸大名の中で最高の格式（家格）であった。表石高は六一万九五〇〇石であった。

山林の施策は、信濃国の木曽地方に広大な森林をもち、そこから木曽檜というすぐれた材を産出したので、専ら木曽山林にかかわるものがほとんどで、槻はさほど重要視されていなかった。槻は留木という位置づけであったが、この留木は百姓たちが使う民用ないしは公共用材の保続をはかることを主眼とするもので、百姓たちの必要に応じて申請すれば伐採することが許される保護樹であった。一方、宝永五年（一七〇八）には、檜・椹《さわら》・明檜《あすひ》（ヒバのこと）・槇《まき》（コウヤマキのこと）の四木が停止《ちょうじ》木《もく》として伐採を禁止されている。のちに鼠《ねず》（ネズコのこと）が追加され、木曽五木として停止木となる。
農林省編纂の『日本林制史資料　名古屋藩』（朝陽会、一九三二年）に掲載の宝暦九年（一七五九）六月の「木曽山雑記」に記されている「御材木御本伐諸木之譯」には、槻は次のように札木と雑木の二つの項に分かれている。

［木曽山雑話］

御材木御本伐諸木之譯

一　札木

山村甚兵衛の者相廻り、御留山・明山内にて檜・明檜・槇・椹・槻・桂・栗の類大木の分は、橋木の手当としてその木銘・寸間・育所の地名を書き記し、その所の庄屋・組頭等へ申し渡し、帳面に記し置き候を札木と申し候、橋木御用の節、右札木伐り取り候えば、御材木方より、甚兵衛、家来へ引き合わさせ申し候

一　雑木

樅・栂・松・栗・桂・槻・朴・唐松・姫子・塩地《しおじ》・杉・蘭・楢・槇等御注文に従い、角・丸太・末口物・板子等に仕出し申し候、右の外御年貢・万榑《よろずくれ》の内には種々の雑木相交じり申す由に御座候

木曽五木以外の樹種は、いわばその他大勢といった位置づけであるが、それでも槻や栗などの大木は庄屋や組頭等の帳面に記され、札木として保護されていたのである。

木曽谷にも槻の大木が生育していたことを示す資料が、前に触れた『日本林制史資料　名古屋藩』の寛永五年（一六二八）の「白鳥方歴代記」と寛永六年二月八日の「編年大略」に記されている。木曽の山林は名古屋藩初代藩主の徳川義直が、父家康から元和元年（慶長二〇年七月一三日に改元）（一六一五）に拝領している。

二つの記録を意訳して記すが、気分がよい内容ではない。

同心頭であり御国奉行を兼ねていた原田右衛門は、江戸城の台所造営の虹梁《こうりょう》材として長さ一七間（三〇・六メートル）で末口の直径が四尺（一・二メートル）という槻の大木を材木屋惣兵衛へ申し付け、江戸へと運んでいた。虹梁とは、やや反りをもたせて造った化粧梁《はり》のことである。この時節において稀代の大材木であると、旗本たちの評判であった。御料であったため、原田右衛門を取り調べていたところ、材木屋惣兵衛と申し合わせて、木曽谷の大槻を伐採し、江戸へと運び、これを販売していたことが判明し、原田右衛門父子はそれぞれ旗本の館に預けられていた。

名古屋藩の札木の一つである檜林

寛永六年（一六二九）二月八日にいたり、原田右衛門は渡邊半蔵方で切腹、その倅《せがれ》九右衛門は清水甲斐宅で切腹を仰せ付けられた。別の資料によると子四人も同罪とされている。材木屋惣兵衛は木曽山で磔《はりつけ》により処刑されていた。

さて、この大槻であるが、材の長さが三〇・六メートルあり、末口直径が一・二メートルなので、それから推定すると末口から上部の梢までは最低でも一〇メートルから一五メートルはあったであろう。また目通りの直径は三〜三・五メートルと推定できる。したがって、目通り直径三・五メートル、樹高四五メートルという堂々たる大木となる。平成の現在生育している槻（ケヤキ）では、目通り直径ではこの槻を上回っているものは多く存在しているが、樹高では四〇メートルを超える樹は存在していない。当時の旗本が稀代の大槻と評判したのも当然のことである。現存していれば、天然記念物に当然指定されていたであろう。

### 仙台藩の御留木と槻（ケヤキ）

仙台藩は江戸時代には陸奥国の仙台城に藩庁をおいた表高六二万石の藩である。領域は現在の岩手県南部から宮城県全域と福島県新地町の地域で六〇万石を一円知行で治め、現在の茨城県と滋賀県に合計二万石の飛び地があった。

農林省編纂の『日本林制史資料　仙台藩』（朝陽会、一九三二年）の天和二年（一六八二）一一月一〇日の「旧仙台藩山林例規」には四二箇条にわたって、仙台藩の山林施策が述べられている。第一条には、仙台近所の御林は云うまでもなく、遠路の在々の山林でもみだりに伐採しないようにと、山林保護に重点を置いている。そして一〇年来自分が植え付けて生育してきた樹木と、今後林に仕立てたものは、願によってどれほどのものになっても下げ渡しくださるという造林者の保護策も講じている。

重要な産物の育成にも力を注いでおり、第一三条では、「ところどころ空地ならびに草刈り場のさして差支えのない所で、杉・檜・栗・桂・槻・朴等の苗木を植えるべき適地には、漆木専用に植えておく。また所により桐を植え、漆または桐にふさわしくない所は、松苗を植え付けるよう申し付けられた」とある。杉や槻などの樹木が生える地味良好な場所には漆や桐を植え、そうでない所つまり尾根筋などの乾燥しやすいところや、痩せ地は松山にするということが仙台藩の方針であり、杉・檜・槻といった材木を生産することは二の次であった感じがする。

しかしながら、これらの材も確保していくことが必要なため、第二六条で、次のように百姓の居久根《いぐね》に生育させている樹木の伐採は申請して許可を得ることが定められている。意訳して掲げる。

一 前の如く松・杉・檜・樅・樅・槻・桂・桐 在々の百姓居久根内にあれども猥《みだ》らに伐り取らないよう申し付けられる。もし又、その身に屋作り等拠《よんどころ》無い用事について申請する旨申し出るに於いては、御郡司衆が丁寧に調査の上我らとも書付をもって御印判を出し、伐られるべく申す事。

百姓の居久根つまり屋敷林のなかに生育している樹木であっても、松・杉・檜・樅・椹・槻・桂・桐という八種類の樹木は、自分勝手に伐採することはできないというのである。百姓の身の上で、家作りなどという止むを得ない事情で、前の八種の樹木を伐採する申請をしたいとの申し出があれば、郡の役人衆が必要性などについて十分な調査を行い、決済の印判を貰ったうえで伐れるという内容である。

諸寺院や百姓居久根に生育させている杉・槻木を願のうえ下されることになり、伐採したのちは怠りなく植継《うえつぎ》しなければならなかった。植継のときは山役人がその首尾を調査し、植えたてたならば山林係りの役人が村を廻り見届けることになっていた。ただし槻木は元は下されるが末木は代官から指図があり、松の太い木の場合は山林方の役人にも打ち合わせ、首尾をととのえるようになっていた。

藩が禁伐としている槻を伐採したが、伐採者が僧侶であったため許された事例が『刑罰記十』の延享五年（一七四八）六月八日の条《くだり》に記されているので意訳する。

一（延享五年）六月八日

桃生郡雄勝浜曹洞宗天雄寺　竺　道

その方の儀地形之内にて御制禁之槻私に伐り用い而已ならず、その後百姓五左衛門伐候をも肝入之詫に従い沙汰に不及、かつ少分ながら先発之地形五左衛門にくみ候に任せ、数年荒し、御竿入等吟味をも打捨置、彼是不届候得共出家の故、御宥免《ゆうめん》以て慎み罷りあるべく旨仰付候事。

天雄寺の竺道和尚は、境内に生育し藩が禁伐としている槻を既に許可なく伐採して材として用いているのみならず、その後百姓五左衛門が屋敷林の槻を伐採したときは胆入の詫びに同行して事件にしなかった。また少しであるが槻を伐採した後は五左衛門にまかせて荒らしたままとし、藩の検地調査の時もそのままであった。あれこれと不届きのことであるが、僧侶なので藩としては許すが、慎んでいるようにというのである。

宝暦四年（一七五四）の『山林要略　上』には、「御留木八品丸太幷宍料直附本当覚」なるものが記されている。なお、宍料《ししりょう》とは、材の種類の一種で、板子とか瓦木《かわらぎ》とも呼ばれ、丸太の芯を避けて割り取り、木口を長方形に造材した厚板で、床板や天井板、壁板・建具の材料などに用いられた。直附とはよくわからない。一八種の材種が記されているが、三種の材木は省略する。値段は一本のものである。

| 八品 | 長七尺木廻り五寸より九寸まで | 長二間木廻り二尺五寸より九寸まで | 長三間木廻り五尺より九寸まで |
| --- | --- | --- | --- |
| 檜 | 五十五文 | 六百文 | 四貫四百文 |
| 桐 | 三十五文 | 三百三十文 | 二貫五百三十文 |
| 椹 | 百八十七文 | 八百二十四文 | 五貫五百文 |
| 桂 | 三十三文 | 四百四十三文 | 二貫四百二十文 |
| 槐 | 四十五文 | 六百二文 | 四貫四百文 |

| | | | |
|---|---|---|---|
| 槻 | 五十五文 | 六百三十四文 | 三貫六百三十文 |
| 朴 | 三十三文 | 九百二文 | 二貫五百三十文 |
| 樫 | 七十七文 | 七百九十五文 | 五貫に百八十文 |

それぞれの樹種ごとに値段が付けられているので、何らかの勘定の基礎となるものを定めていたにちがいないと推定できるのだが、現段階ではそれが何かは不詳である。

江戸時代にそれぞれの藩が槻を禁伐にするなどによって保護してきた理由は、まず材木や板などの建築資材としての重要性があったが、それよりも切実なものに槍や弓の材料があった。まえに触れた仙台藩の資料に、槍や弓材とする槻が不足するため、他の場所へ移動するという書出が「組抜御木地挽新国卯左衛門　風土記御用書出」にあるので、少し長いが漢字かな交じり文なので意訳しながら紹介する。書き出した者は、組抜御木地挽の新国卯左衛門である。

仙台藩の御留木の一つである槻(ケヤキ)

　私は先祖の掃部《かもん》の代より当村滝の上というところに住居し、知行七貫二百文を当村ならびに宮城郡浮島村・桃生郡深谷野蒜村という三か所に下され、四代目同氏六右衛門の代に刀御免、組抜に仰せ付けられ、出入司の御支配下になった。

　掃部はもともと会津浪人の新国彦六郎と申す者の子で、彦六郎の儀は会津・米沢境檜原という山中に住まっていて、子の掃部を木地挽職分にするため習わせていた。天正一四年貞山様が米沢で遊ばれたとき、御知行六貫文で召し抱え下された。苅田郡湯之原に差し置かれ、木地挽の御用を勤めてきた。そのほか御山元より御材木など出されたときには御役人に召しつれられ、かつまた岩出山ならびに仙台へ移り遊ばれたときには云うまでもなく、仙道方御陣場・大坂の陣にもお供に召し連れられた由です。

さてまた湯之原に差し置かれては急な御用に支えるので、御近所の山へ移るよう仰せ付けられて元和三年（一六一七）国分愛子《あやし》町に半年ほど差し置かれ、国分作並村へやられ御境横目ともに勤めるよう仰せ付けられていた。一両年以前に湯原に住居したとき、御用で仙台に詰めていた留守中盗人が入り、武具・馬具とも一揃え盗み取られ、持っていない。御境目での御用勤めは遠慮することを申し上げたところ、弓一挺・御槍一本・鉄砲一挺を下された。作並山はもと槻木不足で木地挽の御用は差支えとの御吟味があり、何処へでも槻木沢山にある所へ移転するようにと仰せ渡らせられた。

だんだんと各地の山々を見分したところ、大倉村滝ノ上で百姓太郎衛門という者の地付林に槻木が沢山にあると申し上げたところ、太郎兵衛を掃部の部下にされた。そのとき知行ならびに屋敷廻り野崎とも拝領を仰せ付けられた。当村は御境目が近所なので万一のときは、早速詰めるよう仰せられていた。だんだん譜代の家中も召し抱えてきた。これによりそれ以後も数度御役人にも召し抱えられた由、申し伝えられている。右のとおり掃部は天正一四年（一五八六）新規に召し抱えられ、正保元年（一六四三）まで五九年間勤め、七八歳で隠居した。このように掃部の子である新国権七が正保二年（一六四五）に父掃部の後をついで木地挽の御用をつとめることになった、と記している。

## 盛岡藩と槻（ケヤキ）

盛岡藩は南部氏が近世初頭に陸奥国岩手郡盛岡に城を構え、陸奥国北部諸郡（現北上市から青森県下北半島）を領有していた。文化年間に盛岡藩と改称されたが、それ以前は単に藩主の姓から南部藩とよばれた。のちに八戸藩と七戸藩が分かれる。当初表高は一〇万石であったが、内高は多く、幕末に表高二〇万石に高直しされた。

盛岡藩の林制について『矢巾町史　上巻』（矢巾町史編纂委員会編、矢巾町、一九八五年）は、「南部氏が不来方に築城をはじめると、材木の需要が高まり、領内に豊富にあった檜、杉、松、栗、桂、朴の木、欅、樅、とど松などの用材を他領にも輸出するようになった。特に築城には巨材を使用されるとともに、城下町としての都市建設及び交通整理によって、橋梁の架設、北上川舟運に要する船舶や、倉庫等の建設に多量の木材が供用された。このため藩では、寛永七年（一六三〇）になると在地諸士の山林知行地はすべて停止し、山林原野は一切藩の直轄支配するところとなった」と、江戸時代初期から盛岡藩では藩内の山林原野は藩がすべて切り盛りすることになったと記している。

盛岡藩の御制木の一つである栗。盛岡藩では栗は植立（造林）すべき樹木として奨励した。

元禄七年（一六九四）には、材木を無断で移出することを禁止したが、正徳二年（一七一二）一二月には諸木植立を奨励する布令を出し、従来制木（留木）として伐採を禁止されていた杉、檜、松、槻、栗なども、成木となって伐採する時は植立者と藩が半々で収益を分け合うというものであった。現在の分収制度であるが、槻も植立（造林）すべき樹木の一つに入っていた。

盛岡藩の御制木は、檜、杉、黒檜《ひば》、松、欅《けやき》、栓木《せんのき》、桂、桐、朴木《ほおのき》、槐、槻《つき》、斧折樺《おのおれかんば》、栗という一三種にのぼっていた。ここでは、ケヤキとツキの両方があがっている。ツキとはケヤキの古名であるが、当時の盛岡藩では異なる樹種と考えていたのであろう。似通った木と考えたので、一緒に制木と定めたのであろう。

槻（ケヤキ）が生育している御山の林の状況がわかるものに、矢巾町の旧赤林村が管理収益の主体となっていた赤林山がある。この山は「水の目山」といわれる水源林であった。管理主体は村だとはいうものの、採取できるものは柴以下に限られ、その刈取用具も鎌以上は許されなかった。柴以上のものを伐ったり木を売る者を発見した場合は、厳重に処罰されるというもので、藩営の制木支配となんら変わることがなかった。明和八年（一七七一）に御山守が書上げた「御山書上帳」は、当時の林相を次のように記している。

赤林沢御山木数

黒檜　二三一本　内四一本　元口三尺五寸より二尺廻りまで
　　　　　　　　内一九〇本　元口二尺廻りより一尺廻りまで
松　　三〇〇本　元口一尺五寸廻りより一尺廻りまで
雑木　一七七〇本　内五六〇本　元口四尺廻りより三尺五寸廻りまで
　　　　　　　　内一二一〇本　元口三尺四寸廻りより一尺五寸廻りまで
槻　　九本　元口二尺五寸廻り以下

雑木とは、楢、櫟、山毛欅《ぶな》、櫨《はぜ》、水木、柏など、一般的には薪炭用材となる樹種である。元口とはどの位置をさしているのか不明であるが、仮に目通りとすると、雑木の大きなものは四尺廻り（直径約三九センチ）もあるが、建築用材ともなる槻は大きなものでやっと二尺五寸（直径二五センチ）であり、あまり大きな木ではない。本数も九本と少ない。

## 幕府直轄の川浦山の御林山と槻（ケヤキ）

幕府直轄の御山に槻（ケヤキ）がたくさん生えているところが、上野国（現群馬県）碓氷《うすい》郡川浦村・岩永村・水沼村・群馬郡権田村・上三倉村（以上は元倉淵村）にあった。現在は平成の大合併によって高崎市域となっているが、旧倉淵村は群馬県の西部に位置し、村の西部の一端は長野県軽井沢町に接しており、県境の最上流部である。旧倉淵村のほぼ中心部を利根川最上流の烏川が西から東に大きな弧を描きながら流れ、この両側の河岸段丘上に耕地と集落が存在する。

『倉淵村誌』（倉淵村誌編集委員会編、倉淵村役場、一九七五年）が「幕府御用材の伐り出し」との章を設けて、槻林と伐採搬出のことを述べているので、要約しながら紹介する。幕府直轄山林の槻林についての資料はあまり見られないので、参考になると思われる。

現在の高崎市に合併する以前の倉淵村村域となっている上野国碓氷郡川浦村など六か村の区域の山地は川浦山と呼ばれ、江戸時代には幕府直轄の御林山・御巣鷹山があった。御林山という山は、幕府が用材を得るために設けている直轄の山林であり、御巣鷹山は狩猟用の鷹をとるため鷹巣を保護している山林のことである。

川浦山はまた、川浦村など前記六か村の入会地であり、そこでは雑木は伐採してもよいが、槻《けやき》だけは伐採しないこととなっていた。幕府直轄の御林に地元の六か村の入会地があるというのは、きわめて不思議なことであった。なぜそうなっていたのかについて『倉淵村誌』は、「御林については、幕府御用林とはいうものの人工的に植栽された樹木があるわけではなく、そこに自然にはえているけやきを幕府御用材とする目的から御林と称していたのである。そしてその管理は幕府の勘定奉行、山奉行、代官等に管理させたが、直接の保護監視は地元六か村の者にさせ、その代わりにけやき以外の雑木は地元の者が伐ってもよいことになっていた」と分析している。

しかし、幕府直轄林の中の立木を地元の者が伐るという慣習については、代官所でも釈然としないものがあったらしく、元文四年（一七三九）にその根拠が調べられ、それに対し六か村から次のような回答をしている。

御吟味ニ付申し上げ候覚（部分）

一　川浦山御林壱カ所、川浦、岩永、水沼、上下三ノ倉、権田、六カ村入会と書上げ候御林之義、槻ばかり書上げ雑木並びに反別書上げ申さず候に付、是また御吟味に御座候

此の段ハ右御林之義、大角打御巣鷹山之峯より下麓通り、右御巣鷹山両脇続き場所にて、前々より右六カ村入会にて、山年貢永弐貫文づつ年々上納仕し、雑木・下木伐取り来たり申し候、尤も先年槻ばかり御用木と書上げ申すべき旨仰せ付け候由に付、それ以後御改め度々槻ばかり書上げ、雑木分ハ書上げ申さず候、反別の義も険阻場広にて、改め候義罷り成らず候ところ前々より無反別に御座候、尤も先年右の通り仰せ付けられ候義何年以前誰様御支配所の節と相知らず候得ども山年貢上納仕し候義下木伐り候を証拠と存じ候

一　右川浦山の義、御林とこれを名付け候場所、雑木伐りとり候謂れ之れ無き筈に候、然る上は雑木の分伐り取り候申す確かなる証拠が之れなく候ては取り用難く候、若し入会山の外川浦山と申す御林が之有るを隠し置き、此の度ご案内仕さず候や、之の旨御吟味に御座候

此の段は雑木伐り取り、槻ばかり立て置き候と申す確かな証拠御座なく候得ども、右山年貢六カ村にて年々御上納仕し、其の上御林控帳にも六カ村入会と之れ有り候由、勿論前々より雑木伐り来たり候義証拠と存じ奉り候、尤も入会山の内より川浦山御案内仕さず候ハバ私共何分之越度に

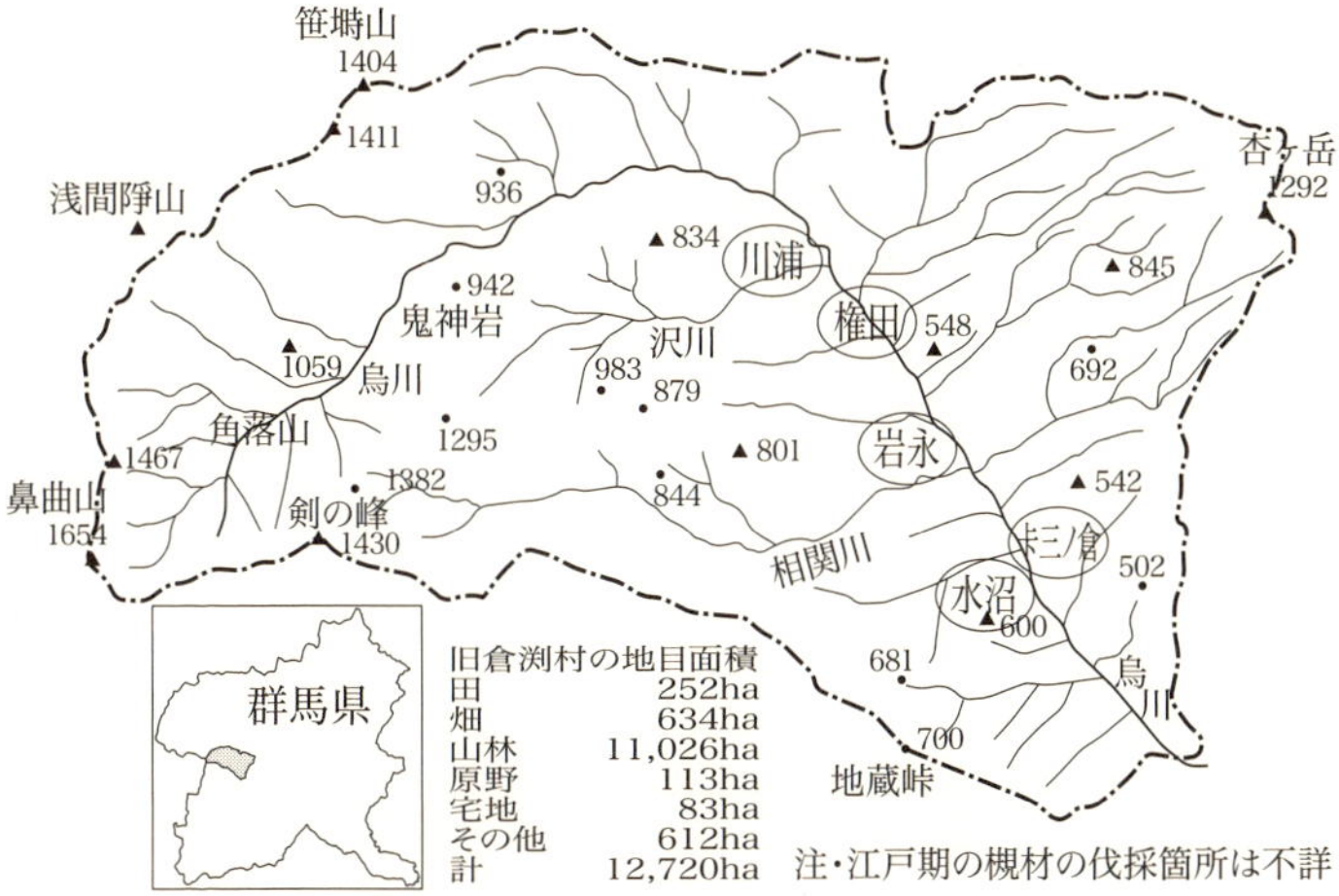


六か村入会の川浦山概略図（旧倉渕村域）

も仰せ付けられる可候

（中略）

未四月

六カ村　名主組頭

石原半右衛門様

御手代　仲田藤蔵様

代官所から「川浦山は槻ばかり書き記し、雑木と反別が記されていないのはなぜか」、また「入会山のほかに川浦山という御林があるのに、これを隠して案内したのでないか」との詰問に対し、六か村が回答したものがこの文書である。六カ村側は、川浦山は六か村入会の山で、山年貢を年々二貫文ずつ上納し、雑木ばかり伐りとり、従って残りの槻を報告書に書上げている、というのだ。

考えるに、川浦山は幕府直轄の御林とはいえ、御用材とする槻があればよいと考えられていた山で、唯一つ槻の大木林を囲い込む目的で御林としてはいるが、地元住民の入会は許し、雑木の伐採利用を幕府が承諾していたという、幕府直轄の御林であるけれども実態は六か村入会地という特殊な山林であった。

## 幕府御林で六か村入会山の槻（ケヤキ）

川浦山の槻は材木業者たちからみれば、欲しくてたまらない巨木であったのだろう。『倉淵村誌』は、文化二年（一八〇五）に江戸浅草御門院の門徒の原山某から六か村役人に対して、「当山中門鐘撞堂再建ニ付大小五百本程」のけやきを売ってくれと持ち掛けられたことがあった。この噂をきいた代官所は、早速六か村にその真偽を尋ねてきた。六か村役人は、「川浦山の槻は決して売らないということが昔からの申し伝えであるから、どんな高値をつけられても売るつもりはない」と回答したと伝えている。

その三年後の文化五年（一八〇八）、こんどは中山道板鼻宿の本陣宿屋喜作という者が、地頭所役人を通じて東門院普請用の槻を買いたいと申し込んできた。これには地頭所も通じているからとして、川浦・権田・岩永・三ノ倉の村役人たちが応じようとしたが、水沼の名主治右衛門が、「川浦山の槻は天狗宮の御神木で、これを売っては後の神罰が恐ろしい」といって反対したため、槻を販売することはできなかった。

いろいろと槻を売るようにとの誘惑はあったが、御公儀の御用以外の伐採はしないと、六か村では槻を保護してきた。

このため目通り一丈（直径換算約一メートル）もある槻の巨木が、そこここに鬱蒼と繁っていた。『倉淵村誌』には、八代将軍吉宗治世の享保元年（一七一六）に御林山の調査を命じられ、調査結果を報告した文書があるので、読みやすく意訳して紹介する。

覚

一　御用木槻　　　　上州碓氷郡川浦村

合　一二六本

内　一九本　岩が落ちてきて立枯になっている
長五間（九メートル）より二間（三・六メートル）
目廻り一丈七尺（五・一メートル）より五尺（一・五メートル）廻り迄
残り一〇七本
長六間（一〇・八メートル）より二間（三・六メートル）
目廻り一丈（三メートル）より五尺（一・五メートル）廻り迄
右御用木碓氷郡川浦村・岩永村・水沼村、群馬郡権田村・三倉村・下三倉村、右六カ村にて守っている入会で、御年貢山である。御用木のほか雑木は六カ村で立て、先年伐採している。この度改めて書付を差し上げます。相違ありません。以上
享保元年申十月　川浦村　名主　七郎左衛門　組頭　六兵衛
組頭　茂左衛門　同　三郎兵衛
同　喜兵衛
御代官様

川浦山に生育している槻は、一九本は上方の岩が崩れ落ちて立枯れになっていた。そして正常な樹は一〇七本あり、その大きさは目廻りつまり目の高さの位置での周囲が一丈（三メートル）より五尺（一・五メートル）、直径に直すと五〇センチから約一メートルもある太い樹であった。ところが長さが六間（一〇・八メートル）から二間（三・六メートル）であるというのであり、幹の直径から考えるとあまりにも短い。当時は樹木の樹高（樹木の地際から梢の先端までの長さ）というものはほとんど考慮されず、材木として利用できる部位の長さを称していたのであろう。それだから槻材木として、川浦山からは最大一〇・八

メートルの材が生産できると、調査者たちは見たのであった。

### 槻（ケヤキ）伐出前の村の協力確保

川浦村など六か村が大切に育成してきた幕府直轄の御林山の槻（ケヤキ）が伐採されたのは、一一代将軍家斉治世の天保五年（一八三四）のことである。このとき幕府がどういう動機と目的でこの伐採・搬出を思い立ったのかは不詳である。

前年の天保四年に伐り出しの方針が決まり、その調査がまず行われた。

天保四年七月二七日、川浦山御林ならびに六か村入会山の調査のため、幕府の勘定所普請役河島小七郎が大戸村へ出張した。隠密のうちに調査するというので、商人の服装で加部安右衛門方に泊まった。夜中に川浦山にのぼり、八月二日に山を下り、ただちに出発し帰府した。

加部安右衛門と普請役河島小七郎の下調べに基づいて協議が行われ、老中の決済を得て槻の伐り出しが決まった。山元での伐採から江戸の材木蔵に搬入するまでの一切の仕事は、大戸の加部安右衛門と勢多郡水沼村の星野七郎右衛門の二人に請負わせるとの内命があった。内命をうけた加部・星野は、幕府勘定所普請役河島小七郎・同安藤弥四郎とともに、加部安右衛門宅で打ち合わせをおこない、一〇月五日、今度は六か村村役人に対して、正式に趣旨を伝え、山を案内させ、木数の調査をした。

一〇月六日、山の調査が終わったのち、あらためて一一月一七日に出張してきた勘定役遠山弥左衛門・普請役永持寛之助は、六か村の村役人を大戸宿に呼び出し、次のような申し渡しをしているので、意訳して紹介する。

このたび御勘定奉行衆より水野出羽守殿へ伺いのうえ、川浦山御林ならびに六カ村入会山の槻の木数を見分し報告した。それにより普請役二人が先だって、村々の案内の上槻木数を巨細に調査した。なお自分が見分したところは、江戸へ帰り報告するが、この槻木が御用材となった上は、伐採する際の掛《かかりぎ》木や倒れた槻の下敷きとなった木の伐採もしなければならない。村々の迷惑にもなるが相当の山代銀を下げ下さる。

御用材の伐り出しになると、杣・木挽・筏などの人足はすべて江戸の役所で見つける。伐り出しに要する費用一切は加部安右衛門と星野七郎右衛門の二人に請負わさせるが、これに異議はないか。伐り出しに当たっては、番小屋を設け、火の元や材木が紛失しないよう取り締まりに念をいれることを申し付ける。

幕府勘定所普請方からの申し渡しについて、六か村として異議を申し立てるはずもなく、村役人は連名で「差上申御請書之事」との請書を差出し、六か村三役人が連印している。

一　今般川浦村御林ならびに私ども六カ村入会山とも、御勘定遠山弥左衛門様・御普請役様の木品の見分を私どもがご案内しました。木性のよい槻に印をつけ、御用材として伐り出すが、入会山の分に差支えができて難渋しないかと尋ねられ、さらに山代金は下し置かれるとのこと有難く思います。六カ村入会山の槻木は往古より、度々材木屋どもより売るようにとの申入れがあったが、槻を金で売ることは断ってきました。槻は御用木としての外は伐らないというのが村人の考えで、このたび御用材になることは結構なことです。この際山代銀は戴かず、無償で献上したいと思い、別に献上願を差し上げた通りでございます。

一　御林ならびに入会山は一体に山は険阻なうえ難所の場所なので、伐り出しには諸掛も多くなるので困窮した村方の引受けは困難で、加部・星野の二人にさせることは有難いご配慮です。私ども組持ちの場所なので、両人の請負場所であるが、必要によっては出役して精をだして勤めるようにとの仰せは確かに承知しました。

一　伐り出しのときの掛木や挟手《はさみて》、道具小屋などに必要な木を入会山から伐ることを承知せよとの仰せも、如何ほどであっても苦情を申すことは毛頭ありません。

一　見分済みの木は山番人足をつけて見守り、組合一同も気を付け、万一野火焼等があったときは、村役人はもとより村内一同駆けつけ、材木を焼かないようにとの仰付け承知いたしました。村人一同にその趣を申し聞かせます。

## 槻（ケヤキ）伐出事業の開始と伐木造材

幕府御普請方はこうやって御林の槻を伐採するために、地元の村人たちの協力をとりつけ、翌天保五年（一八三四）三月二日普請役安藤弥四郎と永持寛之助が到着、同一一日に普請役河島小七郎が到着、同一五日に川浦山に入山し、事業を開始したのである。

仕事は陣屋といって役人が詰めて、仕事の指揮監督をする会所の建設からはじまった。会所は村よりも六里（二四キロ）離れた山の中に板屋根に石を乗せた平屋建てで作られ、周囲に木の柵をめぐらせ、柵の外にも付属建物があった。この会所に江戸から派遣された役人が寝起きし、そこを中心として杣《そま》・木挽《こびき》・日雇人夫など多数の者が小屋掛けをし、山泊で仕事にあたったのである。会所には「御用」の二文字の上に日の丸が描かれた旗印が立てられていた。

前に触れた『倉淵村誌』によると、当時同村には巨木を伐採する技術をもつ杣がいなかったのか、伐木夫は飛騨や信州からたくさん入ってきた。杣組は三組、一組の人数は一八人または一九人であったから、常時五五人の杣夫がいた。日雇人夫も三組で六六人いたとする。

多数の人数がいた期間は限られていたが、これらの人集め、食料の手配などは請負人の加部や星野が行ったが、地元の村でも相応の協力はしたようで、「村役人は五日交代で御陣屋へ出勤し案内や人足継立の世話を」したのであった。しかし、「伐採中の賄米や陣屋の入用品、そのほか人馬の役は御免蒙る旨お願いしていたところ、百姓持林を無償で献上しているので気の毒である」として、これらの世話は御勘弁されていた。

川浦山での槻の伐採は四月から七月までの間におこなわれ、これで一旦中止となり、幕府役人も、飛騨や信州からの杣たちも一時引き払った。山中に伐採している材木を山から運び出す山出し及びその材を大川に流す川下げは年を越し、翌天保六年一月から始められた。

大木の槻の伐採方法について『倉淵村誌』に掲載されている「運材絵巻」の一四種の図で説明する。

第二図の伐木の図では、二つの方法で槻を伐採している。槻が大木なので、ここ川浦山では台伐《だいぎり》法と焼《やき》伐《ぎり》法とが併用されたとみられる。一つ目の伐採法は、二人の杣夫が、狭刃《せば》の斧をつかって根元部分に穴をあける台伐法をとっている。台伐法とは三つ目伐または鼎伐《かなえぎり》ともいい、貴重木や大木を伐採するのに信州の木曽地方で多く用いられた方法である。これは追口二個を樹芯まで伐りこみ、外側に都合三個の支柱をのこす。二つの追口の間にある支柱、即ち受口の反対側の支柱を追弦《おいずる》といい、これで幹を支えているからこれを切り離すと、樹は受口の方向に倒れ、他の二つの柱は折れる。樹芯まで伐りこまず樹芯が残っていれば、倒れるとき残った芯が抜け、材に裂けなどが生じる恐れがあるためである。

もう一つの槻では二人の杣夫が根元の伐口で火を焚き、菅笠であおいでおり、傍らに狭刃《せば》と広刃の斧がある。焼伐法は槻を伐るときに行われる方法で、必ず切り口を鼎のように三本足にし、その中で火を焚く。

そうすれば生木の水気と大気がねばり合って割れることがない。ほかの木はこうするに及ばない、と言われている。

第三図は伐採され、枝を払われ定められた寸法に玉切りされた材を杣角《そまかく》に造材している図である。この図では、杣人が墨打ちをして広刃の斧で杣角に削っている。杣角とは山から出すために、丸太を斧や手斧《ちょうな》だけで辺材《へんざい》となる白太《しらた》の部分を削った荒っぽい角材のことで、大角、中角、小角の三種類がある。杣角には幕府用材の印として極印《ごくいん》を彫り付けている。盗難防止策のため、家紋や符丁を印として押した文字や印影のことを極印という。

造材にあたっては、木口《こぐち》が輸送中に損傷することを予想して、延寸《のべすん》と頭巾《ときん》が付けられる。延寸とは川流しのとき岩石に木口が当たって損傷し、規格以下にならないよう、すこし長めに丸太に切ることをいう。頭巾も輸送中に木口がめくれるなどの損傷を防ぐため、延寸の木口部分の角をとり、丸く削ることをいう。

## 材木の山出しと川下げ

伐採され、丸太か杣角に造材されたものは、谷川へ落とすのに便利な場所に集められるが、その場所を渡場《どば》または土場といった。渡場は山のなかのこともあるし、平場のこともあった。そして材木を山から出すことを山出しといった。

第五図は、険阻な岩場の上方の材を崖下に下しているところを描いている。岩場では、そのまま突き落とすと岩石に衝突して材に割れや胴打ちができるので、材の一端を麻縄で縛り、もう一端の麻縄を立木に巻きつけ、材の大小により二巻《ふたまき》か三巻《みまき》してから、綱を徐々に緩めて下ろしていく方法で、貴重材や材が少ない時に用いられる。

川浦山の槻（ケヤキ）材の川運略図

第六図から第一一図にかけては、材木移送施設をつくり、材木を下部へと運んでいるところである。材木が多く集中しているときには、修羅《しゅら》や桟手《さで》といった滑り台様の施設をつくり、そこを滑り下らせる方法をとる。修羅は山から運び出す木材の一部の数本の丸太で半円形の溝をつくり、それを延長していって長い溝を連続させ、この溝の中を上部から材を落として材の自重で滑り下らせる装置で、いわば材木の滑り台である。上部に積んだ材が終わると、順次上部から解体して滑らせ、運び終わったときには装置もなくなっている。

桟手も修羅とほぼ同じであるが、こちらは溝の底の部分の形が修羅の半円形ではなく、板のような平板なもので、材を滑り落とすとき材がはみ出さないように両側を丸太や杣角を置いている。溝の底は板ばかりでなく、粗朶《そだ》や枝条を編んで敷いたものもある。種類に野良桟手、丹波桟手、畚《もっこ》桟手、算《そろ》盤《ばん》桟手などがあり、地方により構造や種類が異なり多種多様である。

桟手での運材は、直線ばかりでなく途中に材が方向転換できるような装置をつくっている。直線で滑ってきた材が、粗朶や土で作られたものに衝突し、いったん止まったとき後方の部分を下にある丸太等で滑らせて、方向を変えるのである。

第一三図は、川に落とした材の川流しをする一つの方法である。烏川は水量が少ないので、材木で川を堰き止めて水を貯め、水が十分に貯まったところで堰をきり、一気に材木を流し落すという堰流しの方法である。川に水量が豊富だと、管流しといって一本づつ材木を流していった。谷川では堰流しの方法がとられ、川幅が広くなると管流しが行われたのであろう。

『倉渕村誌』によると、烏川は水量がすくないので、川底を掘り下げて小筏を流し下らせたことも度々あったという。

槻の材木は貴重材であるから、川流しのとき盗難や紛失のないようにと、幕府勘定方では天保六年（一八三五）二月に「上州碓氷郡川浦山御林　其外御手山御用材伐出之儀」として烏川沿岸の村々に川触《かわふれ》を出している。それによれば「加部安右衛門・星野七郎右衛門へ申し付け、山元より、烏川通りより、武州可加曽郡藤の木河岸において筏を組み、猿江材木蔵まで川下しの節、もし出水等で散乱があれば川付の村々早速出動してそのところに取り集め、紛失がないよう大切に取り計らい置くこと」というのであった。そして同年四月に烏川・利根川通りの村々にも、御用材・浦材・御用材切判《きりばん》銘を明示して、もしこの極印のある材を拾って隠していると処罰すると布告していた。切判とは、木材に彫りこんだ所有者の印《しるし》のことをいう。

村々に示された切判銘
国　御用材　長さ二間幅一尺一寸以上のもの
四　浦材　六尺から一丈一尺幅一尺以下のもの
仝　御用材切判名

このような手順を経て、川浦山御林の槻の御用材は、天保六年八月に藤ノ木河岸で筏に組まれ、同年一〇月二日までには、残らず江戸の猿江にある材木蔵に納められたのである。

## 川浦山御林地元への褒賞

川浦山御林の槻を伐採するにあたって、幕府普請役は御林や入会山だけでなく百姓が銘々もっている山でも槻を伐り出すと天保四年（一八三三）一一月に申し渡していた。ただしこの場合は代銀を支払うとしていた。これに対して村方のほうは、個人持ちでも入会山でもすべて無償で献上するので、その代り槻の伐り出しに関わる使役は免除してほしいと、願い出ていた。これら樹木の献上に対して、天保七年（一八三六）三月に褒賞が出た。

右加部安右衛門義年来奇特の筋がありその上上州川浦山御林その外伐り出し方骨折り、且つ平右衛門その外も川浦山御林続きの入会山並びに銘々持山より上納木いたし、寄持ちの義につき御褒美くだされ候趣、江戸表の山本大膳役所において申し渡す条、安右衛門並びに右村々の役人その外名前の内、一両人づつ惣代となし、来る一四日までに出府いたし、右役所へ罷り出候

天保七年（一八三六）一二月一六日に加部安右衛門をはじめ六か村役人、百姓一〇六人の者たちは御用材搬出の功労者として惣代が江戸の役所に召しだされた。

| | | | |
|---|---|---|---|
| 上三ノ倉 | 平右衛門外九人　銀二枚 | 同村中へ | 銀五枚 |
| 下三ノ倉 | 孫右衛門外八人　銀二枚 | 同村中へ | 銀五枚 |
| 権田村 | 勘兵衛外四三人　銀六枚 | 同村中へ | 銀一〇枚 |
| 水沼村 | 治右衛門外一六人銀三枚 | 同村中へ | 銀七枚 |

川浦村　　与惣次外一二人　銀三枚　　同村中へ　銀七枚
岩永村　　市左衛門外一二人銀三枚　　同村中へ　銀七枚
合わせて銀六〇枚が褒賞として与えられたのである。
御林の槻が御用材として伐採された後、同じ川浦山にあった御巣鷹山の木数が天保六年（一八三五）三月に改めて数えなおされた。

御林御巣鷹山新立木数御改書上帳

字　角打焼鈴　　字大角打改メ　　御巣鷹山　一ケ所
　但険阻場広無反別
　此の木数　三二本
　　此の訳
　槻木　一九本　但し三尺廻りより四尺廻り迄　長三間より四間迄　内九本　曲木
　槻木　一三本　但し三尺廻りより二尺廻り迄　長一間半より二間半迄　内六本節曲木
字　袈裟丸桐の木堀　川浦山改メ　　御林　一ケ所
　但険阻場広無反別
　此の木数　一一八本
　　此の訳
　槻木　四五本　但し三尺廻りより四尺廻り迄　長三間より四間迄　内一四本節曲木
　槻木　五八本　但し三尺廻りより四尺廻り迄　長一間半より二間半迄　内一二本節曲木
　槻木　六五本　但し三尺廻りより二尺廻り迄　長一間半より二間迄　内二八本節曲木

右は御林御巣鷹山御伐り出しの跡新立木数相改め申し候処、書面の通り相違なく御座候　以上

天保六年未三月

当代官所

上州碓氷郡川浦村　百姓代　組頭　名主

蓑笠之助様御役所

このように、前年幕府の普請役が川浦山御林の槻を伐採し、江戸の材木蔵まで運搬したのであったが、伐採跡ではただちに残りの槻の調査が行われている。川浦山では、生育している槻木を全部伐採したのではなく、大径の材木として利用価値のあるものだけ選別して、抜き切りしていたものと推定できる。

# 第六章　欅材とその利用

## 平安時代の東北地方民家の欅材

欅の木材の特徴は木理《きめ》が美しく、狂いがなく、水湿にもよく耐えて、保存性の高い優良材として用途は広い。落ち着いた風合いをもっており、神社や寺院建築の重量のかかる場所や、人目につく場所の装飾用に用いられると、教科書的には記される。

島地謙・伊東隆夫編『日本の遺跡出土製品総覧』（雄山閣、一九八八年）により、遺跡から出土した欅がどんな建築材として使われていたのかをみてみる。平安時代以降江戸時代までの遺跡から出土している欅の建築材は、井戸枠板、角材、巻斗《まきと》、貫《ぬき》、丸太、橋脚《はしげた》、側柱、束《つか》、大斗、柱、柱板、柱根、斗《と》、扉框《とびらかまち》、肘木《ひじき》、藁座《わらざ》という一六種類であった。

巻斗《まきと》は、肘木の上にある小さな斗《と》のことをいう。斗とは、柱などの上に設けた正方形または長方形の木のことで、「ます」とも「ますがた」ともいう。大斗《だいと》は、柱のすぐ上にある大きな斗《ます》のことで、組物の一種に大斗肘木といって、大斗の上に肘木を乗せて丸桁をうけるものがある。肘木《ひじき》は、斗《ます》と組み合わせて組物を形成し、上からの荷重を支える用をなす横木のことである。肱木・臂木・栱・承衡木とも書く。貫《ぬき》とは、柱と柱を横に貫いて連ねる材のことで、その位置により地貫、胴貫、内法貫、頭貫などともいう。薄

ケヤキ材は柱や肘木など重量のかかる部分に使用される（平野神社）

くて幅の狭い規格品の板で、厚さ三分（九ミリ）、幅三寸（九センチ）くらいの大きさである。束《つか》は、短い垂直の柱のこと。扉框《とびらかまち》は、開き戸の戸の周囲の枠のことをいう。藁座《わらざ》は、扉の軸を承《う》けさせるために、地覆《じふく》・貫などに打ち付けた刳形《くりがた》付きの材のことである。

これらの材が出土したところは、井戸枠板と角材は福島市の御山《おやま》千軒遺跡、巻斗・束・大斗・斗は京都市の教王護国寺（通称東寺という）、貫と柱は京都市の観音寺本堂向拝、貫は京都市の清水寺本堂舞台、貫と柱は大津市の延暦寺根本中堂、丸太は富山市の真壁城址、橋脚は東京都の青戸・葛西城址、側柱は奈良県の不動院本堂、柱板は青森県の高舘遺跡、柱根は群馬県の小川城址、斗は奈良市の極楽院本堂、扉框は京都市の二条城唐門、肘木は京都府の灯明寺本堂、藁座は京都市の高台寺開山堂であった。遺跡から欅の建築材が出土したところは、寺または城址で、大きな財力と権力をもったものが建造した建物の部材としてつかわれていたことが覗える。

純然たる庶民の造営した建物に欅が建築部材として使われていた遺跡が、福島市の御山《おやま》千軒遺跡である。東北新幹線の建設にともなって見つかった遺跡である。福島市御山字仲屋敷にあって、信夫山と松川に挟まれた自然堤防の上で営まれた奈良時代から平安時代初期の遺跡で、南北一〇〇メートル、東西五〇〇メートルに及ぶ大遺跡である。福島県では類例のない平安時代の木製品の資料であり、昭和五〇年（一九七五）度から発掘調査が進められ、竪穴住居跡、掘立柱建物跡や旧河川跡等が確認された。河川跡からは吉祥文字が書かれた墨書土器や桃の種、栃、胡桃《くるみ》などの植物遺存体のほか多量の木製品がみつかった。木製品は容器、器具、狩猟具、漁撈具、紡織具、形代《かたしろ》など、様々な種類のものであった。井戸木杭として榧《かや》（二件）・樅《もみ》（三件）・松（三件）・しで類（一件）・栗（一件）・桜類（一件）の六樹種（一〇件）が使われ、井戸枠板として松（一件）、杉（一件）、栗（五件）、欅（二件）、とねりこ類（三件）の五樹種（一一件）が使われていた。角材には樅（一件）、松（一件）、檜（一件）、あすなろ（一件）、鬼胡桃《おにくるみ》（三件）、栗（二件）、櫟《くぬぎ》（一件）、楡《にれ》（一件）、欅（一件）、真弓（一件）、とねりこ類（二件）の一一樹種（一五件）が使われていた。

容器の曲物《まげもの》側板には樅・松・杉・檜・あすなろ、とともに欅（全四五件中の五件）が使われ、曲物底板には檜・樅・杉・あすなろ、とともに欅（全一八件中の三件）が使われていた。槽には栗・朴木《ほおのき》、ともに欅（全六件中の三件）が使われ、盤には樹種名不明のものとともに欅（全一九件中の一七件）が使われ、椀には榛《はんのき》と欅（全八件中の七件）が使われていた。

遺構の欅材の使用場所

伊原恵司は「古建築に用いられた木の種類と使用位置について――中世から近世への変化を中心として」（『保存科学』28号、東京文化財研究所、一九八九年）のなかで次のようにいう。

ヒノキ以外の材料も古代から用いられた。飛鳥時代の建立である山田寺の発掘ではクスの柱が発見され、八世紀の薬師寺東塔、当麻寺西塔ではケヤキが強度の必要部分に用いられている。

マツ・ケヤキ等が主要材料として使用されはじめたのは一二世紀ごろと考えられる。その背景には

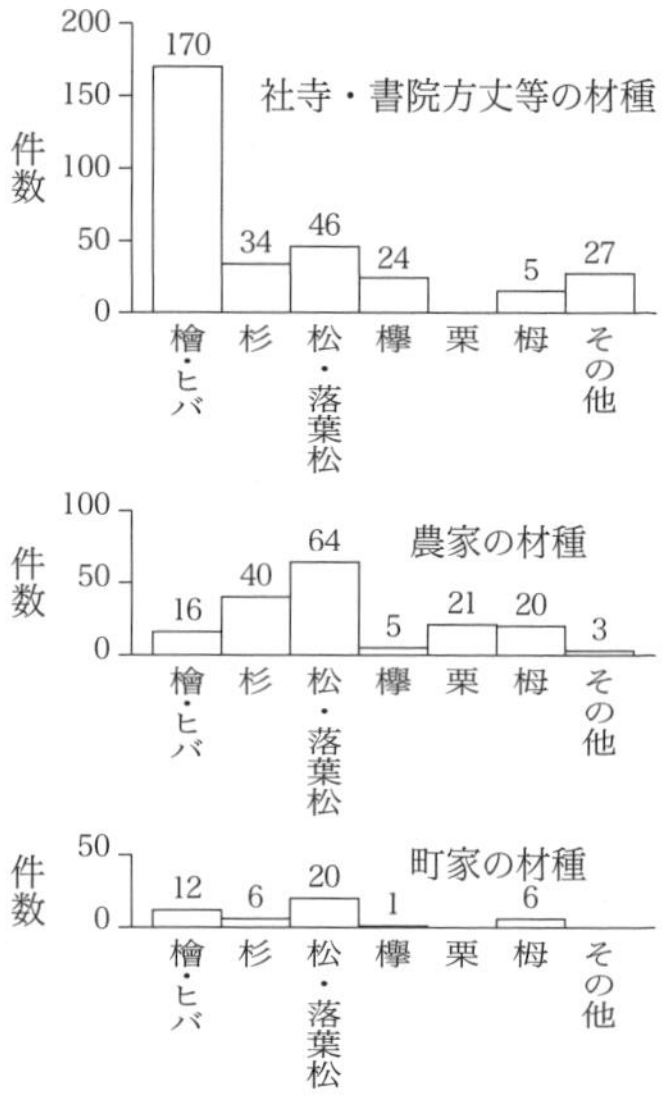


建物遺構の樹種（種別）毎の件数

中世初頭の社寺造営の盛行と資源不足があろう。鎌倉幕府の絶対的な庇護のもとに行われた東大寺の復興に際して用材を遠く周防等に求めた事実はその事情を象徴している。一方で強度の優れた異種の材を使用して構造的な強度の増大を図る技術はこの時代に伝来した大陸の貫構造の建築技術と工具の発達が大きく影響したと考えられる。複数の材種の組み合わせから近世には「ヒノキ時代」からケヤキ・マツ普請の建築が一つのスタイルとしてもてはやされた。

このように、中世に至って大陸から貫を用いて構造材を組み立てる技術が伝わってきたことと、縦引きの鋸という建築用道具の発達が、欅《けやき》という堅い材質の木材の使用を可能にしたと分析している。そして遺構から出土した建築材を分析し、建物の区分ごとに使われた木材の樹種を次の表のように整理している。

建物別材種一覧表

| 区分 | 社寺 | 農家 | 町家 | 書院方丈等 | 洋風 | 城郭 | 計 |
|---|---|---|---|---|---|---|---|
| 檜・ヒバ | 一五〇 | 一六 | 一二 | 二〇 | | 六 | 二〇四 |
| 杉 | 三〇 | 四〇 | 六 | 四 | 一八 | 一 | 九九 |
| 松・落葉松 | 三九 | 六四 | 二〇 | 七 | 二 | 一一 | 一四三 |

| | | | | | | | |
|---|---|---|---|---|---|---|---|
| 欅 | 二四 | 五 | 一 | | | | 三〇 |
| 栗 | | 二一 | | | | | 二一 |
| 栂《つが》 | 一五 | 二〇 | 六 | 七 | | 五 | 五三 |
| その他 | 二七 | 三 | | | 一 | | 三一 |
| 計 | 二八四 | 一六九 | 四五 | 三九 | 二一 | 二三 | 五八一 |

伊原のこの表によれば、総件数は五八一件で、多い順に比率を掲げると檜・ヒバ三五％、松・落葉松二五％、杉一七％、栂《つが》九％、欅とその他五％、栗四％となる。欅が使われた建物の区分では社寺が二四件（八〇％）とほとんどを占め、農家も結構使用している。

また、伊原は全国を一二の地域に分け、それぞれの地域ではどんな樹種が使われているかを表にしているので紹介する。なお本表では檜にはヒバを含み、松には落葉松を含み、栗と栂その他は省略した。

地域別の木材樹種一覧表

| 地域 | 檜 | 杉 | 松 | 欅 |
|---|---|---|---|---|
| 青森・北海道 | 一六 | 二 | 三 | |
| 青森を除く東北地方 | 三 | 二一 | 二 | |
| 関東太平洋沿岸 | 三 | 九 | 一一 | 一 |
| 関東内陸部 | 五 | 一二 | 六 | 三 |
| 北陸地方 | 一五 | 一四 | 五 | 一一 |
| 中部東海地方 | 一二 | 三 | 八 | 一 |
| 中部内陸地方 | 二二 | 六 | 一〇 | 三 |

| | | | | |
|---|---|---|---|---|
| 近畿地方 | 一〇一 | 五 | 三一 | 七 |
| 中国日本海沿岸 | 一 | | 五 | |
| 中国瀬戸内海沿岸 | 一五 | 三〇 | 二 | |
| 四国地方 | 一〇 | 八 | 二二 | 一 |
| 九州地方 | 二 | 一六 | 三 | 一 |

この表によれば、檜・ヒバおよび松・落葉松は全地域にまんべんなく使用されている。杉は中国地方では欠落している。欅は北海道と東北地方、および中国地方の日本海沿岸部で欠落しており、北陸地方と近畿地方で多く用いられていた。

## 金剛峰寺大門の欅材の使われ方

伊原はまた近世の木造建築の特徴を次のように分析している。

近世の木造建築の特徴は「ケヤキ」普請で、近世社寺の代表的建築である瑞龍寺伽藍（富山）、新勝寺伽藍（千葉）、妙心寺仏殿（京都、一八三〇年）等をはじめ、一八世紀以降の社寺に例が多い。使用位置をみると軸部、出入口構え、組物、彫刻等、比較的人目に触れやすいところである。ケヤキの持つ強度もさることながら特有の木目を意匠的に重視したことが窺える。

和歌山県伊都郡高野町高野山の金剛峰寺大門は、高野山の西の入口にある丹塗りの大きな門のことで、最初は別のところにあった鳥居が現在地に移され、門の形式に改められた。たびたびの火災により焼失しているが、現在の大門は元禄一六年（一七〇三）に再建されたので、五間三戸、二階、二重門である。正面二一・四メートル、側面七・九メートル、総高二五メートルというわが国でも屈指の大きな門で、使用された木材の量は一〇五七立方メートルといわれている。この門は文政元年（一八一八）に屋根、箱棟が修理され、明治二八年（一八九五）に屋根の部分修理、二階の縁廻り、一階側柱の根継が行われ、昭和六一年（一九八六）に全面解体修理が行われた。

このとき木材についての調査が行われ、どこにどんな樹種の木材が使われているかが判明した。大門の用材は古くから高野六木といわれる檜、杉、栂、松、樅、槇（高野槇）が用いられたと伝えられていたが、調査の結果は高野槇の使用はなく、欅が用いられていた。

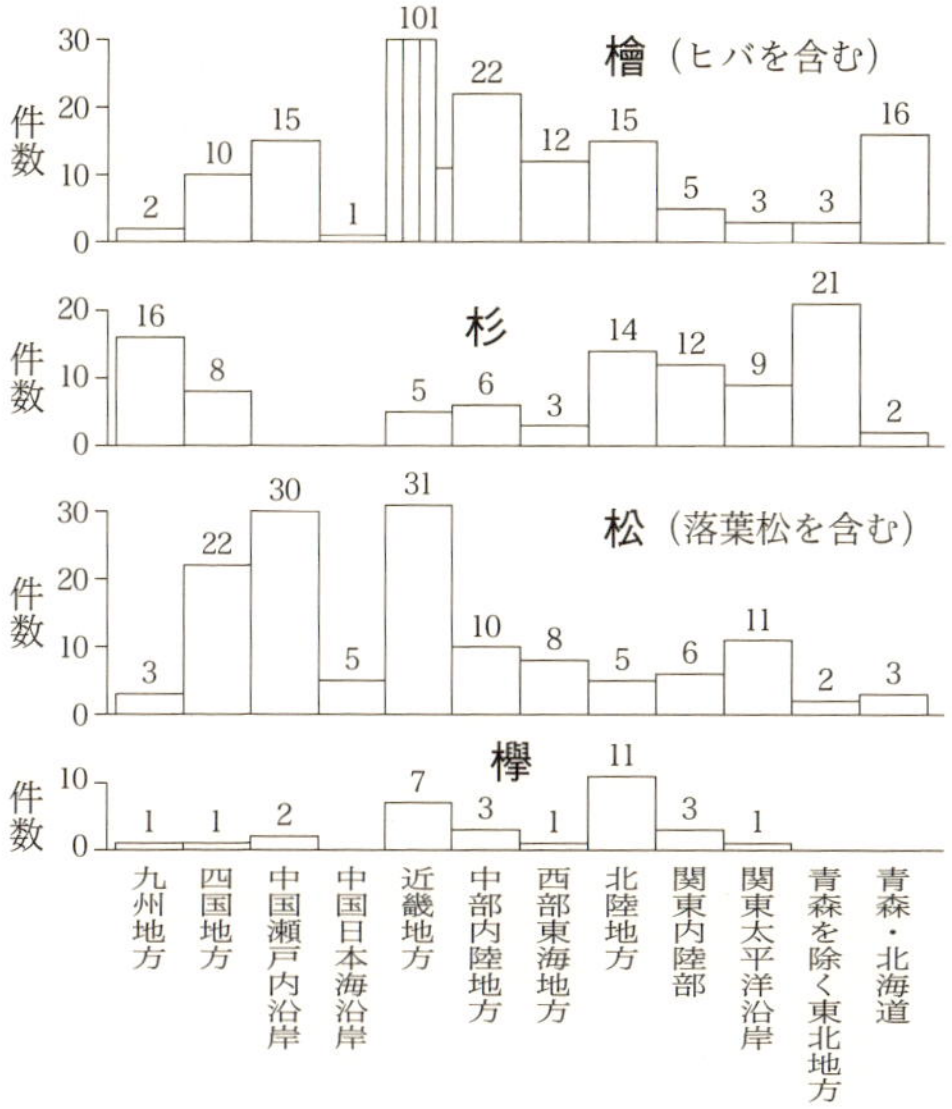


遺構から出土した建物の樹種の地域別件数

材を化粧材と野物材に分けると、欅は化粧材のみに使われ、野物材としての使用はなかった。欅の化粧材は大断面材・長尺材・短尺材として使われていたが、小断面材の使用はなかった。欅が化粧材として使われていた部材名は、一階では柱、角柱、地覆、蹴《け》放《はなし》、大斗、鬼斗であり、二階では柱、角柱、大斗、鬼斗であった。

なお、化粧材とは、柱や垂木、鴨居用に所定の寸法、形状に仕上げられた材質的に見栄えのする材木のことをいい、施工後は表にあらわれることから、見え掛り材ともいわれる。一方、野物材とは、小屋裏や壁の中に納まる間柱や胴縁など、目に見えない場所に使う材のことで、見え隠れ材ともいう。

## 総欅造りの社寺

社寺には総欅造りといわれる建物が多くあるので、そのいくつかを紹介する。

岐阜県加茂郡東白川村の石戸《いわと》神社の社殿は、総欅造り三間社流造《さんげんしゃながれづくり》、妻二間、檜皮《ひわだ》葺きである。三間社は神社の本殿で正面の柱が三間あるものをいう。石戸神社は、もと九頭大明神と称した。その創建はいつの時代であるか不詳だが、往古は近くを流れる白川の氾濫で水害に悩んだ農民たちが水害を防ぐため土石を盛り、堤防を築き、樹木を植え、祠をたてて平安を祈った。社殿は天正元年（一五七三）に焼失、その後も火災にあい、現在の社殿は貞享元年（一六八四）に妙観寺が願主となって建立した四度の再建で、東白川村で最も古い建物である。

京都市東山区大和大路正面茶屋町にある豊国神社の唐門は総欅造りで、かつて豊臣秀吉の居城であった伏見城の城門であったといわれ、国宝に指定されている。この城門は、伏見城が廃された後は二条城に移され、さらに南禅寺の塔頭《たっちゅう》・金地院へ、そして明治になって豊国神社が建立されたとき、ここに移された。扉の両面や屋根下の欄間には、名工左甚五郎の彫刻が施されている。

京都市東山区泉湧寺町の泉湧寺仏殿は総欅造りである。このお寺は皇室の菩提所であるため、別名「御《み》寺《てら》」と呼ばれている。戦火にかかり焼失していたが、寛文八年（一六六八）徳川四代将軍家綱によって再建されたもので、重層瓦葺の、どっしりとした存在感があたりを圧している。

兵庫県丹波市春日町の曹洞宗圓光寺の観音堂は総欅造りであったが、昭和五一年（一九七六）に火災により焼失し、昭和五七年（一九八二）に再興建築された。また同寺内にある淡島神社は、小建築ながら総欅造りであり、丁寧な細工が施されている。この山の頂上に保月城があり、天正年間（一五七三〜九二年）に明智光秀に攻め落とされ、城勤めの姫二人がここまで逃げてきたところを殺されたという保月城落城の秘話が伝えられている。

神奈川県川崎市白山の白山神社本殿は総欅の素木《しらき》造りで、一間社流造柿葺《こけら》、正面千鳥破風、向拝軒唐破風付となっている。白山姫命を祀っており、一二〇〇年の修験道の歴史をもつ加賀白山神社の末社として創建されたと考えられている。現在の本殿は幕末の嘉永四年（一八五一）に再建されている。向拝柱や木鼻に獅子や竜などの彫刻が施されている。

東京都西多摩郡瑞穂町殿ヶ谷の福正寺の観音堂は、福正寺の本堂に向かって左の石段を登った小高いところにある。現在の堂は総欅造りで、天保一二年（一八四一）ごろに今の位置に再興されたという記録がある。もとは今から四一〇年余り前、この地の豪族であった村上土佐守や家臣らが本堂前庭に堂を再興したといわれている。堂は間口六・七五メートル、奥行き八・四五メートル、桁行三間、梁間四間、撞木造り、三方入母屋造り、茅葺型銅板葺、三方に破風がみられる独特の建物である。

総欅造りの京都市泉湧寺の仏殿

奈良県葛城市大字新在家の古刹・当麻寺の北西にある傘堂は、一辺が約四〇センチの四角な間柱のみで、宝形造りの瓦屋根を支える総欅造りのお堂である。その形から傘堂とよばれる。これは大和郡山の城主本多政勝公が大池を築き、稲作栽培に尽くしたので、没後その菩提を弔う影堂《かげどう》として家臣や地域の村人たちが延宝二年（一六七四）に建立したものである。毎年九月のはじめにこの大池から利益をうけている新在家、染野、今在家の人々によって法要が営まれ、いまなお守り続けられている。いつのころからか、安楽往生を願う庶民信仰の対象となっている。

大分県玖珠郡玖珠町森の末広神社の本殿は、森藩の八代藩主久留米通嘉が七年間の歳月をかけて文政一二年（一八二九）に完成させている。総欅造りの素木造りで、桁行三間、梁行二間の入母屋造りで、装飾や金具も豊かで、細部も時代的特徴がよくあらわされている。本殿は覆屋《おおいや》に覆われた構造をもっている。本殿を覆う覆屋は鞘堂《さやどう》とよばれているが、簡略的なものではなく、規模は三六坪と極めて大規模で、本格的な構造をもっている。

東京都渋谷区千駄ヶ谷の鳩森八幡神社は一一〇〇年以上の歴史をもつ千駄ヶ谷の総鎮守で、弘化二年（一八四五）完成の総欅造りの社殿であったが、昭和二〇年（一九四五）の大空襲で焼失した。戦後復興事業を重ね、昭和五六年（一九八一）に社殿が完成した。その後平成二年（一九九〇）の御大典を記念して昔の姿に復元するための建設工事を行い、平成五年にむかしと同じ五一・八坪の総欅造りの社殿が完成した。

新潟県柏崎市西山町石地の御島石部《みしまいそべ》神社は、『延喜式神名帳』に載っている由緒ある神社で祭神は大己貴命《おおなむちのみこと》（大国主命）である。社殿の建立は棟札によると天保一四年（一八四三）で、本殿・幣殿・拝殿・廊下・神楽殿もみな総欅造りの同時期の建築物である。本殿は長押《なげし》をめぐらせ、組物は尾棰《おだるき》のある二《ふた》手先《てさき》、縁には四手先《よてさき》の腰組で支えられる。妻飾りには二重虹梁大瓶束を用い、中備えは波形模様で細工は精緻である。

富山県高岡市の瑞龍寺は、江戸初期に加賀藩二代目藩主前田利長を弔うために建立されたもので、総欅造りの禅宗の寺院建築である。仏殿、山門、法堂はほとんど欅で作られている。伽藍の中央に位置している仏殿は、すべて欅の良材を用いた入母屋造りで、方三間の身舎にもこしのついた禅宗仏殿の形式で、桁行も梁間も一三メートルある。この仏殿の丸柱は直径一メートルはありそうな芯去り柱である。仏様の正面の階段も欅柾目が使われている。山門も総欅造りだが、火災で焼失したものを文政二年（一八二〇）に再建されている。国宝の法堂は総欅造りの境内第一の大建築物で、方丈建築に書院建築を加味したものになっている。

千葉県成田市成田の成田山新勝寺には、新旧二つの総欅造りの建物がある。一つは安政五年（一八五八）に建立された釈迦堂で国の重要文化財に指定されており、現在の大本堂が建立されるまでの本堂であった。総欅造りで江戸時代後期建築の特色をよく残しており、建立当時の人々はアッと驚いたものである。お堂の周囲に嵌めこまれた五百羅漢の彫刻は、不動金兵衛と称される仏師松本良山が、一〇年の歳月と心血を注いで彫り上げたものである。もう一つは総欅造りの新勝寺総門で、開基一〇七〇年記念事業として平成一九年（二〇〇七）に完成し、境内入口にある高さ約一五メートル、幅約一四メートルの門で、二階部には不動明王や千手観音・大日如来など八体の木造仏像が奉安されて、参拝に訪れる人々を迎え入れるシンボルとなっている。

岩手県大船渡市日頃市町長安寺の長安寺の山門は寛政一〇年（一七九八）造営の総欅造りの大楼門で、総高約二〇メートルあり、各層毎に変化する垂木群（一層目は二間繁垂木、二層目は見事な二間扇垂木）、随所に施された様々な彫刻がある。様式は桃山時代の建築様式をイメージし、東本願寺楼門の縮図であるといわれている。この山門で有名なのは「槻《つき》と欅《けやき》の争論」である。当時仙台藩では欅を御留木《おとめぎ》として、伐採を禁止されていた。その欅をつかって山門の造営を行っていたので、藩から分不相応であるとの咎めをうけ、取り壊しを命じられた。これを住職の秀締坊が「欅ではなく槻である」と弁明したので、「以後手を加えてはならない」との条件付きで許され、途中のまま工事は中止となった。そのため山門は、「袖なし・潜りなし、未完成の山門」となったのである。

## 清水の舞台を支える欅柱

京都市東山区清水一丁目にある清水寺は、本堂の前が懸造《かけづく》りとされ、広い舞台となっている。いわゆる清水の舞台として人々に知られている。その舞台を支えている柱がすべて欅となっていることは、知る人ぞ知るのである。清水寺は平安時代の武将坂上田村麻呂の助力により、観世音菩薩の伽藍を建立したことにはじまる。堂塔はしばしば火災にあい、焼失している。現在の本堂（国宝）は寛永一〇年（一六三三）、徳川家光による再建で、清水の舞台は往時の姿を伝えていると見られている。本堂の全面を懸造《かけづく》りとし、広い舞台を作るのは観音堂独特の形式で、この舞台のことを清水の舞台と呼ばれている。なお懸造りとは、傾斜の急な崖や渓谷、川の上に建物を建築する場合、その床面を水平に保つため、床束《ゆかづか》の長さを調整して床の高さを揃える伝統的な技法であり、俗に吉野造りと云われている。清水寺本堂のほか大津市の石山寺本堂、奈良市の東大寺二月堂等が名高く、奈良の吉野山の民家の多くはこの技法で建てられている。表の道路側からみると一階だが、家の中に入り裏にまわると、表の一階部分は二階部分となる建てかたである。

清水寺本堂前の創建当時の姿を伝えると見られている懸造りの広い舞台の「清水の舞台」には、およそ四一〇枚の木曽檜の厚板が敷き詰められており、その広さは一〇〇畳敷（約一六五平方メートル）に相当する。その高さ一三メートルの舞台を支えているのは、直径約八〇センチもあり大人一人では抱えきれないほどの欅の柱一六八本である。この太い柱を渓谷の斜面に合わせて並べ立て、柱と柱の間を貫《ぬき》とよばれる欅の厚板を縦横に通して接合している。この貫で柱を接合する工法は、格子状に組まれた木材同士が支え合い、衝撃を分散することで、耐震性の高い構造をつくりあげている。

柱と貫の接合部分の内部は、継手とよばれる技法で組み合わされ、わずかにできた隙間は楔《くさび》で締めて固定されており、ここでは釘は一本も使われていない。そして柱が支えている舞台はわずかに傾いて雨水を流しており、舞台は柱にとって屋根の役目を果たして、欅材を湿気から守り腐朽を防いでいる。それでも寛永一〇年から約四〇〇〇年という長年月のため、地面と接した柱の根元部分から湿気が上がり、腐朽や虫食いでの損傷が出来てくる。損傷した部分は、そこだけを切り取って新しい木材を継ぎ足す「根《ね》継《つぎ》」という技法で補修されてきた。

清水の舞台は平成二五年（二〇一三）七月から、明治以来の本格修理となる平成の大修理が始まっている。平成二五年七月六日付け「日本経済新聞」は、礎石から三〇センチほど上に前回の修理の際行われた

清水の舞台を側面から見る（支柱が見える）

清水の舞台を支える巨大な欅の支柱の組み構造

根継の境目が見られたと記す。京都府では、国指定文化財建造物の保存修理は府が手がけ、京都府教員委員会文化財保護課が実地を担当する。今回修理する舞台の欅柱は最奥部にある九本で、担当者の鶴岡典慶副課長は「見た目だけではわからないので、レントゲン撮影等で傷んだ柱を突き止めた」という。

鶴岡副課長が「木材の耐用年数がきたら建替えが必要。それを見据えた寺独自の取組も進んでいる」というので、「日本経済新聞」が清水寺の森隆忍法務・庶務部長を尋ねると「柱は樹齢三〇〇年以上の欅を使うが、必要な時に木材が手に入るか分からない。だから山を買って、木を植えました」と答えた。清水寺では平成一二年（二〇〇〇）の三三年に一度の「ご本尊ご開帳」少し前に行った舞台の床張替のとき、宮大工や山林業者から、国内の巨木が枯渇している実態を聞いていた。ご開帳という慶事に後世に残せるものは何かとの検討がおこなわれ、欅を植林することを考え付いた。京都市左京区花脊などに山林を購入し、欅や檜を合計六〇〇〇本植林したのである。

ついでに欅の柱で太いものが使われている例を掲げると、次のようになる。

○日光東照宮五重塔の初重の側柱は、欅の丸柱で直径一尺三寸四分（約四一センチ）、四天柱一尺五寸（約四五センチ）、二重より五重までの側柱は欅丸柱で直径一尺二寸（約三六センチ）である。

○江戸城（現在の皇居）桜田門の欅柱は一尺八寸（約五五センチ）角のものと、二本合柱の太さ二尺九寸（約八八センチ）のものとがある。

○京都市の東本願寺山門の丸柱は欅材で直径二尺五寸（約七六センチ）、本堂丸柱は直径二尺一寸（約六四センチ）あり、そのうえ柱数は六四本もある。この木材を運搬するために長さ二二八尺（約六九メートル）・周囲一尺一寸（約三三センチ）・重量一〇〇貫（三七五キロ）という婦人の髪縄を用いた。この髪縄が五二房あるという。そして山門扉の鏡板は、欅の如輪杢で、幅は八尺五寸（約二五八センチ）ある。

## 民家の大黒柱と欅

伝統的な日本の民家建築で、構造上もっとも重要な柱で、他の柱に比べてとくに太い材料を用いた柱に大黒柱がある。神社建築の「真の御柱」に匹敵する柱であり、大極柱とも書かれる。通常は土間と床上部分との境の中央の柱のことをいうが、田の字型間取りの場合、中央の交差点に建つ柱をいうこともある。柱の太さの大小によらず、その位置の柱をさすこともある。小屋組のみの牛梁《うしはり》を受ける土間の中央の柱が牛柱であるが、この牛柱は大黒柱に相対するので、大黒にらみ、小黒柱、えびす柱、ニワ柱、下大黒、ウス柱などともよぶ。ウス柱は牛柱の転じたものかも知れないが、その柱の根元に臼を置いている地方もある。筆者の生家（岡山県美作地方）は農家であったが、松の大黒柱の根元に粉をひく石臼が置いてあった。

大黒柱は牛梁を割って、その上の棟木まで到達させていることがある。この方式を家の妻側に用いた場合、これをウダツ柱とか、棟持《むなもち》柱などとよぶ。家の柱は軸組構造の場合、重要なものであるから、神格化される。家を新築した際、家移り粥をまず大黒柱にかける習俗も、そのことを証するもので、柱を家そのものと見立てた例である。

近世の藩政時代には、民家に使用する木材の材種に制限があり、針葉樹の使用は許されず、広葉樹を使わざるを得なかった。広葉樹のうち、欅と栗はほとんどの藩で留木（藩の御用のみで、民間は伐採禁止）とされていたので、楢、樫、桜等が使われた。しかし庄屋などの村の役人の家の新築では、特別に許されて欅や栗が使われた可能性がある。明治になり藩がなくなると、その規制がなくなり、誰でもがどんな材種のものでも使用できるようになった。長い年月の間憧れであった欅を材料とした建築が庶民でもできるようになり、明治期になると欅の一枚板を扉につけた多門（納屋門、長屋門）が多く作られるようになった。柱に欅を使ったり、枠の内や平物《ひらもの》（差し鴨居）、帯戸などに欅材が使われ、普請道楽とよばれるような競争も起こった。

明治以後の大黒柱に使われる木材は、主に欅、楢、樫、栗などが多く、大黒柱は広葉樹特有の強靭な木肌から、見た目より一層力強いイメージをうける。実際にも意外に大きな強度をもっている。一〇センチ角の柱が支える力（圧縮力）は六トン程度とされており、仮によくみかける八寸（二四センチ）角の大黒柱であれば、その圧縮力は三四・五トンとなる。通常、木造二階建てで延べ三〇坪（一〇〇平方メートル）程度の住宅の総重量は約三〇トンとされているので、計算上では大黒柱一本でその住宅全部の重みを支えることができるのである。

大黒柱は欅が最良とされた。欅と一口にいうが、これほど呼び名の多い木もない。特上物で一番値段が張る玉杢欅《たまもくけやき》、次いで紫欅《むらさきけやき》、赤欅、御所欅とよばれるものから、青欅、大欅、そしてどうしようもないのが、材が重くてその上鉋切れの悪い石欅である。本欅や糠目欅《ぬかめけやき》は薄物の板材に用い、その他は大黒柱や差し鴨居、框《かまち》といった太物《ふともの》として使う。糠目欅というのは、地味の悪いところで育ったため、肥大成長が悪く、年輪幅が非常に細かく、重さも軽い欅のことで、強度も劣る。椀などの刳《く》りものには最適の材である。

大黒柱として使う欅は、立木であれば真っ直ぐで枝下の長い木であること、目通り七〇センチ以上あるもので、樹齢一〇〇年以上たっているものが望ましい。欅は中心部の赤身といわれる部分を主に用い、周囲の白太《しらた》の部分は捨てられるので、よほど太い原木でなければ立派な大黒柱はとれない。

古い民家をみると、家の材料は適材適所に使われている。土台や大引、根太等はほとんど栗材、大黒柱は堅さ、美しさのある欅材が主に使われており、栗材も使われている。柱では北側や湿ったところでは栗材、その他は杉材である。差し鴨居、ツリとよばれるものは、良いところは欅材、一般では松材で、稀には杉材も使われている。大梁、上屋梁、桁、サス等は一般的には松材が使われている。

欅材を家の建築材料として使う上での注意点は、欅はなかなか乾燥しない材なので、未乾燥のまま使うと狂いや幅詰まりが起こる。欅は伐採してから乾燥して枯れるまでの間に、右に左に大きく反っていくので、何年も寝かせないと使えない。特に大黒柱に大木を使った場合、乾燥が不十分だと家を動かすほど反り返ることがあり、大工泣かせの木材である。欅を住宅用材として使う場合には、伐採してから一〇年くらい乾燥させたのがよい。寒中に伐採して一年くらい雨ざらしにして白太を腐らせる。それから大割りにして七～八年陰干しにし、その後使う材料に挽き直し、一年くらい狂わせた後で、もう一度使う寸法に挽いて使うのが良いようである。気長にじっくりと、手間のかかる材料であるが、それだけ長年月役立ってくれる木材でもある。

京都府の丹後半島山間部に昭和一五年（一九四〇）～同二〇年の間に建てられた民家の建築部材を、森林総合研究所関西支場が調査し、『森林総合研究所関西支場情報』九二号（森林総合研究所関西支場、二〇〇九年）に奥敬一が「山あいの民家は〝雑木林〟そのものだった」として報告しているので要約して紹介する。

民家はこの地方の平均的な建坪約一二〇平方メートルの大きさで、まだ伝統的な様式と工法で建てられていた時期のものである。平成一六年（二〇〇四）の台風で屋根を覆っていたトタンが吹きとばされる被害を受けたが、空き家となっていたので修理されなかった。その後、屋根の一部が落ち、部材も損傷が激しくなり、再生が困難な状況となった。奥たちは所有者の了解を得て部材を一本一本解体して寸法を測った。

建物の本体（屋根より下の部分）から四一一点の部材を採取した。最も多かったのはマツ（アカマツあるいはクロマツ）材で、次いでクリ、スギ、ヒノキ、ケヤキであった。とくにマツは梁や桁として大径材が使用され、材積の三分の二を占めていた。クリは柱材や基礎の部分として多用され、来客の目につくところには、立派なケヤキ材が使用されていた。

## 近世から明治期の欅の工芸的利用

欅材が近世から明治期にかけて工芸的にどんな使われ方をしてきたのかをみる資料に、「木材利用ノ促進ニ資センカ為メ本邦ニ於ケル木材利用ノ現状、木材工芸的性質並ニ経済的情況ニ関シ主トシテ東京、京都、大阪及名古屋の木材工業ニ就キ為シタル諸般ノ調査及研究ノ結果ヲ編纂シタルモノ」として農商務省山林局編纂の『木材ノ工芸的利用』（大日本山林会刊、一九一二年）がある。そこに記されている欅材の特徴からみた用途をまず掲げてみよう。

○材大きく木理材色荘美にしてその質堅靭狂い少なきを利用す
　神社、寺院の建築、門扉、門柱、堂宮建築彫刻、建築装飾材（大黒柱、床廻、人見、鴨居等）、屋根看板、建具（帯戸、格子戸、衝立《ついたて》等）、汽車電車及び船室の装飾材
○材堅重紋理の美にして光沢に富むを利用す
　家具指物（火鉢、茶部台、戸棚、煙草盆等）、洋家具（机案、椅子等）、陳列棚、仏壇、鏡板、［京都］宮用材、時計枠、額縁、箪笥《たんす》、［仙台、関西］洋風建築及び指物彫刻、漆器板物木地、［静岡、木曽、熊本、秋田、京都］喫煙用パイプ、経木紙《きょうぎかみ》
○洋琴風琴（アコーデオン）の外囲
○材堅重にして狂いまた割れ少なきを利用す
　細工台（一名正直台）、荷車荷馬車及び人力車の殻、漆器丸物木地、［輪島、金沢、山中、静岡、若狭、

黒江、奈良、京都、会津」墨壺《すみつぼ》、挽物（建築装飾及び建具の付属部、椅子及び机の脚、碁笥《ごけ》、柄類、握類、台類、蓋類、衡器《こうき》、練心、梳櫛用鞘、帽子型、念珠）

○材堅重にして摩擦衝動に堪えるを利用す

土木具（蛸《たこ》、逆蛸《さかさだこ》、神楽桟等）、荷車の輞《もう》（車輪の外側に巻く枠、タガのこと）、打台、海苔切台、器械台、蒲鉾台、鉄道枕木、餅搗臼、杵、汽車のバッファービーム、胴突の真棒、橇《そり》、滑車、井戸車、銀杏車、歯車、氷用鉋台、下駄歯

○材堅靭にして負担力強きを利用す

車両材（軛、轂等）、汽車、電車用材、橋梁材（桁、杭等）、造船材（船梁、竜骨、船首材、船尾材等）、電柱腕木、ショベル及びスコップ柄、荷鞍

○材の曲従《きょくじゅう》性を利用す

荷車及び軍用砲車の輞、調革車、椅子その他の曲木細工、筏のネジ木

○材堅重にして音響の伝導に適するを利用す

太鼓胴、三味線胴、琵琶胴及び腹板、盤木

○神代材の色沢雅なるを利用す

置物彫刻、木象嵌《もくぞうがん》、寄木《よせぎ》

○枝または幹株の屈曲部を利用す

船艦用各種曲材

○材狂い少なく燃焼に強きを利用す

硝子木型

○枝の材を利用す
海苔粗朶《のりそだ》
○材の膠着可にして弾力あるを利用す
弓の側木

## 木材の外観と欅の用途

木材の外観とは、色および光沢、木理《もくり》、紋理《もんり》、雅致《がち》をいい、いわゆる工業的性質のなかで重要なものである。木材の色は生材の時は鮮明で美しいものであるが、時日を経過するにしがって日光などによって次第に色が変わり暗色となり、もしくは褐色を呈するのが常である。しかしながら、木材は利用上天然色を直《じか》に用いることが多い。建築物および家具などにあっては、その形状とともに木材表面の色は価値を高めるものである。

欅は材色が一定しないので色合いを斉一にすることは困難である。建築彫刻のような粗大ものは可であるが、置物彫刻のような密なものには適していない。しかし色が淡く木理の細かいものは用いられる。

木理とは双子葉植物についていうと、木材の年輪を縦に切断して、板目取りまたは柾目取りとし、年輪、導管孔、髄線、材の大きさおよび色合いなどにより、材面に現れた一種の模様をいう。広葉樹の環孔材は環孔の大小および列数、環外導孔の大小によって木理の美醜が生まれる。欅は神社仏閣の建築材の主要部分であって、普通の家屋にあっては大黒柱または床廻りの装飾材に使われるにすぎない。欅は宮崎県及び鹿児島県に産するものを最良とし、東京近辺では福島県相馬地方産を良とする。環孔の幅が小さく、且つ年輪の幅は大きくない。地欅《ちけやき》と称するものは東京近傍の産で、年輪幅が広く木理も美しくない。

木材の紋理（杢目）は眠芽《ねむりめ》が分岐して同心環状に生長した瘤《こぶ》、菌糸が繁殖したために生じた瘤、各種の損傷によって生長を不規則にされたことより生じ、また老木の幹形凹凸はなはだしい部分、ことに根元の拡張部に生ずる。すべて年輪の走行は不規則となり、奇なる模様が生まれる。これを紋理または杢目《もくめ》という。

紋理材を切断するときは板目、柾目、木口の三切断が錯綜するために、奇紋が現れる。その紋様により、如鱗杢《じょりんもく》、牡丹杢、ぶどう杢、舞ぶどう杢、珠杢《たまもく》、縮緬杢《ちりめんもく》などの種類がある。如鱗杢とは魚の鱗のようなもの、牡丹杢とは花状を呈するもの、珠杢とは連環のようでありまた渦巻く波のようなもの、ぶどう杢とは球体が連なる玉杢の小さなもの、舞ぶどう杢とは球体が連なってぶどうの舞に異ならないもの、縮緬杢の縮緬とは、絹織物の一種で布面に細かな皺《しわ》が立っているので、その名のように細かな皺杢があるものをいう。これらの杢は、欅及び楠に多くみる。またヤチダモ、シオジ、桑、槐《えんじゅ》、キハダ、栗、楓、栃、シデ、タブ、ハルニレなどにもある。これらの杢材は床廻り装飾材、指物材、門扉、鏡板などに用いられる。欅の如鱗杢を貼木細工として用いるのは、静岡漆器の名産である。京都仏壇師は滋賀県産の欅珠杢《けやきたまもく》を用い、欅の普通杢はこれを筍杢《たけのこもく》と称する。

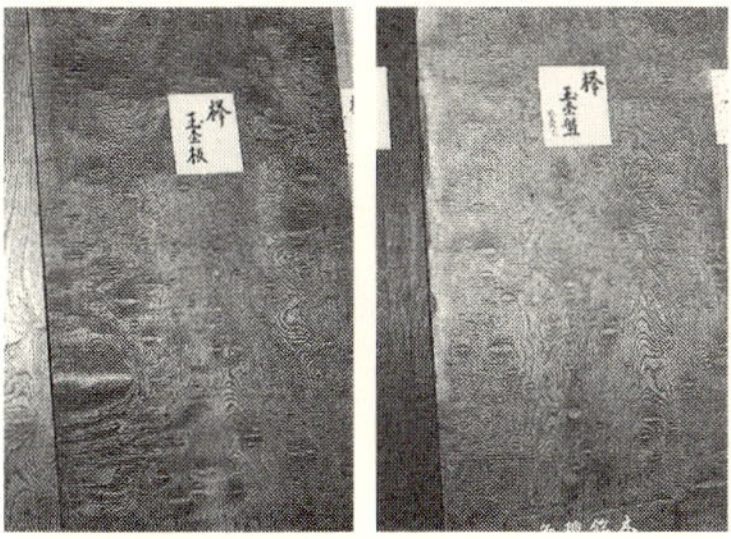
銘木市場に出品されている欅の玉杢の板
（岩水豊氏提供）

わが国の建築材、指物材、彫刻材などには、普通の美観以外に、なお別物がある。いわゆる粋なるもの、凝ったもの、渋いものなどが即ちこれで、このことを雅致《がち》という。これらのものの多くは茶室または料理屋の建築に賞用される。そのほか種々の細工を施し、文人墨客の愛玩するところである。例をあげると、杉・榧《かや》・欅などの神代木《じんだいもく》はその色雅味をおびているため装飾的建築用材とし、また指物用材として愛玩される。欅の神代木は、置物彫刻材料として賞用され、静岡県の伊豆地方及び駿河地方に産する。

木材一般の利用上からいうと、木材の形状は真っ直ぐの真円で、長大で完満であるもの、つまり円柱状に近いものを最上としている。ことに帆柱、電柱、磨き丸太、縁桁《えんけた》、竹材などにおいて必要とされる。ただある利用においては屈曲材を必要とすることがあり、また断面のいびつな円形であっても差支えないものもある。造船材としては屈曲部を用いることがはなはだ多い。その鈍角をもつ弓状のものを曲材《まがりざい》と称し、直角もしくはやや鈍角のものを肘材《ひじざい》と称する。竜骨と船首材とは相互に連結させるため、その一端に適当の曲度のあることが必要で、もしそうでないときはさらに肘材を当てて固定させる。肋骨力材は全体が弓状に屈曲したものからとる。船尾材と竜骨とを互いにつなぎ接するところは、肘材を当てて固定する。船の首尾両端は肘材をもって両舷を固着する。各梁もまた肘材をもって固定する。これを梁曲材という。以上の各種曲材は欅をもって最上とし、松、栗、栂《つが》、楢を欅の代用とする。

## 木材の性質と欅材の利用

堅い木材は衝突、摩擦、圧迫などに対しての抵抗力が大きいので、建築上では床板に多く欅を用い、敷居にはミズメ、桜、イスノキのような硬材を用いる。槌の頭、蛸《たこ》、逆蛸《さかさたこ》、楔《くさび》などは重くて堅い木材を必要とするので、赤樫、白樫、欅等を用いる。

海苔切台には欅を用い、器械の台にも欅を用いる。

鉄道枕木、道路敷木、床板、梯子段、甲板などはみな硬い材を用い、鉄道枕木には栗、欅が最適である。

木材はその組織を分裂しようとする外力に抵抗する力をもっており、これを総称して木材の強固《きょうこ》という。折れに抵抗する力は欅が最も強いので、車体構造の要部、西洋建築の階段、寺院仏閣建築の大部分、橋梁の桁、造船用材として船梁、竜骨、船首材、船尾材、力材、肋骨等に賞用される。

木材の分割とは、楔《くさび》の作用によって木繊維を分離する性質をいう。欅は分割しないのでその性質が利用され、丸物漆器木地として欅を用いなければ薄手物を作ることはできない。車胴には欅材、ことに平地に生えているいわゆる地欅を用いる。

木材が弾力限界をこえてなお屈曲し、折れることなく変形するときはこれを木材の曲従といい、この性質の少ない木材を称して脆質《ぜいしつ》の木という。硬質の木材でも多孔質のものは曲げやすく、欅、シオジ、楢、山毛欅《ぶな》などがこれに当たる。薩摩琵琶の腹板として桑、欅、桜などは、たき火、ガス火または炭火で熱して曲げる。陸軍砲車の車輪の外周に巻いた枠・箍《たが》材は、欅を曲げたものである。人力車の車輪の箍のゴム輪用のものは、ほとんど白樫または欅の曲木を使用する。

木材は繊維の方向に音響を伝導する性質をもっている。そのため、木材の一端を打てば、他の端にその響きを感じる。ことに構造が平等であるもの、年輪が斉整であるもの、枝節がないもの、よく乾燥したもの、屈曲していないものは最もよく伝導する。生木は反対に伝導が弱い。獣皮により音が伝えられ共鳴するものに太鼓胴および鼓胴があるが、宮太鼓胴は深山密林中で生長した欅を用いるのがよく、地欅は狂いがあるので不適当である。三曲太鼓と締太鼓は欅と赤松を用いる。

燃焼に対して抵抗力が高いことを利用するものに、ガラスの木型がある。ガラスの木型は水に浸して使うものであるが、真っ赤に熱せられたガラスに触れるので、焼き損じを免れない。ガラス木型としてわが国では欅、桜、椿などを用い、なかでも欅は最適材である。ただし欅は吹具合は完全に良好とはいえない

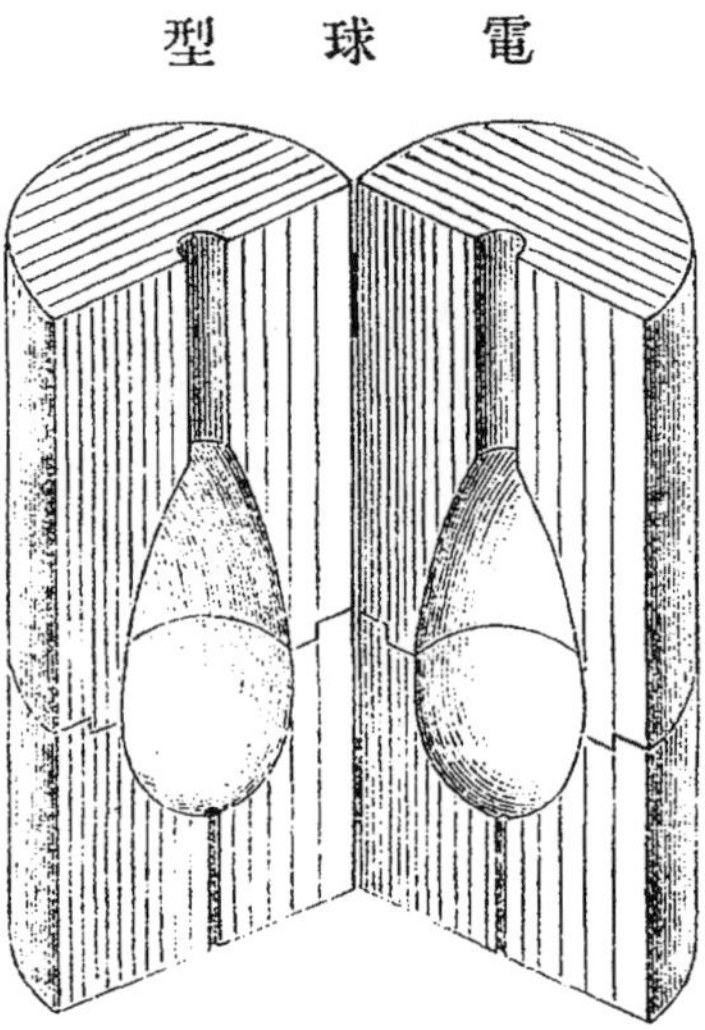


ガラスの木型材として欅材は最適材である。（農商務省山林局編『木材の工芸的利用』明治45年）

けれど、その出来高は電球にあっては木型一個につき平均三〇〇〇個以上が製造できる。

　木材ははなはだしく不均質の物であるだけでなく、吸湿性があるので空中湿気の変化により、水分の吸収や放出があり、絶えずその含有量に増減がおこり、その容積を変化している。水分放出で収縮し、吸水で膨張する。その結果として、捩《ねじ》れ、回転、亀裂が起こる。この現象を総称して木材の狂いといい、動くといい、跳ねるという。石川県輪島での丸物木地は欅のみを用い、他の木材は用いない。この欅木地は辺材部分の大きな若木を用いることで狂いを防ぐため、田植え時に伐採し、荒挽きして、梅雨中雨に打たせ、菰《こも》で覆い、夏の土用中日光に当てて、蒸熱して、軽微な腐敗をおこさせる。九月になって乾燥室に入れ、約一年の後に仕上げ挽きを行うときは、木質をやや脆くし、その狂いが生じるのを少なくする。石川県江沼郡山中《やまなか》での経験によれば、漆器丸物木地として変形しないものはミズメ、欅であって、ことに欅は酒盃のような薄手物とするのに最も適している。細工台は欅または桜を上等とする。

　木材の硬度、湿度、曲従性、年輪の構造、材の部分、材の健否等により、道具に対する抵抗を異にする。その抵抗の大小により工作の難易がうまれる。木材の鋸断《きょだん》の難易を、木挽《こび》きの賃銭でみると、東京深川木場における幅一尺・長さ二間物について明治四三年（一九一〇）七月協定では次の通りである。

杉　一一銭七厘（一〇〇％）　栂・栗・赤松一七銭一厘（一四六％）
檜　一二銭九厘（一一〇％）　塩地《しおじ》　一九銭一厘（一六三％）
樅　一四銭五厘（一二四％）　欅　二二銭　（一八八％）
松　一五銭二厘（一三〇％）

つまり、欅を鋸で挽く時の賃金は、杉のそれと比べると一・九倍にも達しており。欅材が堅く挽きにくい材木であることがわかる。

漆器造りで漆を塗るとき、欅は下地を多く要するけれど、痩せることがなく、堅固である。

## 建築・指物用材としての欅の利用

建築装飾用材は、和風建築にあっては主として床間、床脇および天井などに用いる木材で、洋風建築では天井、床板、階段、腰廻り、窓框《まどかまち》などに用いる木材をいう。この装飾用材は和風家屋の客間には特に欠くことができないものである。欅材は、神社仏閣の柱としては古来もっとも賞用される。民家では大黒柱に必ずこの木を用いる。また床板、床脇地板、棚板、縁框、入口框、人見梁、縁板などにもこの欅を用いる。欅材は従来から、太いもの、幅の広いものを賞用するが、次第に欠乏が告げられてきた。

和風建具用材として、四脚門《よつあしもん》の唐戸は框《かまち》および板とも欅の上材無節を用いる。冠木門《かぶきもん》扉の鏡板には、欅、杉、楠、塩地などを用いる。

洋風建具は木理が美しく、塗料の塗り上りが鮮明でかつ硬度が和風家具よりも高い欅、ヤチダモ、栓、楢、栗、唐木、チーク等が用いられる。入口二枚開戸の靴摺《くつずり》には欅を用いる。ガラス戸の下框には欅材、煉瓦または石造り等に使用する間仕切入子枠及び開戸の下枠は欅とする。左右飾柱付入口二枚開戸の柱および入口枠その他は欅や塩地などの無節を使用し、上等なものであれば唐戸の材料は欅を用いる。

東京指物では、指物師を大物師と小物師の二つに分け、大物師は専ら箪笥《たんす》・長持を製造し、小物師は普通の和風指物を作る。和風指物の種類ははなはだ多いが、堅木《かたぎ》類の指物と、雑木《ざつき》類の指物とに大別され、指物師社会でいう雑木とは普通世間にいうところの広葉樹の中の劣等材ではなく、堅木以外の木材を総称したものである。

堅木類の指物用材――欅、塩地、栓、タモ、栗、桑、槐、檗《きはだ》、ケンポナシ、朴木《ほおのき》、栃、桜、ミズメ、胡桃《くるみ》、桂、楠など

雑木類の指物用材――檜、杉、松、樅、桐、椹《さわら》、槙、ヒバ、鼠子《ねず》、唐檜《とうひ》、シラベ

欅材は宮崎県を本場とする。材が軟らかく光沢があり、材の収縮が少ないという。福島県相馬地方産は材質軟らかく、大物が多い。このごろは、岩手県南部地方及び東北地方のものを用いる。欅は辺材と心材と同色に仕上げることができる。これは欅の木屑の煮汁を塗ることである。欅材の接合では木釘や竹釘は効かず、金釘のみを用いる。光沢、持続、杢目が美しいので塗料を塗って引き立つ。欅には下《くだ》り欅と地欅とがあり、下り欅にも赤欅と青欅とがある。地欅はたいてい青欅（藪欅）である。下り欅は、さらさらとして鉋掛けがかるく、割れやすいが木心《きごころ》よしという。すなわち軟らかくて、逆目がたたないことをいう。地欅は堅く、粘りが多く、鉋掛けは重く、狂いを生ずる。神代欅は、年を経るに従って、青黒色に褪《さ》めて鉄刀木《たがやさん》に似た色となる欠点がある。

机の普通品は欅、桂、栗、楓、タモ類を用いる。ちゃぶ台の上等品には欅、小楊枝入れとしては欅で多く作られる。店火鉢は欅を上等とする。奥州地方の箪笥・長持は、外側は欅材を用いて塗り仕上げとし、内部は雑木《ざつき》を用いるという。

洋風家具の材料は、東京では楢、欅、桜、チーク、マホガニー、塩地、黒柿、檗《きはだ》、朴木、桂などである。指物師としては外観に重きを置き、材色、木理、杢目の美しいのを尊び、差や狂いの有無は第二である。欅は宮崎県および鹿児島県産を上等とする。東京付近では福島県相馬地方産を良とする。堅くて木理正しく、孔環の幅が狭い。近年は楢材の声価をたかめた結果、欅製の上等西洋家具はあまり賞美されなくなった。欅のぶどう杢は高価であるが、西洋人にはそれほど賞美されない。欅は木理と材色が一様でないため、楢材に及ばない。

## 太鼓胴用材としての欅の利用

大阪三味線の材料は、紫檀《したん》、花梨《かりん》、紅木《こうき》（インド・ミャンマーに産するマメ科の落葉小高木。カリンと同属）、欅、みずめ、桜などで、胴には花梨を上とし、欅は極安物に使用しているが、需要は少ない。薩摩琵琶の胴の材料は、桑、欅、桜、朴木、塩地、桂などで、腹板には桑、欅、桜、ヤチダモ、塩地が使われる。欅の腹板は響くが、桑よりも短くて音色が荒く、そのため第二位とされる。桜と欅の産地は、宮崎県北諸県郡高城町付近である。

太鼓の胴は欅を普通とする。欅の胴をつかう太鼓の種類には雅楽器または火炎太鼓、宮太鼓、囃子《はやし》太鼓、平太鼓、画平太鼓、題目柄付太鼓がある。三曲太鼓（小鼓、太鼓、締太鼓）の材料に以前は欅を用いたが、今は赤松を用いる。締太鼓は欅および赤松を用いる。楊弓太鼓は枠を欅で作り、台は杉、脚は赤松を用いる。胴の材料となる欅材は新潟県岩船郡、福島県会津地方および山梨県から来る。太鼓の胴とする欅は東京付近のもの即ち地欅と称するものは不可である。地欅の材質は堅くて、木理が正しくない。胴として乾燥すれば狂いを生じ、いびつとなり、皮を張ったのち割裂《かつれつ》することがある。これに反して深山に生育した

太鼓の胴の用材はふつうケヤキ材である

欅は木理が正しく、材質が軟らかいので、最も適している。その他節および芯裂《しんさ》けは最も忌むものとされている。その小さな割裂および小節のようなものは太鼓の音響に少しも影響を及ぼさないといわれるが、商品としては第一に目を付けられるため、胴は必ず無疵であることが必要である。欅は小節に放射線状の小割裂があり、これから音を発して自然に割れることがある。深山の欅でも、沢木《さわぎ》と称して沢畔に枝を張っている木は堅くて太鼓胴には不可である。密林中で生長したものが最もよろしい。年輪の数が多いものは、胴に製作して美しい杢目が現れる。

江戸期には運搬に便利なため、欅の全木を数個に切断して太鼓胴としていたが、明治後期にいたると一定の材木を木取り、その残部をつかって太鼓胴とするもので、山中で直ちに内部を刳《く》り、これを搬出する。むかしは樹芯をもって胴の中心として円形を描き、内部を刳りとったものであるが、明治期には必ずしも樹芯を中心とはせず、材の中心を円の中心とし、大小数個の胴を一つの切断材からとる。欅胴は搬出後およそ三年間陰で乾燥させるが、風の吹き通るところには絶対におかない。太鼓胴の内部は荒刳りをするだけで、手入れをすることはない。しかしあまりに厚いときは、製作の際臼屋に内部を刳りなおさせることがある。外部はいわゆる太鼓型に削り、仕上げをし、辺材部には黄土を塗り、これで汚れを防ぐ。

太鼓の種類ごとの寸法は、次のようになる。

雅楽器の太鼓（火炎太鼓という）は、欅胴の牛皮張りで、鏡（皮を張る部分）の直径は一尺三寸から一寸刻みに大きくなり、一尺八寸までの六段階がある。

宮太鼓は一尺から一寸刻みで三尺までの二一段階があり、三尺以上は四尺五寸までである。皮は東京では牛馬の臀部の無疵の皮を、大阪では背中の皮を用いる。したがって東京の太鼓の音は「ドン」、大阪の太鼓の音は「ガン」と響くという。神社用は鏡に巴の絵、仏前用は竜、相撲《すもう》の胴は赤く塗り、巴の絵を描き、芝居用は無地である

囃子太鼓は欅胴で牛皮張り。締太鼓二個と鋲止一個を一組と、馬鹿囃子用とする。金輪締太鼓の胴は直径九寸で丈《たけ》は五寸五分から八寸、鋲止は長胴で口は一尺から一尺二寸あって丈は四寸である。

締太鼓は欅・松胴で黒塗り及び木地があり、主に木地である。口は九寸、金輪直径一尺一寸五分、丈は五寸五分である。馬皮張りで、寄席、稲荷祭り、芝居、角兵衛獅子等に用いる。

平太鼓は欅胴で馬皮張り、飴屋、火の番、田舎興行師用とする。直径八寸から二尺で、直径一尺五寸以上は牛皮を張る。

画平太鼓は欅胴には馬皮張り、平太鼓に竜を描き、二個一組として葬式用あるいは仏事に用いる。

題目柄付太鼓の胴は欅、柄は松か椹《さわら》で馬皮張り、日蓮宗信徒用である。丈は二寸または一寸八分、厚さは四〜五分、直径七寸より九寸である。

**欅で作る太鼓**

平成の現在、太鼓はふつう和太鼓とよばれるが、形態により長胴太鼓、附締太鼓、桶胴太鼓などがあり、江戸時代に今日の形になったとされている。欅材で作られるのは長胴太鼓と附締太鼓で、桶胴太鼓は杉の柾目材で作られる。

長胴太鼓は胴の中央部が少しふくらんだわが国でもっとも一般的な太鼓で、作られる数ももっとも多い。

長胴太鼓も附締太鼓も、一本欅丸太を刳《く》りぬいた刳貫胴《くりぬきどう》の太鼓である。

東京の国立競技場が解体されるとき、一緒に伐採されることになった欅を活用して太鼓をつくる話が平成二八年（二〇一六）一月五日付け朝日新聞夕刊に「東京五輪へケヤキよ響け　太鼓となって」との見出しで掲載されていたので紹介する。

太鼓をつくる人は、京都市下京区の和太鼓製作会社のひがしむねのり社長である。コンサートの企画会社を経営していたが和太鼓人気の高まりを受けて、昭和六三年（一九八八）に太鼓製造と演奏指導の会社を設立した。関西や首都圏で太鼓教室を運営し、プロの演奏会も各地で開いてきた。

国立競技場の建て替えが注目され始めた平成二五年秋、競技場の近くで太鼓教室の発表会があり、大きく美しい欅が立ち並ぶのを目にした。建替えにともなって伐採されると知り、「あの木々に新たな命を吹き込みたい」と、考えた。欅は堅くて木目も美しく、太鼓の材料に最適だ。競技場の管理団体に提案して快諾を得た。

平成二八年一月、切り倒された欅一四本を譲り受けた。太いものは直径一・三メートルもあった。樹齢一五〇年を超える一本の根元を輪切りにして、ごつごつした樹皮を残した「樹根太鼓」を五輪にちなんで五つ作ることにした。

欅は、石川県にある委託工場で乾燥させている。乾いたら木の中をくりぬき、皮を張って来年には大太鼓が完成する。ひがし社長は「どんな響きがするやろか」と、胸を躍らせる。

ついでに新建新聞社編・発行『欅　日本の原点シリーズ　木の文化四』（二〇〇五年）から、和太鼓の作り方を紹介する。同書は石川県白山市にある和太鼓のトップメーカーの浅野太鼓楽器店を訪ね、浅野昭利専務（財団法人浅野太鼓文化研究所理事長）から、なぜ和太鼓に欅が使われるのか、いろいろと話を聞いている。

浅野専務は欅と太鼓の関係を「欅の良さは、木目がきれいで鋲をしっかりつかんで離さないこと。堅いけれど仕事がしやすいですし、昔から大木が周りに沢山あったという事情もあるでしょう」という。音の力強さ、響きの良さ、耐久性などの点でも欅に勝る材料はないと高く評価しているのである。

欅は音を多く跳ね返す性質がある。太鼓は革を打たれると、胴の中の空気が振動して音の発生源（バチで皮を打った音）に共鳴する。振動した空気は胴に跳ね返って反響する。この時、壁が堅いほど音は跳ね返りを繰り返して反響する時間が長くなり、残響が生じるのである。

長胴太鼓の作り方は、欅の伐採時期は成長の止まった一一月から三月で、まず欅丸太をその太さと同じ長さに玉切りし、内部を刳りぬき、外部は中央部にふくらみをもたせる。胴の刳りぬきは昭和三〇年（一九五五）以降、動力で筒状に刳りぬくことが可能になり、抜いた芯の部分はさらに小さな太鼓の胴として使う。

太鼓の形になったものは含水率一五〜二〇％になるまで、倉庫に三〜五年間自然乾燥させる。じっくりと乾燥させると、深く丸みのある太鼓の音色になるという。急ぎの注文の時は、止むを得ず人工乾燥することがあるが、無理に乾燥を急ぐと、後になって割れや歪み、縮みが出るようになる。乾燥された胴は、残響をよくするため、内側に波動彫や亀甲彫などの彫刻が施される。リズム楽器として用いられる附締太鼓の胴の内側は滑らかに磨きあげられる。胴に黒毛和牛の皮が張られ、太鼓として完成する。

革には黒毛和牛の牝牛の皮が使われる。原皮を一か月ほど水にさらして脱毛した後、糠《ぬか》につけて主成分のコラーゲン以外の物質を取り除く。こうしてなめした皮を一旦乾燥させ、再び水か酒にひたして柔らかくもどし、専用のかんなでけずって厚さを均一にする。

胴に皮を張るには、まず仮張りをする。革を張るためには、革のまわりに切りこみを入れて管を通す。仮張り用の台の上に皮を広げ、ロープをかける。ねじり棒でロープを締めあげながら、革をのばす。仮張りされた革は、倉庫で一週間以上寝かされる。

本張りは、革を伸ばしやすくするため、適当に水を含ませる。胴を特殊な台の上に乗せる。胴の歌口（太鼓の開口部）に仮張りされた革をかぶせ、革の縁を胴の縁に沿ってロープを締めあげながら、数時間かけて伸ばしていく。締め付けた状態のまま、さらに鼓面を槌でたたく。数時間から一昼夜締め続け、最後に手のひらの感触で張り具合と音を確かめ、革の縁に鋲を打って完成である。鋲止めの部分から皮を断ち切った縁（耳）なしと、革を残した縁（耳）付の二通りの仕上げがある。

### 丸物漆器と欅材の利用

東京での丸物木地の漆器は、椀、飯櫃《めしびつ》、盃などすべて欅を用いる。欅の材は堅くてかつ靭性《じんせい》（粘り強さ）があって狂いが少なく、工作が容易である。薄いものとしてもよく保存できるので、木盃には必ず欅を用いる。その他飯椀、飯櫃などの上等品には欠くことができない。盃はきわめて薄手なので欅の板挽を用い、椀は木口挽の方が強いとするが、厚手とすることが必要である。

石川県の輪島漆器は古来、本堅地《ほんたてじ》をもって世に聞こえ、この地特産の地の粉を下地として、製品が堅牢なことは他に比類なしといわれている。粉とは、土器《かわらけ》炮烙《ほうらく》のような陶器を粉末として、炒《い》ったものである。輪島漆器の椀木地そのほか他の挽物を作るには、周囲四尺（約一・二メートル）以上の欅を冬期に伐採し、五寸（約一五センチ）位に切り、これを六ツ割または八つ割としたのち、樹心の部分を削り捨て、鉈を使って瑪瑙《めのう》乳鉢状に荒切りにする。これはいわゆる横木地に属するもので、竪木地《たてきじ》に比べると堅固なものである。横木のなかに二ツ割と称するものがある。これは周囲二尺（約六〇センチ）内外の欅材を利用するもので、木材経済の点においては最も巧みなものであるが、木の中心のところは椀の縁にくるため、著しく歪みを生じ、且つ破損しやすい。

木取をしたものは一二か月間風雨にさらして乾燥して枯れさせ、上等品は屋外に積んで翌年の秋までそのままにしておく。梅雨および夏日に曝露《ばくろ》（風雨にさらさせること）させておく。つぎにこれを屋内に運び、炉の天井に設けた簀《す》の子の上に重ねて置いて二〜三か月間枯れさせたのち、土蔵に移して一か月間内外の間放置し、適量の湿気を吸収させる。薄手椀と称する上等物を作るには、簀の子にのせる前に轆轤《ろくろ》にかけて荒挽を行ってから、前の手続きをする。このようにして適量の湿気を回復した木地は、二人掛の手轆轤にかけてこれを刳《く》る。椀を挽くには非常な熟練が必要で、破損品を出すことが多い。

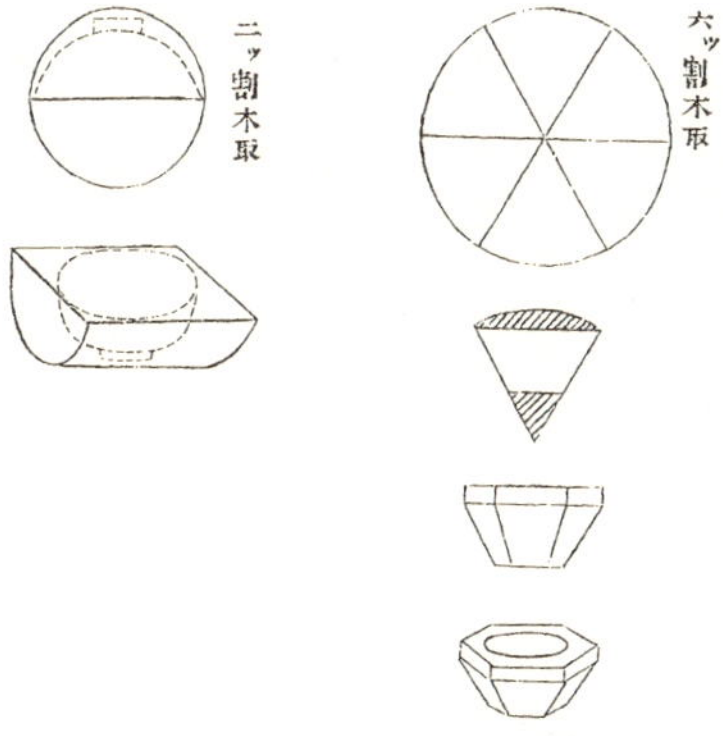

漆器の椀木地の二つの木取法（農商務省山林局編『木材の工芸的利用』明治45年）

また欅を田植え時に伐採し、荒木取をしたのち梅雨にあわせ、藁筵《わらむしろ》で覆い夏土用まで放置し、幾分か材質を変化させたのち屋内で乾燥して、それから工作をする。その理由は辺材部と心材部の混じる部分の狂いを少なくするためだという。

石川県金沢漆器は、髹漆《ぬりうるし》（黒味かがった赤い色の漆）ならびに蒔絵が精巧であることにより世に聞こえ、象嵌《ぞうがん》塗りは金銀線を使って鳥獣花卉を器物におさめ、そのうえに漆膜を着せて研《みが》くことを特徴としている。中以上の製品に至っては稜角厳正であって、いささかの丸みがないことを常としている。蓋《けだ》し技術老練の職人がするところであって、金沢工人の誇称するところだという。盆類のような大形のものが多く、横木地を用い、椀類には竪木《たて》地を用いる。竪木地の場合は周囲四尺（約一・二メートル）以上の欅材を四ツ割とし、中心の部分は削り落とす。木取のあと荒挽を行って、これを炉の天井で一〇日間くらい乾燥して枯れさせたのち、二度挽（仕上げ挽という）を行う。生木より作ったものは、荒挽したのち、釜に入れて一〇分くらい煮沸する。

石川県江沼郡山中町の山中漆器の塗素木《しらき》用材は、イタヤカエデ（地元ではイタギという）、欅、ミネバリ（地元ではハンサという）が最も優れているという。漆器木地の材料としての欅の特質は、木目が荒いものなので下地を要することが多いが、これを仕上げると丈夫で、高価に販売できる。それで貴ばれる椀類は真のイタヤカエデ物とともに上等品および料理屋、旅館など激しく使用するところに重用され、また茶盆はほとんどこの材料に限り、また椅子脚なども作られる。

山中漆器は丸物漆器の巧妙さで著名である。その塗り方はおおむね渋地（下地が柿渋とイハキ炭を合わせたもの）塗りで、蒔絵もまた粗造な消し蒔絵であり、輪島・金沢の製品に比べると著しく廉価である。山中漆器の特有点は、巧みに轆轤《ろくろ》を使い、薄手の物および大形のものを作り出し、またよく細微な糸目をつけることにある。そして角物漆器は一つも製造しない。

山中の木地職の家には、通例炉の上に六尺と九尺と一丈二尺の三段のツシという簀棚《すのこだな》があり、木地を乾燥するために用いる。榛、朴木、山毛欅《ぶな》、しで、みずめ及び下等の欅でできたものは、狂いが出やすいので、一旦大鍋で水煮（一回煮沸すればよい）するか、蒸籠《せいろ》に入れておよそ三〇分蒸したのち、ツシにあげて乾燥させる。

### 漆器木地に欅材を用いる生産地

福島県会津地方では、欅は竪地とし、渋地は不可だとする。そして木地は一層よく乾燥させることが必要だとしている。丸物はいずれも横木地を用い、これには常挽《じょうひき》と枯らし挽の二通りがある。常挽は生木を取り、別に乾燥の手数を加えず轆轤で得るものをいい、主に山毛欅《ぶな》材に用いる。枯らし挽とは一旦木取して荒挽をおこない、枯らしたのち、二度挽を行うものをいい、おもに栃を用い、上等品である。挽上りは径より三分増しであれば可とする。木の長さの方向には伸縮が少なく、直径の方向は収縮が多いので、木取するときにはその径の方向は少し大きく木取る必要がある。山毛欅及び欅は柾目取りに、栃は板目取りとする。会津漆器の主要な産地は、会津若松市および喜多方市で、古来渋地塗りを以て有名である。

静岡県の静岡漆器は木地呂《きじろ》塗の産出で世に名がある。欅の横木地を用い、その製法は会津の枯らし挽と同じである。荒挽したものを炉の天井に並べて、三月《みつき》ないしは六か月くらいこれを枯らしたのち、二度挽を行う。木地呂塗の木地には、欅の薄板（板目および如輪杢の二種がある）を上張りとして使用することを常としている。重箱その他の木地呂塗の木地は、杉または桂の木地に、厚さ五厘（一・五ミリ）の欅板を膠《にかわ》で貼りつけ、底部は側面板の中に陥入させる。ただし裏面および内面には、欅板を張り付けることなく、通常の色塗りが行われる。

福井県若狭地方の若狭塗は小浜市付近で製造されるもので、黒、赤、黄、青などの彩漆を塗り重ね、斑紋を研ぎだす。金銀箔をも塗りこめて美麗な文様を研ぎだしたものである。製品は箸が最多であるが、各種の装飾品および日用什器などがある。その塗り方は本竪地に属するもので、堅牢であることに名がある。木地には欅を用いるが、小浜付近では丸物を挽く業者がいないので、滋賀県よりその横木地を購入するか、または竪木地を石川県山中より購入している。

漆器に欅材を木地としている漆器生産地を掲げると、指物（板物）では静岡（檜・桂・栗・杉・欅杢・

桑）、であり、欅如輪杢《けやきじょりんもく》は北陸地方の山中《やまなか》より出るが、材料は近ごろ大いに欠乏している。それから木曽（檜・椹・欅）、熊本県八代郡・益城郡（檜・榧・欅）、秋田（朴木・欅・ひば）、京都（欅・檜・杉・樅）である。

挽物（丸物）を木地としている生産地は、石川県輪島（欅・山毛欅）で、欅は周囲四尺（約一・二メートル）のものを用いる。同県金沢（欅・イタヤカエデ・チシャ・栃）、同県山中（前述）、福島県会津（栃・山毛欅・欅）、静岡（欅）、和歌山県黒江（欅・ミズメ・栃・桜・檜）、奈良（欅）であり、京都（欅・桜・栃・椿・栗）での欅は愛媛県産や宮崎県産を用い、檜は木曽檜を用いる。

各地の漆器の特色を記すと、東京は高尚な美術品から日用品にいたるまで、各種の漆器を生産する。京都は高蒔絵を著名とする。京都の漆器は古来、蒔絵梨子地螺鈿《まきえなしじらでん》などを主とし、その品類の多くは文房具、化粧品箱、茶器、飲食器などの類であるが、海外への輸出の路が開けてから、製品も少し変化し、卓、椅子、寝台、ランプ台、巻煙草入れ、文字等を手書きした書架の製造が多い。奈良漆器は、器物の縁を秋田の春慶《しゅんけい》に真似て塗り、あるいは朱塗りの間より黒色をボカしだすものが多い。ほとんど根来《ねごろ》塗りのみで、産額もあまり多くない。その製品は古物の模造品および装飾品が多くを占め、日用品などはわずかに二〜三割に過ぎないという。

### 彫刻用材の欅

彫刻する用材には、建築建具および指物彫刻用材、印判用材、木版用材、看板額面用材、仏像および仏具用材、置物彫刻用材、木型彫刻用材、仮面彫刻用材、根付彫刻用材、芝山彫刻用材、将棋駒用材、墨壺用材、帽子型および手袋型用材、靴型用材など、数多い。

宮彫師の使用する木材は欅、檜、姫子松、桂などで、欅は宮に用い、檜は寺に用いるのを法としているが、今では混同している。たとえば動物の頭を欅で作ると、体は檜を用いてつくるといった状態である。宮彫は丸彫が多く、主として欅と檜を用いるが、欅と楢材は粘りがないので緻密な彫刻には向かないが、欅の彫刻はアラが見えないという特質がある。

欅は屏風、衝立の中板に使用し、また台の甲板に使用する。切れ張りを嫌う人には、机の甲板にする。欅の材質は堅く、主に中板または西洋間の大きな材料に使用する。彫刻材としては大きなものが良い。欅は梨地《なしじ》漆《うるし》に適し、安物はラック塗りである。西洋人は欅を好まない。

平成の現在ではほとんど廃れているが、彫刻看板として木地を現し、最も賞用されるものは欅である。しかしながら、明治末期に至り材価がはなはだしく騰貴したため、大商店の屋根看板を除くほかはほとんど欅を用いない。

木地看板としては、

孔環の明なるもの

材質堅くして光沢のあるもの

材色淡褐色を帯びたもの

材の狂い少なく亀裂反張しないもの

保存期間が大なるもの

雨にあい変色するも外観汚くならないもの

これらの諸条件を具備するものは、欅の右に出るものはない。欅は木理が美しいのみならず、刀の切れ味が良い。日光風雨に曝露しても変色して汚くならず、また腐朽することが少なく、保存期間が長い。そのため、特に額型の屋根看板には最も適している。ただ、他の材と同じように板の両端から亀裂が生じるという欠点は残っている。また時として、欅材には白色の砂入りのものがあって、刀の刃を損じることがある。

仏像および仏具用材のうち、仏像の材料は檜、姫子松、榧《かや》などが用いられ、明治期になると欅材はほとんど使われない。前に触れた『日本の遺跡出土製品総覧』は、仏像については遺跡からの出土品ではなく、現存している個々の仏像や仏像に関わる部材六七九点の樹種を掲げている。仏像彫刻に使用されている樹種は、樺《かば》、赤椴松《あかとどまつ》、姫子松、檜、朴、欅、桂、針桐《はりぎり》、榧《かや》、春楡《はるにれ》、栗、樫、檜葉《ひば》、桜、一位、塩路、アサダ、楓、栂、白檀、桑、魏氏《ぎし》桜桃《おうとう》（中国産のサクラ材）、栃、高野槙、栴檀《せんだん》、赤松、胡桃、チャンチン、桐、シナノキという三一種にのぼる。そのうち欅造りの仏像は、岩手県永泉寺の聖観音像、同県成島毘沙門堂の伝吉祥天像、秋田県赤神神社の菩薩像、福島県勝常寺本堂の四天王像、千葉県笠義寺の十一面観音旧台座などの一六点が掲げられている。欅造り仏像などの所在地をみると、岩手県五点、秋田県一点、福島県七点、千葉県一点、岐阜県一点となっており、東日本に多い。

仏具の木鉦《もくしょう》は、紫檀、黒檀、欅などの堅材を用いたもので、三脚をつけた挽物で、枅《き》の代用とするものである。

置物彫刻用材としての欅は、その色および「す」（導管）のために、置物としては俗であり、ほとんど用いられない。

大工が用いる墨壺《すみつぼ》の材料としては、欅は最も普通に用いられるもので、宮城県仙台地方産のものを多く使用する。墨壺は大工や石工などが直線を引くときに用いる道具で、一方に墨肉を入れ、他方に糸（墨糸）を巻きつけた車をつけ、糸は墨肉の中を通し、端に仮子《かりこ》という小さな錐《きり》をつける。墨糸を加工する材に真っ直ぐに張って垂直にかるく引くと黒線が材面に印される。

墨壺には材質堅く、水を吸収することが少なく、なおかつ割裂しにくいものが適している。欅の根部は材質が締っているため、また「さるばみ」もしくは節のある部分は繊維が交錯しているため、割れることが少ない。青欅の材質は堅いけれども、白太の部分が多く、割れやすくその上狂いやすい。

### 欅材の井波彫刻と山車彫刻

むかしから欅材に彫刻を施してきたところに井波と江戸がある。井波とは富山県砺波郡井波町（現南砺市）のことで、井波彫刻と呼ばれている。人口一万人ほどの町に彫刻師が二〇〇人以上もいるといわれ、彫刻の町として知られている。

建築彫刻はもとも大工が行っていた。江戸時代になり日本建築の意匠や構造が定型化し、建築装飾に彫刻を多く用い、効果をだして技を競うようになった。建築家は堂塔大工とよばれ、彫刻家との区別がつかないようになった。大工の棟梁から装飾を専業とする宮彫師が現れた。

井波彫刻の発生も、堂塔大工から発展したものである。井波は後小松天皇の勅願所である瑞泉寺の門前町として発達した。瑞泉寺は三度も火災にあって焼失しているが、北陸有数の大伽藍として再建されており、各所に施されている彫刻は井波彫刻の原点とされている。

江戸時代の安永三年（一七七四）の瑞泉寺本堂の再建のおり、京都の東本願寺から御用彫刻師の前川三四郎が派遣された。このとき地元の大工番匠屋九代七左衛門に四人が付いて参加し、前川三四郎について彫刻の技法を本格的に習ったのが、井波彫刻のはじまりである。

江戸時代末期までは、番匠屋系統の彫刻師たちが主に神社仏閣彫刻などにその技法を競っていた。明治に入ってから寺院欄間に工夫を施して、新しい住宅用の井波欄間の形態が整えられた。昭和に入ってからも寺院彫刻は活発で、東本願寺・東京築地本願寺・日光東照宮など、全国各地の寺社・仏閣の彫刻が数多く手がけられ、それと並行して一般住宅欄間・獅子頭など置物にも力がそそがれた。

現在の井波彫刻は、時代の流れと共に、寺社彫刻から民家の室内彫刻へと移り変わっており、なかでも住宅欄間がその主力となっている。井波では欄間が主力といったが、欄間には欅は使われず、主として楠が使われる。

日本の祭りには山車《だし》・鉾・屋台が欠かせない。大阪府岸和田のだんじりの山車、京都市の祇園祭や岐阜県高山市の高山祭の山鉾、埼玉県秩父市の秩父夜祭の屋台など、全国でその数は一〇〇〇を超えるともいわれる。そんな山車・鉾・屋台の主要部品は欅で作られている。山車は二五〇種類約八六〇点の部品が組みあげられており、祭の終ったあとすべての部品は分解され、一つずつ箱に入れられて倉庫に保管される。彫刻や構造の主要部分は欅材で、彫刻には欅以外に檜、紫檀、黒檀、鉄刀木《たがやさん》、黒柿などが使われている。山車などの新調や修復に求められるものは、よい欅材である。

欅は根元から一間（約一・八メートル）は一番コロといい、彫刻に適しているが、少し暴れる材になる。その上の一間は二番コロといい、色は良くおとなしい材がとれるという。一番コロの上三尺（約一メートル）が一番良いといわれる。それぞれの長所を生かして使い分ければよいのだが、そんな材料は限られている。

### 欅材の特質および産地

材木を扱う業界ではケヤキとツキとの別があるけれども、ともにケヤキ材として取扱い、その用途は両者とも異なることはない。ツキの心材は黄色を帯び、ケヤキの心材は赤色であるといわれている。材質はケヤキを上等としている。

欅材の産地は、かつては九州南部の宮崎県・熊本県、和歌山県新宮地方、長野県木曽地方、静岡県駿河地方、山梨県、新潟県、関東各地、福島県相馬地方・会津地方、宮城県仙台地方、岩手県南部地方であったが、平成の現在では資源は激減している。九州南部のものを日向材または下り材と称し、欅の本場としていた。木曽の産を尾州材といい、新宮材とともに良質である。相馬材は夙《つと》にその名を知られ、老木が多く、材質に狂いが少なく、会津および宮城・岩手付近のものとともに東北材として品質が良いものとされている。関東地方に産するものは、地木《じぼく》または地欅《じけやき》と称し、成長がよく材質は堅靱であるけれども良材と不良材の差、また狂いが多く、品質は劣っている。欅の産出は東北がもっとも多くを占め、地木がこれに次いでいる。

欅は山地ことに峯にちかく水分が少ない所で生長したものは、木理細かく生長し、心材多く、質に粘りがないが狂いは少ない。いわゆる木口より吹き込んだ息は木理を通して他の端に出るといい、良材が多い。これに反して、谷間の日陰で水分の多い場所または平地で生育しているものは、木理粗く材質は堅硬であるが狂いが多く、かつ白太《しらた》（辺材部分のこと）に富み水中に沈みやすく、水運に不便である。そして立地の関係が等しいときは、下り木であっても材質は地木に似るものがある。同じく地木であっても下り木の並物より優れたものもある。要するに下り木は深山に生育し、肥大成長が小さいので年輪幅が細かく、導管が太く、白太の部分は少ない。一方、地木の方は関東平野の人家付近に生育し、土地は肥沃なため肥大成長が盛んとなることから、木理粗く白太が多く、材質に粘りがあるので、曲木材に最も適している。

欅材に青欅といわれるものがある。地木に多いが、下り木にもみられることがある。青欅は赤欅に比べ

谷間に近い鎮守のケヤキ林。肥大成長は旺盛で、材質は堅硬である。

て葉が大きい。赤欅は粗皮が剥げ、皮肌は粗い。青欅の皮肌は平滑で、辺材の割合は多く、心材は青みを帯び、俗に青木という。また藪中に多く生育しているため、藪欅《やぶげやき》ともいう。材質は堅く強靭で割れにくく、狂いは多い。曲木にもっとも適している。青欅は臼、杵、船具などに適している。

　船材としては地木を好み、建築材、指物材としては下り木を好む。地木は堅硬と強靭の度は下り木に勝る。良材と不良材の差や狂いおよび干割れは多いけれども、船材の多くは角材木取りとして使用するので、割合に前に述べた欠点を感じることが少ない。一方の下り木は木理が細かく、材色が鮮やかで狂いが少なく、材質はさくさくとして工作が容易であるため、鉄道用車両材、電柱の腕木材、建築材、指物材に格好である。一般に欅の白太は粘りがあって耐重力があるけれども腐れやすく、また心材は腐朽しにくい。

　欅材の欠点には、目離《めばな》れ（板や柱にしたとき、年輪部分が分離することをいう林業用語）、アテ、腐れ、虫害がある。目離れは、伐木の際の不注意により起こるものと、立木の間に生ずるものとがある。立木の間に起こる原因は、寒気のためかまたは風力のためか、明らかではない。この欠点は越後材および下り材などの、木理通直なのに多く、地木には少ない。アテは、材の一部が堅くなっているところのことで、外力の方向に生じる。たとえば傾斜地では下方に生じ、風当りのところでは風の当たる面に生じる。これを材の背と称し、その反対を腹という。平地に生長する地木にはアテは少ない。腐れは枝打ちの木口から腐れこむもので、枝打ちは一〇月を可とする。寒が明けたのちに枝打ちするときは害がある。虫害は、立木のうちに入る鉄砲虫がおり、伐採時期によっては伐採後に入り込む虫もいる。そのほか一般の材と同じように、入皮《いりかわ》（材の中に樹皮が陥入している状態をいう林業用語）、節などの欠陥がみられることがある。

# 第七章　欅林を育てる

## 近現代の欅造林の開始

江戸時代における欅《けやき》の植栽や手入れ方法、林の仕立て方という欅人工林の育成方法、つまり造林という行為の体系は不詳のままである。造林に関する文字が明治維新後の法令のなかに現れたのは、明治四年（一八七一）七月の民部省達をもって制定された「官林規則」で規定されたのが最初である。昭和二七年（一九五二）の大阪営林局編・発行『国有林の展望』に、明治四年の「官林規則」が載せられているので、欅に関わる部分の訳文を抜粋する。

一　山林の木のまばらな所には苗木を植えて、密な所はよく養い、けっして目前の小さな勘定からみだりに伐採してはならない。

四　マツ、スギ、ヒノキ、ケヤキ、クス、ブナ、シオジなどの材は国家の必需品なのでせいぜい培養し、私有林のものでも心をこめて愛育すること。

当時欅は、松・杉などとともに、国家の必需品と考えられていたことが判る。欅がまず国有林に造林されはじめた経緯について、松波秀実著『明治林業史要　下巻』（原書房、復刻一九九〇年）から要約しながら紹介する。

明治初期にはサワグルミは天然更新とされた。

明治一二年（一八七九）五月に内務省に山林局をおき、局内に殖樹《しょくじゅ》、伐木、運材、出納等の五課をおき、造林ならびに官林斫伐《しゃくばつ》事業の拡張を図った。なお斫伐事業とは、国有林の森林の木材を直営・直用で伐採・搬出する事業のことをいった。

ついで一四年四月、農商務省が新設され、山林局はその所属に移り、官有林・私有林の備蓄、栽培、伐木および官有原野に関する一切の事務を掌握することとなった。しかし造林事業はすこぶる微々たるもので、明治一一年から同一八年までの八年間の全国の造林面積は三六二七町歩であった。

明治一八年（一八八五）以降の造林樹種は、一般に植物帯に基づき立地の関係および地方の木材需給の度合い並びに運搬が便利か否かに鑑みて、収益の多大なものを選定していた。実行例をあげると、青森のヒバ、長野の落葉松のように一地方のみに造林したものがあった。一方、杉のようにあまねく全国に造林したものもあった。そのほか松は秋田を除いた地域に、檜は青森を除いた各地に植栽された。広葉樹は栗を主とし、大阪以西はことに楠を植栽した。萌芽《ほうが》によるものは楢《なら》、櫟《くぬぎ》を主とし、樫《かし》がこれに次いだ。天然下種によるものは松、樅《もみ》、姫子松、五葉松、山毛欅《ぶな》、欅、沢胡桃《さわぐるみ》などで、すこぶる多種多様にわたっていた。

また、明治一八年（一八八五）より同二四年（一八九一）までは三椏《みつまた》、漆《うるし》、楮《こうぞ》、櫨《はぜ》、桑などのようなむしろ農業の範囲に属するものも栽培していた（三椏は四四〇万本、漆は三八万本、楮は一六万本、桑は一万七〇〇〇本、櫨は一〇〇〇本）。この時期の欅の造林方法は、人工植栽されることなく、自然落下の種子の発芽にまかせた天然更新であった。

明治三二年（一八九九）に国有林の特別経営計画が成立し、立木地を伐採し、売り払った跡地の造林は経常部、無立木地の造林は特別経営の所属として施行することになった。それ以後、国有林の造林事業は著しく増進した。なかでも特別経営のような明治三六年（一九〇三）から同四四年（一九一一）の九年間に、人工植栽を九万ヘクタール行おうとする大事業の成否は、国家経済に重大な関係を及ぼすばかりでなく、一般植林事業の消長にも影響するところも多かった。この計画が有終の美でおわるべく、明治三四年（一九〇一）各大林区署にたいして実行上の注意を促した。

その後、さらに世の中の進歩にともない木材工芸が著しい発達をみせたので、将来これらの原料木の供給を円満にする必要があった。そのため、明治三八年（一九〇五）から翌年にわたり、広く適地を選び、適樹を植栽することを勧めた。ことに樟脳のようにわが国特殊の生産を増加させ、永続的に楠樹を増殖させること。なお船艦材・器具材として貴重な欅、軍用器（機）具用材として必要な胡桃、樫および将来各種工芸の原料となるべき樹種にあっても、同時に鋭意この増殖に努めるとされた。

大正四年（一九一五）一〇月山第一一四九号で、林業用種子の豊凶を把握するため、七つの大林区署に対して大林区署ごとに次のように樹種を定めて、毎年調査し報告するよう通達が出された。なお、大林区署とは、現在の森林管理局の前々身の国有林を管理経営する官署のことである。

青森大林区署　ヒバ、欅、櫟、櫧、山毛欅《ぶな》、朴、ニセアカシア
秋田大林区署　杉、黒松、赤松、山毛欅、櫧、ニセアカシア
中京大林区署　檜、杉、落葉松、赤松、欅、櫧、櫟、山毛欅、ニセアカシア
大阪大林区署　檜、杉、欅、山毛欅、櫧
高知大林区署　檜、杉、トガサワラ、楠

熊本大林区署　杉、楠、櫨、櫟、樫類

鹿児島大林区署　楠、樫類

もう一度掲げると、欅種子の豊凶を調査するよう命じられたのは、青森・中京・大阪大林区署の三つであった。地域で言えば、東北地方の太平洋側から関東・東海、近畿・中国地方であった。これらの地域に植栽する欅苗を養成するため、種子の豊凶を知る必要があったのである。

### 欅人工林が始まった事例

先駆的な試験での欅植栽は早くから始められたが、実際に各地の現地に欅が植栽されるようになったのは、年号が大正に変わったあたりからであろう。欅の人工林を育成し、そこから成熟したものを木材として活用することを目的とした、いわゆる林業用の欅人工林の事例をみることにする。なお、欅人工林には、鉄道林のように山地の上方で発生する土砂崩壊や流出から鉄道を守ることを目的としたものもある。

青森営林局仙台営林署が管轄する宮城県宮城郡七北田村（現仙台市泉区七北田町）大字荒巻杉添東国有林七七林班には、明治一五年（一八八二）植栽に関わる欅人工林があると、赤林実瞳は「欅の枝打に就き二三の考察」（『日本林学会誌』第一〇号、一九二八年）で述べている。なおこの記述のなかで、植栽面積には触れられていない。

白澤保美・川田杰は「くり、けやき造林試験報告」（『林業試験報告　第二九号』林業試験場、一九二九年）で、群馬県碓氷郡臼井町大字五料字小根山国有林には、明治三七年（一九〇四）四月下旬に植栽した全面積五町歩の山林に、栗純林、栗・雑木混交林、欅純林、欅・雑木混交林、欅・栗混交林という五種類の林を試験のため造成したことを述べている。この試験林造成の目的は、栗や欅という樹種の用材の多くは天然林から産出しており、人工植栽の林から産出することは甚だ稀であるところから、これら樹種の植栽による一斉同齢林構成の成否を研究しようとするものであった。

　山脇英夫は「ケヤキ人工林施業」（『日本林学会関西支部講演集一一』日本林学会関西支部、一九八〇年）で、高知県香美郡物部村（現香美市物部町）大字山崎字桑ノ川山国有林八二林班に小班に面積〇・五三ヘクタールの大正一四年（一九二五）植栽の欅人工林があると報告している。林齢五五年生のとき調査しているが、この林の上層部は欅が占め、下層木には樅、犬槇《いぬまき》、樒《しきみ》、シデ、楓、樫などが混生する二段林になっている。この林の欅の本数は三二八本あり、平均胸高直径一七センチ、平均樹高一五メートルであった。

　沢田晴雄・斉藤登・斉藤俊浩・梶幹男・山根明臣は「七六年生ケヤキ人工林の生長と地形条件との関連について」（『一〇〇回日本林学会論文集』一九八九年）のなかで、埼玉県秩父郡大滝村の東京大学秩父演習林に大正元年（一九一二）に植栽された欅人工林が二・一三ヘクタールあり、七六年生時点での立木本数五二八本（ヘクタール当たり）、平均胸高直径二二・三センチ、平均樹高二〇・四メートルであったと報告している。

鳥取県日南町の入澤林業の100年生のケヤキ造林地

　前橋営林局中之条営林署「ケヤキ人工造林地の現況と今後の施業の検討」（『造林実験営林署研究報告』六号、中之条営林署、一九八〇年）によると、群馬県吾妻郡中之条町大字四万の四万国有林には、中之条営林署が大正時代から昭和初期にかけて、造船用材などの生産目的のため植栽されたところが多い。同国有林九林班には一・九二ヘクタールの箇所のほか、適地の沢沿いに小面積ながら植栽箇所が多数ある。

岩本硬司・徳田元彦は「ケヤキ造林地の施業について」（『日本林学会関西支部第三三回大会講演集』一九八二年）で、山口県佐波郡徳地町（現山口市徳地）大字柚木字滑山国有林一二林班には、大正一五年三月植栽の欅人工林が一・四〇ヘクタールあると報告している。天然林を伐採した地に、現地採取した欅の山引苗を滑山国有林内に造成された滑苗畑で養成したものを植え付けていた。五九年生のときの調査では、平均胸高直径二〇・二センチ、平均樹高一五メートル、平均枝下高九・八メートルであったと報告している。

河原輝彦は「ケヤキ人工林の林分構造と材積成長」（『昭和六〇年度技術開発報告書』第一六号、大阪営林局、一九八五年）の中で、大阪営林局管内の欅人工林の一覧表を作成しているので、更新年度と場所と面積（植栽本数）を拾い出して掲げる。営林署名は、田辺署のように掲げる。なお、この調査以外に京都署貴船山国有林などにも欅造林地が存在していることを筆者は知っているので、調査漏れがあるように思われるが、確たる資料がないのでこのままにしておく。ここに記載している林班・小班という名称は、林学用語でいうところの山林の所在地を示す記号である。いわば町の住所を示す記号に丁目、番地があるが、それと同じで、林班は丁目にあたり、小班は番地にあたると考えれば理解できるであろう。

大阪営林局管内欅林一覧表（昭和六〇年調）

| 植栽年 | 面積 | （植栽本数） | 営林署名と植栽場所 |
|---|---|---|---|
| 大正年間 | 欅五・六六㌶ | （一六四一〇本） | 田辺署立花川山国有林四二林班い小班 |
| 大正二年 | 欅一・九一㌶ | （三三八〇本） | 山崎署阿舎利国有林五三林班と小班 |

| | | | |
|---|---|---|---|
| 大正一〇年 | 欅〇・五二ヘクタール | （九〇〇本） | 山崎署阿舎利国有林五六林班は小班 |
| 大正一一年 | 欅一・二〇ヘクタール | （二〇四〇本） | 山崎署阿舎利国有林五七林班ろ小班 |
| 大正一五年 | 欅二・六六ヘクタール | （六三八四〇本） | 山崎署阿舎利国有林五八林班い小班 |
| 大正一五年 | 欅四・九七ヘクタール | （一二九二〇本） | 山崎署赤西国有林一二五林班い小班 |
| 昭和一〇年 | 欅一・〇〇ヘクタール | （四〇〇〇本） | 新見署用郷山国有林五五林班よ小班 |
| 昭和一一年 | 欅〇・二〇ヘクタール | （八〇〇） | 三次署七ケ所山国有林八林班ほ小班 |
| 昭和一二年 | 欅〇・五〇ヘクタール | （一三〇〇本） | 三次署七ケ所山国有林八林班ほ小班 |
| 大正一四年 | 欅〇・六七ヘクタール | （八六六〇本） | 山口署滑山国有林一二林わ小班 |
| 大正九年 | 欅一・一六ヘクタール | （四九九〇本） | 日原署高嶺芦谷国有林一五林班と小班 |
| 大正二～三年 | 欅二・六二ヘクタール | （八一二〇本） | 日原署高嶺芦谷国有林一三林班い小班 |
| 昭和四年 | 欅一〇・二〇ヘクタール | （不明） | 日原署高嶺芦谷国有林一三林班に小班 |
| 昭和五～一〇年 | 欅一二・一五ヘクタール | （不明） | 日原署高嶺芦谷国有林一四林班は小班 |
| 昭和二～八年 | 欅四・三二ヘクタール | （一五一二〇本） | 日原署黒瀬山国有林五三林班い小班 |
| 昭和一三年 | 欅二・四三ヘクタール | （不明） | 日原署黒瀬山国有林五四林班い小班 |
| 昭和九年 | 欅一・二四ヘクタール | （三二二〇本） | 日原署杉山国有林三四林班は小班 |
| 昭和一一～一二年 | 欅三・三三ヘクタール | （不明） | 日原署杉山国有林三四林班に小班 |
| 昭和一二～一四年 | 欅二・七〇ヘクタール | （不明） | 日原署椛谷山国有林七七林班は小班 |
| 昭和六～九年 | 欅一六・七九ヘクタール | （三二二六〇本） | 日原署椛谷山国有林八一林班ち小班 |
| 昭和一一～一五年 | 欅三・八六ヘクタール | （不明） | 日原署鈴の大谷国有林五七林班ろ小班 |

| | | | |
|---|---|---|---|
| 昭和三年 | 欅三・一四㌶ | （一一三〇〇本） | 日原署鹿足河内国有林四五林班る小班 |
| 昭和一〇～一五年 | 欅五・五六㌶ | （一六六八〇本） | 日原署鹿足河内国有林四六林班ろ小班 |
| 昭和一二～一五年 | 欅一二・八二㌶ | （不明） | 日原署鹿足河内国有林四七林班ろ・は小班 |
| 昭和四～五年 | 欅三・四六㌶ | （九六九〇本） | 日原署鹿足河内国有林四九林班い小班 |
| 昭和六年 | 欅四・二四㌶ | （一二七二〇本） | 日原署鹿足河内国有林五〇林班ろ小班 |
| 昭和七～九年 | 欅六・七一㌶ | （不明） | 日原署鹿足河内国有林五一林班へ小班 |
| 昭和二年 | 欅〇・二八㌶ | （七〇〇本） | 日原署大魚国有林九一林班い小班 |
| 昭和七～九年 | 欅四・〇三㌶ | （不明） | 日原署大魚国有林九〇林班と小班 |
| 明治三八年 | 欅二・四九㌶ | （不明） | 倉吉署坪谷奥国有林一林班り小班 |
| 明治三八年 | 欅二・六五㌶ | （不明） | 倉吉署坪谷奥国有林二林班ろ小班 |
| 大正一五年 | 欅一・一六㌶ | （三四八〇本） | 倉吉署小泉奥国有林六〇林班へ小班 |
| 昭和元年 | 欅〇・七八㌶ | （三五一〇本） | 鳥取署沖ノ山国有林六〇林班は小班 |
| 昭和九年 | 欅一・七七㌶ | （三五四〇本） | 鳥取署南平国有林八八林班へ小班 |

営林署名では何県のどのあたりか分かりづらいと思う。田辺営林署の立花川山国有林は和歌山県中央部の日高川流域である。山崎営林署は兵庫県西部の旧宍粟郡一円を管轄しており、新見営林署の用郷山国有林は岡山県西部の新見市域であり、三次営林署七ケ所山国有林は広島県北東部の比婆郡域であり、山口営林署滑山国有林は山口県の中央部の佐波川上流部であり、日原営林署の国有林は島根県西部の鹿足郡域であり、倉吉営林署の二つの国有林は鳥取県天神川流域で、鳥取営林署の二つの国有林は鳥取県千代川流域である。

大阪営林局管内（現近畿中国森林管理局管内）で欅が人工植栽されたのは、明治三八年（一九〇五）がはじまりで、以後大正期、昭和初期にさかんに植えられていることが示されている。なかでも日原営林署は、大正末期から昭和初期にかけて、合わせて一〇一・〇四ヘクタールという大面積の欅造林地を造成している。他の営林署の欅造林地が数ヘクタールに止まっているのに比べ、その面積の広さには驚かされる。それはこの日原営林署管内は、欅を扱う業者から「日原の赤欅」と別名でよばれるほどの良材を毎年出材していたことでもわかるように、欅林が国有林内にあちこち存在し、山引苗が得られやすかったことと、将来の欅材の継続供給を目指していたことも、大面積欅造林が行われた理由と考えられる。

富田ひろし・仲明積の「尾鷲市の五六年生ケヤキ人工林の調査報告」（『三二回日本林学会中部支部講演集』一九八四年）によると、三重県尾鷲市南浦栗ノ木谷三一八二の五の内にある欅人工林には石碑が建立されており、「御大典記念林　尾鷲町　施業面積五町歩　欅一万本植付　昭和三年十一月」と銘記されている。林齢五六年現在で平均胸高直径一四・八センチ、平均樹高一三・九メートル、平均枝下高六〜八メートルで、元玉で無節三メートル直材一玉を採るには十分な枝下高が確保されていると報告している。

## 欅林育成上の考え方

欅は、木材としての材質が優れているうえ、根系が深くまで広がるため、土砂の流出防止が図れる、樹形や新緑・紅葉が美しいので見栄えのする景観が造成できるなどの理由で、近年欅林造成が増えている。また京都市の清水寺や福井県の永平寺のように、将来の伽藍などの修復時に必要な欅大材確保のため、山林を購入し欅林の造成をおこないはじめたところもある。

欅の苗木は植え傷みが少ないので、人工植栽は容易であるが、排水が良好な肥沃地で深い土壌の地を好

ケヤキは環孔材なので、肥大成長が良いほど堅硬な材ができる。

むため、杉や檜のような針葉樹に比べ植栽適地が少ない。また枝が良く発達するので枝幹になりやすい。環孔材なので年輪幅が小さいと材質は脆弱となるという、針葉樹とは異なった性質をもっている。欅林育成技術は開発途上にあり、杉・檜・松類・落葉松などの針葉樹林を育成する技術のように体系化されていない。ここでは筆者が国有林に勤務していた時期に蓄積したものを中心に述べる。

ここまで触れてきたように、本格的に欅が造林されるようになったのは、大正末期から昭和初期であり、未だ大径木は育っていない。現在使用されている大径材は、ほとんど天然生であり、経済林での天然木はほとんど伐りつくされている状況にある。ここでは欅林育成の目的を、早期に大径木を育成することに絞ることにする。早期にといっても、一般社会の早期と、林業でいう早期とは時間のスパンが異なる。一般社会で早期といえば三〜五年であろう。ところが林業の場合は樹木が相手なので、苗木を植えてから四〇〜五〇年は必要である。欅は比較的早く育つ樹木であるが、胸高直径八〇センチの樹を育てるには八〇〜一〇〇年は必要である。

若木の場合はどうしても辺材部（白太の部分）の割合が大きいので、利用率が低くなることを計算しておく必要がある。

七〇年生人工林の欅材を測った資料では、直径に対して心材である赤身の部分は六〇〜七〇%程度であった。一〇〇年生では少しその率が大きくなると思われるが、資料が現在のところない。

次に年輪幅についてであるが、杉、檜、松、落葉松などの針葉樹材は、年輪幅が大きくなる、つまり春材部分が大きいと材質は脆弱となり、強度を必要とする建築用木材としては不適である。一方、欅は環孔材といって、水分を運ぶ導管が年輪に沿って環状にできる樹木である。導管は一年に必ず一列ずつでき、肥大成長の大小にかかわらず導管の大きさは一定である。したがって肥大成長が不良だと年輪幅は小さいため、導管の占める率が高くなる。この材はヌカ目材とよばれ、軽く強度がないので、建築材の力のかかる場所には使用できないが、力のかからない見栄えのするところには使用できる。またヌカ目材は、軽く漆の吸収がよいので、漆器などの塗物材としては適している。肥大成長が良好だと、導管の率が小さくなり、重く強度の高い材ができるが、工作が困難なくらい堅牢な材となる。欅材は、針葉樹材とちがって、いくら肥大成長をさせても強度が劣ることはないので、針葉樹育林の考え方とはちがった考え方をする必要がある。

また欅は胸高直径五〇センチを超える大木となると、一本売りが可能な樹種である。杉、檜、松、落葉松などのように、同一規格材が大量にあるほどよく売れる針葉樹材とはその点でも異なっている。欅造林では大面積一斉皆伐という伐採方法をとらなくてもよく、植栽木が一斉に同一歩調で育つ必要性もない。

欅材といえば赤味を帯びた材という認識が人々にあり、材木商がホンケヤキとよぶ赤欅でなければ評価されない。欅材にはツキ、ツキケヤキ、青欅とよばれる材色の白っぽいものがあり、強度は赤欅と変わらないが、装飾的価値が劣るとされ、価格的にも赤欅よりも安い。造林する欅苗木は赤欅の系統を選ぶことが必要であるが、苗木のときには判別しがたい。

ケヤキは同じ場所に植えたつもりでも、写真のように差が生じる。

## 欅はどんな土地を好むか

　欅はどこにでも生育できる樹木である。山の尾根筋でも、中腹でも、谷川沿いでも、生育することは出来る。生育可能箇所と、欅材を育成することを目的とした人工林造成適地とはちがう。人工林の目的は、大径の欅を自然の摂理に委ねるよりも何倍も短い年数で、使用できる幹部分が太く、長く、真っ直ぐな樹木を育成することである。その目的に沿っている場所を見つけることが、第一の仕事である。

　欅は谷間の樹だといわれるので、造林する場合は日当たりの良い肥沃地で、土層は深く、適度に水分があり、排水の良い砂礫質の土壌となっている場所を選ぶ。その範囲は渓流からの水音が聞こえるところである。場所的には、崖錐《がいすい》（崖下で、上部から岩や土壌が崩れて溜り、厚い土層をつくっている場所）などの崩積土の場所が該当する。杉の植栽適地がこれに該当し、林床にアオキ、ヤブラン、リュウノヒゲ、ハナイカダなどが生育している場所となる。谷間に近いところで、山腹が膨れて凸型になった場所は崩壊する恐れのあるところなので、土層の深いところまで根をおろす欅を防災のため植栽することもよい。

　欅は植えられた土地に敏感に反応する樹種で、同一条件と思われる場所であっても、その肥大成長に大きな差が生じる。私が関係した島根県鹿足郡日原町（現津和野町）の高嶺芦谷国有林の六五年生の欅人工林は、面積は一五アールという狭い範囲である。谷間で上方の崩壊地から押し出されてきた土砂や岩石が堆積したところで、土層は厚く、欅の生育条件はほぼ同じとみられた。上層木の胸高直径を調査してみると、最大のものは五五センチ、最小木は二六センチで、二倍以上の差が生じていた。

大津市伊香立町の玉崎弘さんが、大日本山林会の雑誌『山林』に投稿していた欅の成長例を紹介する。玉崎弘さんの住む集落では、大正四年（一九一五）の大正天皇の御大典にあたり、どの家も欅を記念植樹したのであった。玉崎さんの家でも、ムラ外れの鎮守の森の裏藪に植え、植えてから四〇年ほど経過した昭和三〇年（一九五五）には、胸高直径が五〇センチくらいになっていたので、父親が業者に売ったそうである。玉崎さん宅の前の家の孫八さんの欅は、昭和五五年（一九八〇）ごろ伐採されたが、それも胸高直径五〇センチ余、樹高は三〇メートルあった。孫八さん宅の下の耕三さんの欅は、平成二年（一九九〇）のはじめ（樹齢七四年生）の大きさは胸高直径三〇センチ、樹高一二メートルほどで、おそらく耕三さんの孫の代でもひ孫の代でも伐採できないかも知れないという。

孫八さんの槻と、耕三さんの欅は、二〇メートルと離れていないというのである。同じ地域で胸高直径五〇センチの欅だが、玉崎弘さん宅のものは四〇年生で、孫八さん宅は六五年生で達しており、その差は二五年もある。耕三さん宅の欅は七四年生でも、五〇センチはおろかようやく三〇センチという。このように欅という樹種は、わずかな土地の違いで激しい成長差をしめす樹木である。

欅は適地だと思って植えても、わずかな違いで大きな成長差ができる。一本売りできる樹種なので、一か所の欅造林地を一斉に皆伐する必要はなく、売れる木からナスビ伐りしていけば、年輪幅の大きな木から、年輪幅の詰まった木まで、いろんな種類の欅が育成できるわけである。

各種の欅造林地の生育状況を調べた資料から、林齢別にどれだけの肥大成長が可能なのか掲げてみる。

良好な肥大成長の欅人工林

| 〔林齢〕 | 〔胸高直径㎝〕 | 〔年平均成長量㎝〕 | 〔生育場所〕 |
| --- | --- | --- | --- |
| 一一年 | 一一 | 一・〇 | 岡山県川上村・鳥取大学蒜山演習林 |
| 二六 | 三〇 | 一・二 | 長野県明科町・鉄道防備林 |
| 三〇 | 二一・五 | 〇・七 | 千葉県・東京大学千葉演習林 |
| 三七 | 三八 | 一・〇 | 鳥取県・倉吉営林署南平国有林 |
| 四〇 | 五〇 | 一・三 | 滋賀県大津市伊香立町・民有地 |
| 四九 | 六〇 | 一・二 | 岡山県新見市・新見署用郷山国有林 |
| 五五 | 五〇 | 〇・九 | 熊本県・水俣署市木国有林 |
| 五六 | 四二 | 〇・八 | 群馬県・中之条署四万国有林 |
| 六一 | 五二 | 〇・九 | 兵庫県・山崎署阿舎利国有林 |
| 六三 | 五七 | 〇・九 | 千葉県・東京大学千葉演習林 |
| 六四 | 六八 | 一・一 | 岩手県・大槌署大松倉国有林 |
| 六五 | 五〇 | 〇・八 | 滋賀県大津市伊香立町・民有地 |
| 六六 | 八八 | 一・三 | 島根県・日原署高嶺芦谷国有林 |
| 六八 | 六〇 | 〇・九 | 熊本県・水俣署告国有林 |
| 七八 | 六七 | 〇・九 | 兵庫県・阿舎利国有林 |

この表でみられるように、六六年生でも年平均の肥大成長が一・三センチ、つまり年輪幅六・五ミリある欅の造林木があるのだ。計算上では、この樹は一〇〇年生育させておけば、胸高直径一三〇センチのも

のが得られることになる。
欅造林は杉、檜のように大面積を行う必要性はないので、適地と認められるところは一か所あたり、せいぜい一〇〇本位が植えられる面積となろう。

## 欅苗を植え付ける

山に欅苗を植え付けるに当たっては、いい苗木を選ぶことが大切である。苗木は枝張りや葉っぱの着き具合が均整で、幹に曲がりがなく、形がよく、根の十分に発達したものを選ぶことが大切である。ふつう植え付けする苗木は、一年生もしくは二年生で、苗高七〇～一〇〇センチのものが適当とされている。

しかし、欅の幹の曲がりや枝張りなどの樹形の素質は、三～六メートルになると判別できるようになるので、それまでは市販の苗を畑で養成し、良質の苗だけを山にもっていき、植え付ける人もいる。欅は高さが三～一〇メートルの大きさになっても、植え付けによる傷みがほとんど出ないからである。けれども、この方法だと植え付け経費が高くなる。

大木の欅の樹下には、よく稚樹や小苗が見られるので、これを苗として利用することも有効な方法である。山地に生えた欅苗は、苗の高さ四〇センチ程度であれば、比較的容易に掘り取りができる。母樹となるような大木だと、枝の着き具合や、幹に曲がりの有無など、形質を判別することができるので、良好な樹形の欅大木を母樹として選定する。

母樹の樹下に苗を発生させるには、その母樹の周囲の灌木類や雑草などを刈り払って、地面に十分な陽光が入るようにしておく。できれば落葉層を取り除いて、地面を露出させておくとよい。翌春には、苗が発生するので、その苗を掘り取って利用する。

ケヤキは疎植だと、手入れをおこたると早い時期に枝幹になりやすい。

木材業界から「日原欅《にちはら》」と評価されていた島根県西部の日原営林署（現在は島根森林管理署）は、大正時代初期から大面積の欅造林を行っているが、その苗は国有林内に発生した苗を山取りしたものである。八〇年生以上の林齢となっているが、良好な生育ぶりである。

主要な樹種では、樹形や幹の通直性、枝分かれ性は遺伝によることが大きいとされている。埼玉県で選抜された「むさしの一号」という欅は、狭い樹冠と高い位置からの枝分かれ、幹の通直性があるので、このクローン苗をもちいるのも一つの策であろう。

欅を植え付ける時期は、春と秋の二回ある。春植えは冬芽が活動をはじめる直前で、秋植えは冬芽が形成された後になる。積雪量が多く、しかも積雪期間が長期にわたる地方では、秋植えは避けた方が望ましい。春植えの時期を逃したときは、梅雨期に苗の開葉した葉を葉刈りして植え付けることが出来るが、変則的な方法であり、本来の時期に植え付けることをお勧めする。

欅苗の植え付けは、やや浅植えとし、根元を堅く踏みつけることが必要である。杉、檜のように等間隔に植えるのではなく、間隔を気にせず、よく肥えた土がありしかも土層の深いところに植える。粘土質のところは、成長がよくないので避ける。

一〇アール当たりの植え付け本数は、国有林や森林組合では三〇〇本植えているが、人によっては五〇〇本という多数植え、あるいは五〇〜一〇〇本という少数植えの人もいる。それぞれの人が自らの経営目的によって決めるので、単位当たりの植え付け本数は異なる。

植え付け本数については、密植がよい、いや疎植がよいという二つの説が言われている。どちらが良いのか、いまだ結論はでていない。

密植では植えた欅相互間の競争を利用し、若齢期に、幹が真っ直ぐで、枝下高の長い樹を育成しようとするものである。手入れが粗くなりがちな経営手法や、大面積一斉造林の方法に向いていると考えられる。大面積一斉造林の場合は、局所的に存在する欅植栽の最適地にたまたま植えられ、きわめて良好な生育を示す個体がいくつか生まれるであろう。しかし、植え付け時に高価な苗木を大量に購入しなければならず、経費面での負担が大きいという欠点もある。また不適地に植えられたため、生育の遅れた欅を長年月にわたって見守っていくという仕事も残る。密植では土地の生産力に応じた上長成長《じょうちょう》（上へ伸びていく成長のこと）を示すが、植栽木に十分な陽光が当たらないので、肥大成長は抑えられる。そのため適切な時期に、間伐を繰り返し、肥大成長を高めてやる必要がある。

疎植の場合は、植栽欅間の競争がないので、枝が横に張り、早い時期に枝幹になりやすい。

見回りを十分に行って、適切な時期に整枝や枝打ちをおこなって、幹分かれしないように努めることが肝要である。記念樹のように一本植えから、一〇本植などのような疎植の欅であっても、枝下高が高く、幹も真っ直ぐな個体も存在している。

手入れが粗放になりがちなところでは、欅一色の純林をつくらず、例えば杉や櫟《くぬぎ》などと混植して、混交林とするのも一つの方法である。これらの樹種との競合で欅の枝の発達が抑えられ、長い幹の樹が育つことになる。竹藪の中の欅には、枝下の長いものがみられる。

### 欅林を育成する手入れ

欅林を育成するためには諸種の手入れが必要である。造林地の手入れのことを林学用語で保育という。欅林の保育とは、植栽した欅が大木に育つまでの間、稚樹時代の下草刈り、蔓《つる》切り、整枝、枝打ち、除伐、間伐などの作業のことである。

山地に欅を植樹してからはじめて行う作業は下刈りである。欅の最適地は谷間の肥沃地なので、植物の生育がよく、夏には繁茂が著しく、植栽した欅苗木を覆いかくして生育に必要な陽光をさえぎってしまう。そこで下草刈りの出番となる。

欅苗木の一～二年生で苗高一メートルまでのものを植えた場合は、雑草や低木類を全面的に刈り払う。丈の低い雑草木の場合は、根元からではなく中途から刈り払う高刈りにしてもよい。下刈り回数は造林木の成長をみながら、植栽後三年くらいまでは毎年行い、それ以後は雑草木の繁茂状況をみて適宜おこなえばよい。市販の苗木を畑でもう一度養成しなおし、三メートルくらいに成長したものを植えた場合の下刈りは、行わなくてもよい。

下刈り期が終わると植栽した欅も相当な成長ぶりを示すようになるので、その後十数年間は目標とする幹部分の長さが得られるまで、欅林に侵入してきた他の樹種、あるいは一緒に植えた楢や櫟などと共に生育させる。このとき欅だけの純林にしようと潔癖に考えない。他の樹種と競争して、十分な陽光を確保しようと盛んに上長成長をする。上部の枝葉は上に伸びていくが、陽光の当たらない部分の枝葉は枯れ落ちるか、衰弱して枝幹に分化しない。従って幹の部分が長くなる。この時期には、欅以外の樹種が欅の梢の上に伸び、陽光をさえぎらないように適宜その樹種の梢部分を切り落とすのがよい。

藤、葛、木天蓼《またたび》、蔦漆《つたうるし》などの蔓《つる》が欅の幹に巻き付くと、幹曲がりや形質不良木が発生しやすく、肥大成長をさまたげ、害虫の侵入口になったりするので、見つけ次第蔓切《つるき》りを行う。

整枝《せいし》と枝打《えだう》ち作業は欅林を育成する上では、必ず行わなければならない作業である。整枝も枝打ちも欅の枝を切断する作業であるが、整枝は剪定鋏《せんていばさみ》で枝を切断する作業で、鋸《のこぎり》でなければ枝が切断できないようになれば枝打ちとなる。どちらも枝を切断するという作業であるが、使用する道具で便宜的に作業名称を変えた。

枝打ち跡の巻き込みと、不定芽の発生状況

欅という樹種は枝がよく発達するので、放置しておくといつの間にか枝が幹となり、二幹、三幹、あるいはそれ以上の数の幹が出来てしまう。枝幹の発生を防ぐとともに、枝下高の長いつまり利用できる幹部分が長い立木を生産するために、整枝と枝打ち作業は必須の作業である。欅は枝落ちといって自然に衰弱死して枯れ落ちることが少ない樹木なので、密生した林であっても低い位置から枝が出ていることがあるので、その低い部分の枝は必ず切りとっておく。

欅は植栽して間もない幼齢木は枝が細いので、剪定鋏で整枝する。欅林見回りには常に剪定鋏をもっていくように心掛けることが大切である。

欅林の植栽木が成長し、目標とする長さの材木が採れる目安がつくと、その長さ以下の枝は積極的に枝打ちを行う。欅林の中の他の樹種を伐採して林内を疎開すると、欅の幹に陽光があたり、たくさんの不定芽が発生する。この不定芽は枝に発達することはほとんどないが、製材したとき不定芽の部分が黒い斑点となっており、見栄えが悪く商品価値を低下させる。不定芽は発生した年の夏頃までは、棒でたたくと落ちるので、高いところは棒をつかって叩き落とす。二股木は原則として片方を伐らないようにする。枝打ちの高さは、おおむね樹高の三分の一から二分の一までとする。

枝打ちする枝の太さは、枝の付け根の直径が六センチを目安とし、最大でも一〇センチを超えない。一〇センチ以上の太い枝は残す。言い換えれば、枝打ちをしなければならない幹の部分には直径一〇センチ以下の枝は残さないように、こまめに枝打ちすることである。

直径一〇センチ以上の太い枝を枝打ちしない理由は、これほど大きな枝は大量の葉をもち、成長に貢献しているので、これを除くと、上長成長にも肥大成長にも影響がでるためである。また枝打ちする直径が大きいと傷口の癒合までに長期間を要する。欅は他の広葉樹のように傷口から腐朽することはないが、長年月にわたって切口が雨水などにさらされていると、腐朽が入るおそれがある。

枝打ち跡の傷口の癒合《ゆごう》を巻き込みというが、巻き込みする年数は枝径二センチのものは二年間で九一〜一〇〇％、枝径五センチのものは三年間で九四％となり、少し傷口が残っている状態なので四年間かかることになる。

枝打ちの方法は鋸を使い、細い枝は幹に平行に枝を切り落とし、その上を鉈《なた》で平滑にしておく。枝が太くなれば枝の軸芯に対し直角となるよう切り落とし、切口を鉈で平滑にしておく。

欅林は潔癖に、植栽した欅のみの純林仕立てにするのではなく、他の樹木と共に育てることが長い幹の立木を育てるために必要である。しかし欅以外の樹木で、欅の幹に触れるか、または欅の梢頭部にかぶさり、欅の樹冠の発達を妨げている樹木や枝は除去する。

欅の植栽木のうち、細いものや、太くても曲がった幹のものは、早い時期に除去する。曲がった幹のものは、年数がたち大きくなっても、真っ直ぐにはならない。

## 欅人工林の間伐開始時期

人工植栽で育成している欅林を、当初計画した八〇〜一〇〇年で伐採・収穫できるように欅植栽木の肥大成長を促すために間伐を行う。欅のように樹冠の大きな木は肥大成長も良好なので、樹冠を拡大させるための手入れを行うことが、欅林育成上最も大切である。育成中の欅林の中で、現在良好な生育ぶりを示している木（立て木）をより成長させるため、その木の生育に影響を及ぼしている周辺の植栽木を伐採して、「立て木」が樹冠を拡張できる空間をつくるのである。なお「立て木」とは、八〇〜一〇〇年で目標の胸高直径に到達できる良好な肥大成長をしている木で、さらに幹の形質も良好な木のことである。

牛山六郎は「広葉樹用材林の間伐法――立て木仕立て法」（雑誌『山林』一九九一年一月号、大日本山林会）で広葉樹の用材林は、幼齢時は過密な競合状態として、個体間の優劣がわかり出したころに間伐すると、次のようにいう。

広葉樹林は幼時に疎立させると、下部から枝をひろげ、樹冠が大きく、幹は分岐・多枝・梢殺《うらごけ》になりやすい。また、過密のまま放置すると、枝が激しく枯れあがって、樹冠は貧弱、幹は細長になり、混生する経済的に優れた樹種や形質のよいものの生育が著しく阻害される。このため、広葉樹用材林は、幼齢時にはむしろ過密な競合状態におき、不定芽の発生や枝張をおさえて、枝下の長い完満な幹をつくり、個体間の優劣がはっきりしたころから、優れた木の周囲を疎開し、樹冠の四方への広がりを促し、高品質材の生産を助長するように保育することが望ましい。

欅林の植付け本数を一アール当たり三〇〇本位の中庸仕立てか、それ以上の本数を植える密植仕立てで育成すると、土地がよく肥えていると樹高成長はぐんぐん伸びる。しかし肥大成長は林分の立木密度によって制限される。林の立木本数が少なく樹冠がよく発達していると、個々の欅立木の肥大成長は大きい。立木本数が多く込み合っている林では、個々の欅立木の肥大成長は小さい。

立木本数が多い状態で六〇年以上も間伐することなく、放置したままだと、欅立木の肥大成長は衰えて年間一～二ミリ程度となる。この程度だといわゆるヌカ目材となり、強度的に問題が生じる。ヌカ目材にしないためにも、間伐は早い時期から行い、十分に枝葉を繁茂させる必要がある。

欅林の間伐にあたっては、杉、檜、落葉松などの針葉樹林のように、人工林全体の植栽木の形質向上や材積の増大を目指すのではなく、植栽木一本ごとの材積の増大を目ざすことを狙うのである。

間伐すればどんな樹種でも数年すれば林全体の材積は増加してくるが、欅林の間伐では針葉樹人工林のように林分全体がそろって成長することを目ざさなくてもいい。国有林のように一本売りが難しいところは別にして、私有林であれば欅林全体の肥大成長の増大を目ざしながら、さらに「立て木」の肥大成長をより促すように配慮する。

欅材の評価の目安は、丸太の形が真円で、芯が中心に位置し、年輪がほぼ揃っており、真っ直ぐな幹は長くて節がなく、幹は完満《かんまん》で、心（芯）材の材色には赤みがあり、樹齢が高いほど価格が高い。そんな材の生産を育成目的として、間伐を行う。

なお、疎植で、欅植栽木がたがいに樹冠を競い合うことなく、それぞれの植栽木が十分に枝葉を拡張させて陽光をたっぷりと受けている場合には、間伐を行う必要性はない。

欅林の間伐を行う時期は、生産目標の四メートル以上の直材がとれる見込みがついた時期である。具体的には、「立て木」と、間伐で伐採する木が判別できるように二〇〜三〇年生のころから始める。樹高成長が良好な欅では、おおむね一年間に四〇〜五〇センチ伸びるので、上層木の樹高が八〜一〇メートルになれば「立て木」として残す木か、間伐で伐採する木かが判別できるようになる。

### 間伐の実施

間伐は植栽した欅が当初予定した年限で伐採・収穫できるように、植栽木の肥大成長を促すために行うことを目的としている。そして間伐木が販売できれば、それはそれで利益が生まれるのでさらによろしい。

欅は樹冠の大きい樹ほど肥大成長も良好だから、主伐まで育成する樹（立て木）の直径をより大きくするため、その樹の樹冠を拡大させるため「立て木」の生育に影響を及ぼしている周辺の植栽欅やその他の樹木を伐採し、「立て木」の枝葉が十分に拡張できるように空間をつくることである。

間伐は「立て木」をまず選ぶ。「立て木」は、幹が真っ直ぐで完満、真円となっていて、枝下の部分がすくなくとも四メートル以上のものが採材の見込まれるもので、肥大成長が良好なものから順次選ぶ。

「立て木」の配置は、林内にほぼ均等にあることが望ましい。すぐれた欅植栽木が並列していて、優劣がつけにくい場合は「立て木」の配置上好ましい方を残し、他のものは間伐する。しかし優れた欅植栽木は限られているため、個々の「立て木」の肥大成長が劣るリスクを覚悟して、優れた欅「立て木」をまとめて残すことも一つの方法である。

以上は理想的な欅林の「立て木」の選び方であるが、現実には現時点で間伐すべき年齢に達している欅林では枝下高が低く、直幹で四メートル材が採材できる人工林は多くないようである。次善の策としては、その欅林の中で肥大成長の旺盛な欅のうちの、直幹の長いものから選んで「立て木」とすることも一つの方法である。

古くから欅の生長促進は、枝を十分に拡張させ葉量を大きくすることにあるといわれているので、「立て木」の生長を阻害する樹冠の優勢な立木を伐採し、「立て木」の樹冠に十分な陽光があたるようにする。

右から３本目の一重印の木が「立て木」である。これ以外は伐採（間伐）する。

筆者は欅の胸高直径と樹冠の広がりを示す樹冠投影面積の関係を、島根県鹿足郡日原町（現津和野町）高嶺芦谷国有林の六五年生のときに間伐し、その五年後の状態を調べたことがある。

樹冠投影面積約六〇㎡の欅立木の胸高直径五五㎝
樹冠投影面積約三五㎡の欅立木の胸高直径四〇㎝
樹冠投影面積約六㎡の欅立木の胸高直径二二㎝

このように、樹冠投影面積の大きな欅立木ほど、胸高直径つまり肥大成長が良好な傾向を示していた。

間伐する欅立木は、まず林冠の上層部で「立て木」の樹冠と競り合っている樹冠をもつ優勢木である。

欅林の中・下層で生育している欅立木では、現在「立て木」の幹に接触して損傷を与えるおそれのあるものだけを伐採する。それ以外の欅立木は樹冠が「立て木」の枝下となるので、「立て木」の幹に後生枝（いゆる不定芽）の発生防止と、樹幹の日焼けを防ぐためにも積極的に残すことが大切である。

ようするに、欅林の間伐は、上層部において「立て木」の樹冠が本来の繁茂状態となるよう空間をつくるために行うものなので、「立て木」の樹冠以下に生育している欅植栽木や他樹種などは、可能な限り伐採しないのが望ましい。

しかし、間伐木を伐り倒す際、懸《かか》り木となるおそれのある木は、作業上の安全性と作業能率のため、あらかじめ伐採しておく。

間伐するとき、林内の見かけをよくするために、潔癖に中・下層木をすべて伐採し、林内が向こうまで透けてみえるような、いわゆる掃除伐りを行い、「立て木」のみが残っている状態にすることは望ましくない。

育成中の欅林の中で、望ましい間隔で「立て木」またはそれに相当する優れた欅が存在しない場合は、中層木であっても樹幹の質が良好なものは残して「立て木」同様に扱う。そのような準「立て木」は、「立て木」が伐採された後でも残し、生育肥大させる。そうすれば、再び苗木から育成するよりも何年も早く伐採することが可能となる。

**間伐後の措置と間伐効果**

間伐は林冠の閉鎖を破ることを目的としているので、注意しながら適切に間伐を行っても、そうでない場合は当然であるが、林内に陽光が差し込むこととなる。「立て木」の幹に陽光が当たると、多数の後生枝（不定芽）が発生する。不定芽は、製材したときに材のシミとして現れ、価値を損ねるばかりでなく、

間伐後幹に陽光が当たると幹皮に縦割れや不定芽が発生する。樹皮割れは材には影響ない。

放置しておくと太く生長して枝になるものもできてくる。そうなればせっかくこの時点まで手入れをし、育成してきた長い幹が短くなり、目標が損なわれることになる。

間伐実施後はしばしば見回りを行い、不定芽が発生しておれば芽掻きを行う。発生後間もない不定芽は、見つけ次第芽掻きすることが必要である。

また、間伐後、欅の幹の樹皮に幅一〜二センチで、長さは数メートルにおよぶ縦長のひび割れが発生することがある。これは春先に起こる幹の急激な肥大成長にともなった生理現象で、ひび割れは樹皮だけにとどまって材部までは達していない。材質への影響はない。欅は春先に樹液が上るとき、一気に肥大成長するので、冬の間硬くなっている樹皮が耐えきれず裂けるのである。

欅林の間伐が「立て木」にどんな効果をもたらせたのか気になるところだが、その調査事例は極めて少ない。欅林の間伐実施報告はあるが、間伐方法は従来の杉・檜・松などの針葉樹林に準じて行われており、主として欅林全体の材積の増大を図ることを目的としている。

わずかな欅林の間伐事例だが、そこから間伐によって生まれた肥大成長の効果をみよう。

群馬県吾妻郡中之条町四万国有林で中之条営林署が、四六年生のときに間伐し、間伐して一〇年後の五六年生のとき間伐効果を調査したものである。

この欅林の上層木の平均樹高は、強度間伐区二一メートル、間伐区二一メートル、対象区（無間伐）二二メートルである。樹高はその土地の生産力を現しているので、この三つの試験区の生産力はほとんど同じと判断できる。一年間当たりの平均樹高成長は〇・四六メートルで、全国的にみても良好な樹高成長の事例である。

四六年生時点で間伐した一〇年後の肥大成長比較

| 間伐区等 | 優勢木の比率 | 優勢木の平均胸高直径 | 優勢木平均枝下高 |
|---|---|---|---|
| A　強度間伐区 | 三二・五％ | 三三・一cm | 八・四m |
| B　間伐区 | 一八・九％ | 二七・二cm | 七・九m |
| C　無間伐区 | 一〇・二％ | 二七・六cm | 八・四m |
| AとCの平均胸高直径差 | | 五・五cm | |

間伐を実行した中之条営林署は、欅優勢木と名付けているが、実質は「立て木」とみてよいだろう。「立て木」の平均胸高直径は間伐区も無間伐区も同じであり、強度間伐区は前の二つの区に対して五・五センチ大きかった。つまり強度間伐区では、一〇年間に直径で五センチ五ミリ（年輪幅になおすと二・七五センチ）肥大成長が大きかったのである。

試験調査の報告としては、間伐実施前の現在残っている上層木の平均直径資料に欠けているので、正確には強度間伐区が一〇年間で五センチ五ミリ大きかったとは言えないうらみがある。

島根県鹿足郡日原町の高芦谷国有林の欅林では、日原営林署が六五年生のとき「立て木」を残した間伐を行い、その五年後の生長状況を調査している。間伐前の欅林は、植栽した欅の中に山毛欅《ぶな》、沢胡桃《さわぐるみ》、ミズメ、シデ、オヒョウ、春楡《はるにれ》、桜、朴、檗《きはだ》などが混生し、上層木と下層木が比較的明瞭な複層林となっていた。一ヘクタール当たり生立本数は五八四本（うち上層木三五五本）、平均樹高一八メートル、平均胸高直径二三センチであった。

ここに間伐率が二種類のAとBの区域と、対象区として無間伐の区域のC区という三区域を設けた。間伐区は本数間伐率二六・六％のA区と、六八・一％のB区という二区である。

欅林の間伐は植栽欅の肥大成長を促すことにあるので、間伐五年後のそれぞれの区域の胸高直径の大きい方から五本を選んで、その肥大成長を比較した。

間伐五年後の直径の大きい順五本の肥大成長比較

| 区域 | | 一位 | 二位 | 三位 | 四位 | 五位 | 平均 |
|---|---|---|---|---|---|---|---|
| A区 | 直径㎝ | 四六・四 | 四四・四 | 四二・六 | 三九・六 | 三九・一 | 四二・四二 |
| | 成長量㎝ | 二・三 | 二・四 | 三・一 | 二・五 | 二・一 | 二・四六 |
| B区 | 直径㎝ | 五五・二 | 三六・九 | 三六・二 | 三三・三 | 三二・五 | 三八・八二 |
| | 成長量㎝ | 三・四 | 一・三 | 二・三 | 二・二 | 二・四 | 二・三二 |
| C区 | 直径㎝ | 二九・八 | 二八・二 | 二七・九 | 二四・八 | 二二・九 | 二六・七二 |
| | 成長量㎝ | 一・六 | 一・三 | 一・三 | 一・一 | 一・四 | 一・三四 |

（注・成長量とは、伐採後五年間の肥大成長量である）

胸高直径順位一位の「立て木」の肥大成長量を比較するため、C区の一・六センチを一〇〇とすると、A区は二・三センチで一四四％、B区は三・四センチで二一三％となり、間伐によって肥大成長が促進されたことが判る。間伐区での最大成長量はB区の順位一位の木で三・四センチ（一年間になおすと約〇・七センチ）あり、この木は胸高直径も試験区の中で最大である。

この欅林は間伐後五年を経過した段階で、ようやく樹冠拡張および葉量増加期にあたっているとみられる。今後はこれまでの五年間に比べ、肥大成長が促進されることが期待できる。単純に現在の肥大成長が今後も継続すると計算すれば、胸高直径が八〇センチに達する年数はA区一位木は今後約七二年、B区一位木は今後約三六年、C区一位木は約一五七年となる。この年数差が間伐の効果である。

### 欅の盆栽

欅は巨樹・巨木に育つ樹木であるが、その美しく均整のとれた樹姿や、春の芽吹き、秋の黄・紅葉を愛でることを目的として、植木鉢に縮小栽培するものに欅盆栽がある。

盆栽は中国ではじまり、はじめは山水の景色を盆の上に縮小し「盆景」とよばれた。それがわが国に伝わったのは平安時代末期で、山水の景色をめでる高尚な趣味として公家や武家に歓迎された。鎌倉時代の絵巻物の「春日権現験記」などにみられる。

「盆栽」という言葉と共に現代の盆栽の基礎が築かれたのは明治になってからで、明治三一年（一八九八）に内閣総理大臣を務めた大隈重信は代表的な盆栽愛好者であった。明治三〇年（一八九七）ごろ欅盆栽の大流行があった。盆栽をたしなむことが政財界のステータスシンボルになり、戦後の吉田茂首相も盆栽が好きで、中でも欅盆栽を好んだ。欅盆栽でもっとも有名なものは吉田茂首相遺愛の「白足袋」で、

ケヤキ種子の着いた小枝。秋にはこの小枝が落ちるので、これを拾って種子を採取する。

現在も埼玉県さいたま市北区盆栽町の九霞園に培養されている。

盆栽は単なる園芸趣味でなく、絵画や彫刻と同様、造形芸術の一種であると、現在では認められている。昭和四五年（一九七〇）に大阪で開催された花と緑の万国博覧会で盆栽展が開かれ、盆栽文化が外国に広まる契機となった。欧米でも人気が高く「BONSAI」で一般に通用する。

欅はわが国に広く自生し、街路樹や庭園樹木として植えられている。春の芽吹きと紅葉が美しく、盆栽用の樹木としては雑木（落葉広葉樹）盆栽の代表格として愛好者が多い。

欅は樹冠が半円形を描く箒《ほうき》作りの似合う樹である。見どころは、斜めに伸び上がる繊細な小枝、春の新芽、秋の黄・紅葉で、落葉後に細かく広がる細枝があらわれ、その凜とした冬姿は特に見応えがある。

盆栽に仕立てるには、種子を蒔きつける実生、挿木、取り木があり、この樹は成長が早いので実生からの樹作りがよい。実生は種子を集めることから始まる。公園などの大きな木は、木枯らしの吹くころ種子のついた沢山の小枝を落としているので、そこから採取する。採取したらすぐに基本用土に蒔き付ける。これを取り蒔きという。採取した種子を冷蔵庫に保管し、三月に蒔き付けてもよい。四月に発芽する。

二葉が開いてまもなく対生葉（十字葉）が開くので、この段階で苗を抜き取り、一本ずつ仕立てて鉢に植え付ける。葉が七〜八枚に伸びたころ、先芽を摘むと小枝が出る。

欅は樹冠を半円形のいわゆる箒作りの似合う樹種である。枝を作っていく（枝を増やす）過程では、四〜五月に枝の先端の葉を摘む。芽の出ている方向をみて、枝先に向けて引っ張ると、簡単に摘むことができる。四年ほどすると樹姿も整ってくるが、枝数が増えたため内部に陽光が入らなくなり、外側ばかり成長してバランスが悪くなる。六月の新芽がそろったところで、葉刈りといって葉を一旦全部取り、枝先を剪定し半球を作るようにする。それ以降は、半球から飛び出す芽はすぐに摘んでいく。こうして芽摘みと葉刈りを繰り返して太い枝を作らないようにする。

欅は新芽が出ると、とたんに乾きが早くなるので、水切れさせないように、表土が乾いたタイミングで鉢底から抜けるまでたっぷりと水を灌ぐ。水切れすると、葉が茶色になる。

肥料を多く与えると、葉っぱが茂りすぎて樹形がみだれる。葉刈りで年に何度も葉をださせる場合は、玉肥を四〜一〇月に、月一回施す。

毎年三月の彼岸ごろ、基本用土で植え替えをする。用土が粗いと細かい枝が出ない。

葉っぱが落ちた冬、冬季用の殺虫・殺菌剤を散布して、害虫や病気の発生を防ぐ。

# 参考文献

〔第一章　ケヤキの植物誌〕

伊東隆夫・佐野雄三・安部久・内海泰弘・山口和穂『カラー版　日本有用樹木誌』海青社　二〇一一年
植物文化研究会編・木村陽二郎監修『花と樹の事典』柏書房　二〇〇五年
佐竹義輔・原寛・亘理俊次・富成忠夫『日本の野生植物　木本I』平凡社　一九八九年
家永善文・岡村はた・橋本光政・平畑政幸・藤本義昭・前田米太郎・室井綽『新訂　図解植物観察事典』地人書館　一九九三年
島地謙・伊東隆夫編『日本の遺跡出土木製品総覧』雄山閣　一九八八年
上原敬二『樹木大図説I』有明書房　一九六一年
環境庁編・発行『日本の巨樹・巨木』一九九一年
高橋弘『日本の巨樹――一〇〇〇年を生きる秘密』宝島社　二〇一四年
読売新聞社編・発行『新日本名木一〇〇選』一九九〇年
渡辺典博『ヤマケイ情報箱　巨樹・巨木』山と渓谷社　一九九九年
鈴木三男「伊奈氏屋敷跡出土木材の樹種」『赤羽・伊奈氏屋敷跡　埼玉県埋蔵文化財調査事業団報告書　第三一集』埼玉県埋蔵文化財調査事業団　一九八四年
古川郁夫・渡部里奈「古代ケヤキの年輪幅変動による古気候の推定」『広葉樹研究』第8号　鳥取大学農学部　一九九九年
鈴木和夫・福田健二『日本の樹木』朝倉書店　二〇一二年
日本林業技術協会編『森林・林業百科事典』丸善　二〇〇一年

〔第二章　槻と呼ばれたころのケヤキ〕

倉野憲司校注『古事記』岩波文庫　一九六三年
荻原浅男・鴻巣隼雄校注・訳『古事記　上代歌謡』日本古典文学全集　小学館　一九七三年
竹内誠・佐藤和彦・木村茂光編『教養の日本史』東京大学出版会　一九八七年
辰巳和宏『聖樹と古代大和の王宮』中央公論社　二〇〇九年
宇治谷孟『全現代語訳　日本書紀　下』講談社学術文庫　一九八八年
新村出編『広辞苑　第四版』岩波書店　一九九一年
桜井市史編纂委員会編『桜井市史　上巻』桜井市役所　一九七九年
国史大辞典編集委員会編『国史大辞典　第一二巻』吉川弘文館　一九九一年
牧野富太郎『牧野新日本植物図鑑』北隆館　一九六一年
土橋寛・小西甚一校注『古代歌謡集』日本古典文学大系三　岩波書店　一九五七年
吉野裕訳『風土記』東洋文庫　平凡社　一九六九年
黒板勝美・国史大系編修委員会編『延喜交代式・貞観交代式・延喜式』新訂増補国史大系二六　吉川弘文館　一九六五年
大津有一校注『伊勢物語』岩波文庫　一九六四年
佐々木信綱編『新訂新訓　万葉集』岩波書店　一九二七年
木下武司『万葉植物文化誌』八坂書房　二〇一〇年
曽倉岑『万葉集全注　巻第一三』有斐閣　二〇〇五年
森田悌『続日本後記（上）全現代語訳』講談社学術文庫　二〇一〇年
小学館編・発行『古語大辞典』一九八三年
大槻文彦『新訂大言海』冨山房　一九五六年
上田万年『日本外来語辞典』東出版　一九九六年
武田久吉『民俗と植物』講談社学術文庫　一九九九年
山中襄太『続・国語語源辞典』校倉書房　一九八五年

〔第三章　槻・欅論争と欅の昔話〕
槇佐知子訳『校注大同類聚方』平凡社　一九八五年
丸山林平『上代語辞典』明治書院　一九六七年
『山門堂社記』塙保己一『群書類従　第二四輯・釈家部十四』続群書類従完成会　一九三二年
佐藤亮一監修『日本方言辞典　標準語引』小学館　二〇〇四年
校注者代表矢野宗幹『大和本草』有明書房　一九八〇年
屋代弘賢編、西山松之助・朝倉治彦復刻版監修『古今要覧稿　第四巻』原書房　一九八二年
白井光太郎『樹木和名考』内田老鶴園　一九三三年
『国史草木昆虫攷』日本古典全集刊行会　一九三七年
池上洵一編『今昔物語集　本朝部上』岩波文庫　二〇〇一年
責任編集稲田浩二・小澤俊夫『日本昔話通観』同朋舎出版
　青森・岩手・宮城・秋田・山形・福島・栃木・群馬・茨城・埼玉・東京・新潟・富山・石川・福井・山梨・長野・岐阜・静岡・愛知・兵庫・鳥取・島根・岡山・福岡・佐賀・大分・長崎・熊本・宮崎　一九七八〜一九八八年
狭山市編・発行『狭山市史　民俗編』一九八五年
谷川健一責任編集『動植物のフォークロア　Ⅱ』三一書房　一九九三年
加納喜光『植物の漢字語源辞典』東京堂出版　二〇〇八年
石上堅『木の伝説』宝文館出版　一九六九年
長野県編『長野県史　民俗編』長野県史刊行会　一九八六年

〔第四章　暮らしを守る欅〕
杉本尚次『日本民家の研究——その地理学的考察』ミネルヴァ書房　一九六九年
宮城県史編集委員会編『宮城県史一九　民俗Ⅰ』宮城県史刊行会　一九九三年
古川市史編さん委員会編『古川市史第三巻　自然・民俗』古川市　二〇〇三年

菊池立・佐藤裕子・二瓶由子「仙台平野中部におけるイグネの分布（2）――仙台市若葉区におけるイグネ分布」『東北学院大学東北文化研究所紀要　32』東北学院大学　二〇〇〇年
菊池立・阿部貴伸・内藤崇「仙台平野中部におけるイグネの分布（3）――名取市北東部におけるイグネの分布」『東北学院大学東北文化研究所紀要　33』東北学院大学　二〇〇一年
福島県編・発行『福島県史　第二四巻　民俗2』一九六七年
練馬区史編さん委員会編『練馬区独立30周年記念　練馬区史　歴史編』東京都練馬区　一九八二年
瑞穂町史編さん委員会編『瑞穂町史』瑞穂町役場　一九七四年
調布市史編集委員会編『調布市史　民俗編』調布市　一九八八年
埼玉県編・発行『埼玉県史　別編1　民俗1』一九八八年
所沢市史編さん委員会編『所沢市史　民俗』所沢市　一九八九年
鴻巣市編さん委員会編『鴻巣市史　民俗編』鴻巣市　一九九五年
戸田市編・発行『戸田市史　民俗編』一九八三年
市史編さん室編『岩槻市史　民俗史料編』岩槻市　一九八四年
児玉町教育委員会・児玉町史編さん委員会編『児玉町史　民俗編』児玉町　一九九五年
草加市史編さん委員会編『草加市史　民俗編』草加市　一九八七年
安曇野市の屋敷林とまちなみプロジェクト編・発行『安曇野の屋敷林――その歴史的まちなみを訪ねて』二〇一〇年
砺波郷土資料館編『砺波平野の屋敷林――散居に暮らした人々の自然と共生の証』砺波散村地域研究所　一九九六年
国土交通省資料『国土技術政策総合研究所資料　平成二一年一月』二〇〇九年
片倉正行・奥村俊介「ケヤキ人工林の生長」『長野県林総研研究報告第五号』長野県林総研　一九八九年
石野和男・濱田武人・佐野浩一・大下勝史・野呂直宏・岡本宏之「流木の流出防止を目的とした渓流および谷底河川沿いのケヤキの植林に関する研究」『大成建設技術センター報　第四二号』大成建設技術センター　二〇〇九年
竜王町編・発行『竜王町誌』一九五五年
神田誠也・北原曜・小野裕「鉄道防備林におけるケヤキ人工林の崩壊防止機能」『中部森林研究』五九号　中部森林学会

二〇〇一年


〔第五章　領主と槻（ケヤキ）〕

竹内誠・佐藤和彦・君島和彦・木村茂光『教養の日本史』東京大学出版会　一九八七年
農林省編纂『日本林制史資料　山口藩』内閣印刷局内朝陽会　一九三〇年
農林省編纂『日本林制史資料　広島藩』内閣印刷局内朝陽会　一九三〇年
広島県編・発行『広島県史　近世Ⅰ』一九八一年
筒賀村・筒賀村教育委員会編・発行『筒賀村史　通史編』二〇〇四年
農林省編纂『日本林制史資料　金沢藩』朝陽会　一九三三年
志賀町史編纂委員会編『志賀町史　第五巻沿革編』志賀町役場　一九八〇年
氷見市史編さん委員会編『氷見市史Ⅰ　通史編一』氷見市　二〇〇九年
鳥越村史編纂員会編『石川県鳥越村史』鳥越村役場　一九七二年
農林省編纂『日本林制史資料　和歌山藩』朝陽会　一九三三年
新宮市史編さん委員会編『新宮市史』新宮市役所　一九七二年
恵那市史編纂委員会編『恵那市史　通史編第二巻』恵那市　一九八九年
農林省編纂『日本林制史資料　名古屋藩』朝陽会　一九三二年
南木曽町誌編さん委員会編・発行『南木曽町誌　通史編』一九八二年
農林省編纂『日本林制史資料　仙台藩』朝陽会　一九三二年
矢巾町史編纂委員会編『矢巾町史（上巻）』矢巾町　一九八五年
倉淵村誌編集委員会編『倉淵村誌』倉淵村役場　一九七五年


〔第六章　欅材とその利用〕

伊原恵司「古建築に用いられた木の種類と使用位置について――中世から近世への変化を中心として」『保存科学』28号

東京文化財研究所　一九八九年
農商務省山林局編『木材ノ工芸的利用』大日本山林会　一九一二年
富山県編・発行『富山県史　通史編Ⅳ　近世下』一九八三年
城端町史編纂委員会編『城端町史』国書刊行会　一九八二年
大澤一登編『日本の原点シリーズ　木の文化4　欅』新建新聞社　二〇〇五年
奥敬一「山あいの民家は〝雑木林〟そのものだった」『森林総合研究所関西市場情報』九二号、二〇〇九年

〔第七章　欅を育てる〕

大阪営林局編・発行『国有林の展望』一九五二年
松波秀美『明治林業史要　下巻』原書房　復刻一九九〇年
赤林実瞳「欅の枝打に就き二三の考察」『日本林学会誌』第一〇号　日本林学会　一九二八年
白澤保美・川田杰「くり・けやき造林試験報告」『林業試験場報告』第二九号　林業試験場　一九二九年
山脇英夫「ケヤキ人工林施業」『日本林学会関西支部講演集』日本林学会関西支部　一九八〇年
沢田晴雄・斉藤登・斉藤俊浩・梶幹男・山根明臣「七六年生ケヤキ人工林の生長と地形条件との関連について」『一〇〇回日本林学会論文集』日本林学会　一九八九年
前橋営林局中之条営林署編・発行「ケヤキ人工造林地の現況と今後の施業の検討」『造林実験営林署研究報告』六号　一九八〇年
岩本硬司・徳田元彦「ケヤキ造林地の施業について」『日本林学会関西支部第三三回大会講演集』日本林学会関西支部　一九八二年
河原輝彦「ケヤキ人工の林分構造と材積成長」『昭和六〇年度技術開発報告書』第一六号、大阪営林局　一九八五年
富田ひろし・仲明積「尾鷲市の五六年生ケヤキ人工林の調査報告」『三二回日本林学会中部支部講演集』日本林学会中部支部　一九八四年
有岡利幸編著『ケヤキ林の育成法』大阪営林局森林施業研究会　一九九二年

有岡利幸「ケヤキ人工林の育成技術（1）」雑誌『天然しぼの研究』新第一四号　フォレスト・リサーチ研究所　一九九八年
有岡利幸「ケヤキ人工林の育成技術（2）」雑誌『天然しぼの研究』新第一五号　フォレスト・リサーチ研究所　一九九九年
牛山六郎「広葉樹用材林の間伐法——立て木仕立て法」雑誌『山林』一九九一年一月号　大日本山林会　一九九一年

# あとがき

ケヤキというわが国固有種の優れた落葉広葉樹の文化史をまとめることが出来た。優れたという意味は、利用価値の高い木材となるばかりでなく、端麗な樹姿で公園などの公衆の集う場所の景観を形成したり、屋敷林の樹木として季節風などの風害から農家の生活を守ることができる樹であったことをさす。

思えば私とケヤキとの縁《えにし》は長いものがある。平成二六年（二〇一四）一月末に享年一〇四歳で亡くなった母の実家は岡山県北東部の山里で、母の里帰りには連れて行ってもらった。小学何年生であったのか記憶はないが、吉井川支流梶並川に架けられた土橋を渡り、狭い河岸段丘の山寄りにある小さな集落の奥まった母の実家へたどり着いた。細い里道に突き出した岩の割れ目にはケヤキの大木が三本あるところで右に曲がり、幅二メートルほどの谷川を渡れば、母の生まれた家であった。岩上の大木のケヤキに行きつければ、母の実家に行けると教えられた記憶がある。

私の生まれた岡山県東北部の美作台地は松地帯で、どこを見渡してもケヤキの姿はなく、それから三〇年近くは、まったくケヤキとの縁はなかった。高校で林業を専攻する学科を卒業し、国有林で仕事をするようになった。昭和五一年（一九七六）、島根県西部にある国有林を管理経営している日原営林署の森林計画の樹立を担当した。現地調査に入ってみると、日原署の国有林から産出するケヤキは、材木商が「日原ケヤキ」と銘柄名をつけるほど評価されていた。

ここのケヤキは、人工林のものも天然林もあったので、自然にケヤキとはどういう樹木かを知ることとなった。日原署の森林計画を樹立した翌年、転勤で日原署の造林などの森林経営を担当する課長として二年間、大正末期から植栽されたケヤキ人工林の状況を見聞し、手入れなどの実地の仕事をすることとなった。

その後何度かの転勤があり、またまた大阪営林局計画課にもどり、森林計画樹立に関わる仕事の担当者諸氏を指導するような立場につくことになった。たまたま五年に一度廻って来る森林計画の樹立年度に日原署が当たっていた。人工林でも天然林でもケヤキ林が相当の面積をしめている日原署の森林計画（施業計画）樹立担当者に、ケヤキ林を育成する技術を指導するため、一〇〇編を超えるケヤキに関する論文などの資料を整理して、『ケヤキ林の育成法』を取りまとめた。自分ながら大阪局の担当者だけの資料としておくにはもったいない出来栄えであったので、広く民有林行政に携わっている各県の担当者にも知っていただくため、出版することとした。

この『ケヤキ林の育成法』はケヤキの形態や材質・用途、育苗、人工林造成、人工林の保育・間伐、ケヤキ天然更新、ケヤキ人工林の生育状況、ケヤキ材の市場価格等の項目をもっており、未熟ながらも一応ケヤキ林を人工的に育成するための体系付けができていた。林業関係者の評判が良く、たくさん売れた。私としては林業的なケヤキとの関わりは、ここで一応の完結をみたつもりであった。

これらの経験は、本書の最終章の「欅林を育てる」に取りまとめることができた。

しかし、心の底にはいつの日にかケヤキの文化史を書かなければという思いがくすぶっていた。ケヤキの文化史は私しか書けないだろという自負はあったが、すぐに執筆に思いたてなかったのは、果たしてケヤキだけで一冊の本になるだけの分量の資料が集められるであろうかという不安がちらついていたのである。

平成二六年（二〇一四）、各家庭への普及めざましい椿の花の改良や日本文化の中の椿に主体をおいた文化史の『椿』（法政大学出版局）と、その種子から搾られる椿油がどこで採れるか、どんな使い方をされているかなどを述べた『つばき油の文化史』（雄山閣）を上梓したあと、やっとケヤキの文化史をまとめることに決心がついた。

本気になってケヤキに関する資料集めをはじめると、縄文時代にはケヤキの丸木舟が作られていたこと、奈良盆地の弥生時代の鍵・唐古遺跡から二三本の掘立柱をもつ大型建物が発掘され、建物の柱の内ケヤキが一八本あり最大根元直径八〇センチのものがあったこと、雄略天皇の泊瀬朝倉宮は王宮の最重要建物であった新嘗屋《にいなめや》がケヤキ巨樹に寄り添っていた、という『古事記』の記述など、思いがけないくらいの量の資料に巡り合うことができた。

関東地方は冬のからっ風を防ぐため、高木のケヤキを主体とした屋敷林が作られていることは、知る人が多い。関東地方以外にも、ケヤキを屋敷林の中の樹木としてとりいれている地方に、仙台平野のイグネ、長野県安曇野の屋敷林、富山県砺波平野のカイニョなどがあった。

昨今では激しい都市化で、広々とした農家の屋敷も周囲を住宅で取り囲まれ、しだいに屋敷林は孤立した状態になっている場所が多い。そうなると後から住み着いた人たちは、屋敷林の落葉が自分の屋敷内へ散りこむことを嫌って苦情をつけたり、台風などの強風時に折れた枝がわが家を傷つけそうだ、等々、屋敷林の主にクレームをもちこんでくる。

近所付き合いの煩わしさから、屋敷林のケヤキを伐採したり、枝を切り詰めたりすることになる。ところが高さは三〇メートル、樹の太さ一メートルを超えるような大木で、さらには交通量のある道路の横であったり、隣家に接した場所での処理は素人では無理である。

都市中で曰くつきの高木を処理してくれる空師《そらし》という職業の人を小関智弘さんが『仕事が人をつくる』(二〇〇一年、岩波新書)の中で、「東京の空師三代」のタイトルで紹介している。本書の中で触れることができなかったので、どんな仕事なのか、簡略に紹介する。

空師は東京都中野区の飯田林業の飯田清隆さん。頼んだ人は著者の小関さん。伐採する樹は両手で抱えられない太さのアカメギリで、枝が折れたら二階がつぶれると奥さんが心配していた。家の周りは全て傾斜地で、電柱や電線が張り廻らされ、ぐるり廻らされた石塀の外は階段。平坦なのはそのアカメギリの立っているわずかな空間だけであった。こんな障害物だらけのところに聳え立つ大木を、素人が伐れるはずはなかった。

飯田林業から四人の職人がやってきた。親方と職人たちは、家の外の階段からしばらく大木を眺め、やがて一人がロープとチェンソーを腰に木に登る。長いロープを枝にかけ、両端を下におろすと、下の二人がロープを張る。合図を掛け合いながら準備が終わると、チェンソーで枝を切る。伐られた枝は、残っている木の又にかけられているロープによって宙吊りになる。その宙吊りの枝を、二人の職人が声を合わせて移動させる。一方が引っ張るともう一人がゆるめる。すると枝はまるで生き物のように、上下左右に動き回って残りの枝の間をすり抜け、屋根の庇をよけ、電線をくぐって。石塀の外に出た。見上げていたときはそんな大きな枝とも見えなかったが、下ろされた枝は葉を茂らせて大きく重い。その一辺二メートルほどの三角形の空間を、スルスルと宙をおよぐようにして下りてくる。クレーンが入れないところは、こうやって枝おろしをするのだという。

こうしてチェンソーとロープと、竹の三股と梯子くらいの道具を使うだけで、足場の悪い急傾斜地の大木の枝を払い、夕方にならないうちに幹の根元まで切って、作業を終えた。隣接する榎や欅の枝も、登りついでだよと、枝おろしをして、トラックに満載して帰った。

高樹の枝おろしを生業としているのは、都内では飯田林業一軒しかない。指折りの造園業者や、そこに出入りしている植木屋さんたちのネットワークで、手に負えない高樹の枝おろしや伐採のしごとになると、飯田林業に声がかかる。皇居から、明治神宮、神宮外苑、成田山新勝寺、都内の大学のほとんどすべてのキャンパスから武蔵野の農家までである。

さて、最後の章に、ケヤキ林の育て方を記した。ケヤキ林の育て方をわかりやすく記した本はないので、参考にしていただければ嬉しい。実は前に書いた『檜』をある新聞が紹介してくれたが、紹介文に国有林に勤めた人ならヒノキの育て方も書いてほしかった旨の部分があった。そこで大木のケヤキを育てる意欲のある人は、手探り状態でケヤキ林を育成しているので、この本に期待するところがあるのではと思ったのである。

本書は調べ足りない部分も多いと思われるし、不備、間違いがあると思うので、ご指摘いただければありがたく思います。

本書の出版にあたって、ご理解をいただいた法政大学出版局と編集でお世話になった松永辰郎氏、資料収集の際にお世話を頂いた近畿大学中央図書館の高橋悦子さん、さらには数多くの参考文献の著者各位に篤く御礼申し上げます。

平成二八年一月三一日

有岡利幸

著者略歴

有岡利幸（ありおか　としゆき）

1937年，岡山県に生まれる．1956年から1993年まで大阪営林局で国有林における森林の育成・経営計画業務などに従事．1993～2003年３月まで近畿大学総務部総務課に勤務．2003年より2009年まで（財）水利科学研究所客員研究員．1993年第38回林業技術賞受賞．
著書：『森と人間の生活――箕面山野の歴史』（清文社，1986），『ケヤキ林の育成法』（大阪営林局森林施業研究会，1992），『松と日本人』（人文書院，1993，第47回毎日出版文化賞受賞），『松――日本の心と風景』（人文書院，1994），『広葉樹林施業』（分担執筆，（財）全国林業改良普及協会，1994），『資料　日本植物文化誌』（八坂書房，2005）『松茸』（1997），「梅Ⅰ・Ⅱ』（1999），『梅干』（2001），『里山Ⅰ・Ⅱ』（2004），『桜Ⅰ・Ⅱ』（2007），『秋の七草』『春の七草』（2008），『杉Ⅰ・Ⅱ』（2010），『檜』（2011），『桃』（2012），『柳』（2013），『椿』（2014）（以上，法政大学出版局刊），『つばき油の文化史』（雄山閣，2014）

ものと人間の文化史　176・欅（けやき）

2016年５月25日　初版第１刷発行



発行所　一般財団法人　法政大学出版局
〒102-0071　東京都千代田区富士見2-17-1
電話03（5214）5540／振替00160-6-95814
印刷／三和印刷　製本／誠製本

Printed in Japan

ISBN978-4-588-21761-6

## ものと人間の文化史

★第9回梓会出版文化賞受賞

人間が〈もの〉とのかかわりを通じて営々と築いてきた暮らしの足跡を具体的に辿りつつ文化・文明の基礎を問いなおす。手づくりの〈もの〉の記憶が失われ、〈もの〉離れが進行する危機の時代におくる豊穣な百科叢書。

1 **船** 須藤利一編

海国日本では古来、漁業・水運・交易はもとより、大陸文化も船によって運ばれた。本書は造船技術、航海の模様の推移を中心に、漂流、船霊信仰、伝説の数々を語る。四六判368頁 '68

2 **狩猟** 直良信夫

人類の歴史は狩猟から始まった。本書は、わが国の遺跡に出土する獣骨、猟具の実証的考察をおこないながら、狩猟をつうじて発展した人間の知恵と生活の軌跡を辿る。四六判272頁 '68

3 **からくり** 立川昭二

〈からくり〉は自動機械であり、驚嘆すべき庶民の技術的創意がこめられている。本書は、日本と西洋のからくりを発掘・復元・遍歴し、埋もれた技術の水脈をさぐる。四六判410頁 '69

4 **化粧** 久下司

美を求める人間の心が生みだした化粧―その手法と道具に語らせた人間の欲望と本性、そして社会関係。歴史を遡り、全国を踏査して書かれた比類ない美と醜の文化史。四六判368頁 '70

5 **番匠** 大河直躬

番匠はわが国中世の建築工匠。地方・在地を舞台に開花した彼らの造型・装飾・工法等の諸技術、さらに信仰と生活等、職人以前の独自で多彩な工匠的世界を描き出す。四六判288頁 '71

6 **結び** 額田巌

〈結び〉の発達は人間の叡知の結晶である。本書はその諸形態および技法を作業・装飾・象徴の三つの系譜に辿り、〈結び〉のすべてを民俗学的・人類学的に考察する。四六判264頁 '72

7 **塩** 平島裕正

人類史に貴重な役割を果たしてきた塩をめぐって、発見から伝承・製造技術の発展過程にいたる総体を歴史的に描き出すとともに、その多彩な効用と味覚の秘密を解く。四六判272頁 '73

8 **はきもの** 潮田鉄雄

田下駄・かんじき・わらじなど、日本人の生活の礎となってきた伝統的はきものの成り立ちと変遷を、二〇年余の実地調査と細密な観察・描写によって辿る庶民生活史　四六判280頁 '73

9 **城** 井上宗和

古代城塞・城柵から近世代名の居城として集大成されるまでの日本の城の変遷を辿り、文化の各領野で果たしてきたその役割を再検討。あわせて世界城郭史に位置づける。四六判310頁 '73

10 **竹** 室井綽

食生活、建築、民芸、造園、信仰等々にわたって、竹と人間との交流史は驚くほど深く永い。その多岐にわたる発展の過程を個々に辿り、竹の特異な性格を浮彫にする。四六判324頁 '73

11 **海藻** 宮下章

古来日本人にとって生活必需品とされてきた海藻をめぐって、その採取・加工法の変遷、商品としての流通史および神事・祭事での役割に至るまでを歴史的に考証する。四六判330頁 '74

12 **絵馬** 岩井宏實

古くは祭礼における神への献馬にはじまり、民間信仰と絵画のみごとな結晶として民衆の手で描かれ祀り伝えられてきた各地の絵馬を豊富な写真と史料によってたどる。四六判３０２頁 '74

13 **機械** 吉田光邦

畜力・水力・風力などの自然のエネルギーを利用し、幾多の改良を経て形成された初期の機械の歩みを検証し、日本文化の形成における科学・技術の役割を再検討する。四六判２４２頁 '74

14 **狩猟伝承** 千葉徳爾

狩猟には古来、感謝と慰霊の祭祀がともない、人獣交渉の豊かで意味深い歴史があった。狩猟用具、巻物、儀式具、またけものたちの生態を通して語る狩猟文化の世界。四六判３４６頁 '75

15 **石垣** 田淵実夫

採石から運搬、加工、石積みに至るまで、石垣の造成をめぐって積み重ねられてきた石工たちの苦闘の足跡を掘り起こし、その独自な技術の形成過程と伝承を集成する。四六判２２４頁 '75

16 **松** 高嶋雄三郎

日本人の精神史に深く根をおろした松の伝承に光を当て、食用、薬用等の実用の松、祭祀・観賞用の松、さらに文学・芸能・美術に表現された松のシンボリズムを説く。四六判３４２頁 '75

17 **釣針** 直良信夫

人と魚との出会いから現在に至るまで、釣針がたどった一万有余年の変遷を、世界各地の遺跡出土物を通して実証しつつ、漁撈によって生きた人々の生活と文化を探る。四六判２７８頁 '76

18 **鋸** 吉川金次

鋸鍛冶の家に生まれ、鋸の研究を生涯の課題とする著者が、出土遺品や文献・絵画により各時代の鋸を復元・実験し、庶民の手仕事にみられる驚くべき合理性を実証する。四六判３６０頁 '76

19 **農具** 飯沼二郎／堀尾尚志

鍬と犂の交代・進化の歩みとして発達したわが国農耕文化の発展経過を世界史的視野において再検討しつつ、無名の農民たちによる驚くべき創意のかずかずを記録する。四六判２２０頁 '76

20 **包み** 額田巖

結びとともに文化の起源にかかわる〈包み〉の系譜を人類史的視野において捉え、衣・食・住をはじめ社会・経済史、信仰、祭事などにおけるその実際と役割とを描く。四六判３５４頁 '77

21 **蓮** 阪本祐二

仏教における蓮の象徴的位置の成立と深化、美術・文芸等に見る人間とのかかわりを歴史的に考察。また大賀蓮はじめ多様な品種とその来歴を紹介しつつその美を語る。四六判３０６頁 '77

22 **ものさし** 小泉袈裟勝

ものをつくる人間にとって最も基本的な道具であり、数千年にわたって社会生活を律してきたその変遷を実証的に追求し、歴史の中で果たしてきた役割を浮彫りにする。四六判３１４頁 '77

23-I **将棋I** 増川宏一

その起源を古代インドに、我国への伝播の道すじを海のシルクロードに探り、また伝来後一千年におよぶ日本将棋の変化と発展を盤、駒、ルール等にわたって跡づける。四六判２８０頁 '77

23-II 将棋II 増川宏一
わが国伝来後の普及と変遷を貴族や武家・豪商の日記等に博捜し、遊戯者の歴史をあとづけると共に、中国伝来説の誤りを正し、将棋宗家の位置と役割を明らかにする。四六判346頁 '85

24 湿原祭祀 第2版 金井典美
古代日本の自然環境に着目し、各地の湿原聖地を稲作社会との関連において捉え直して古代国家成立の背景を浮彫にしつつ、水と植物にまつわる日本人の宇宙観を探る。四六判410頁 '77

25 臼 三輪茂雄
臼が人類の生活文化の中で果たしてきた役割を、各地に遺る貴重な民俗資料・伝承と実地調査にもとづいて解明。失われゆく道具のなかに、未来の生活文化の姿を探る。四六判412頁 '78

26 河原巻物 盛田嘉徳
中世末期以来の被差別部落民が生きる権利を守るために偽作し護り伝えてきた河原巻物を全国にわたって踏査し、そこに秘められた最底辺の人びとの叫びに耳を傾ける。四六判226頁 '78

27 香料 日本のにおい 山田憲太郎
焼香供養の香から趣味としての薫物へ、さらに沈香木を焚く香道へと変遷した日本の「匂い」の歴史を豊富な史料に基づいて辿り、我国風俗史の知られざる側面を描く。四六判370頁 '78

28 神像 神々の心と形 景山春樹
神仏習合によって変貌しつつも、常にその原型＝自然を保持してきた日本の神々の造型を図像学的方法によって捉え直し、その多彩な形象に日本人の精神構造をさぐる。四六判342頁 '78

29 盤上遊戯 増川宏一
祭具・占具としての発生を『死者の書』をはじめとする古代の文献にさぐり、形状・遊戯法を分類しつつその〈進化〉の過程を考察。〈遊戯者たちの歴史〉をも跡づける。四六判326頁 '78

30 筆 田淵実夫
筆の里・熊野に筆づくりの現場を訪ねて、筆匠たちの境涯と製筆の由来を克明に記録しつつ、筆の発生と変遷、種類、製筆法、さらには筆塚、筆供養にまで説きおよぶ。四六判204頁 '78

31 ろくろ 橋本鉄男
日本の山野を漂移しつづけ、高度の技術文化と幾多の伝説とをもたらした特異な旅職集団＝木地屋の生態を、その呼称、地名、伝承、文書等をもとに生き生きと描く。四六判460頁 '79

32 蛇 吉野裕子
日本古代信仰の根幹をなす蛇巫をめぐって、祭事におけるさまざまな蛇の「もどき」や各種の蛇の造型・伝承に鋭い考証を加え、忘れられたその呪性を大胆に暴き出す。四六判250頁 '79

33 鋏（はさみ） 岡本誠之
梃子の原理の発見から鋏の誕生に至る過程を推理し、日本鋏の特異な歴史的位置を明らかにするとともに、刀鍛冶等から転進した鋏職人たちの創意と苦闘の跡をたどる。四六判396頁 '79

34 猿 廣瀬鎮
嫌悪と愛玩、軽蔑と畏敬の交錯する日本人とサルとの関わりあいの歴史を、狩猟伝承や祭祀・風習、美術・工芸や芸能のなかに探り、日本人の動物観を浮彫りにする。四六判292頁 '79

35 **鮫** 矢野憲一

神話の時代から今日まで、津々浦々につたわるサメの伝承とサメをめぐる海の民俗を集成し、神饌、食用、薬用等に活用されてきたサメと人間のかかわりの変遷を描く。四六判２９２頁 '79

36 **枡** 小泉袈裟勝

米の経済の枢要をなす器として千年余にわたり日本人の生活の中に生きてきた枡の変遷をたどり、記録・伝承をもとにこの独特な計量器が果たした役割を再検討する。四六判３２２頁 '80

37 **経木** 田中信清

食品の包装材料として近年まで身近に存在した経木の起源を、こけら経や塔婆、木簡、屋根板等に遡って明らかにし、その製造・流通に携った人々の労苦の足跡を辿る。四六判２８８頁 '80

38 **色** 染と色彩 前田雨城

わが国古代の染色技術の復元と文献解読をもとに日本色彩史を体系づけ、赤・白・青・黒等におけるわが国独自の色彩感覚を探りつつ日本文化における色の構造を解明。四六判３２０頁 '80

39 **狐** 陰陽五行と稲荷信仰 吉野裕子

その伝承と文献を渉猟しつつ、中国古代哲学＝陰陽五行の原理の応用という独自の視点から、謎とされてきた稲荷信仰と狐との密接な結びつきを明快に解き明かす。四六判２３２頁 '80

40-Ⅰ **賭博Ⅰ** 増川宏一

時代、地域、階層を超えて連綿と行なわれてきた賭博。――その起源を古代の神判、スポーツ、遊戯等の中に探り、抑圧と許容の歴史を物語る。全Ⅲ分冊の〈総説篇〉。四六判２９８頁 '80

40-Ⅱ **賭博Ⅱ** 増川宏一

古代インド文学の世界からラスベガスまで、賭博の形態・用具・方法の時代的特質を明らかにし、夥しい禁令に賭博の不滅のエネルギーを見る。全Ⅲ分冊の〈外国篇〉。四六判４５６頁 '82

40-Ⅲ **賭博Ⅲ** 増川宏一

聞香、闘茶、笠附等、わが国独特の賭博を中心にその具体例を網羅し、方法の変遷に賭博の時代性を探りつつ禁令の改廃に時代の賭博観を追う。全Ⅲ分冊の〈日本篇〉。四六判３８８頁 '83

41-Ⅰ **地方仏Ⅰ** むしゃこうじ・みのる

古代から中世にかけて全国各地で作られた無銘の仏像を訪ね、素朴で多様なノミの跡に民衆の祈りと地域の願望を探る。宗教の伝播、文化の創造を考える異色の紀行。四六判２５６頁 '80

41-Ⅱ **地方仏Ⅱ** むしゃこうじ・みのる

紀州や飛驒を中心に草の根の仏たちを訪ねて、その相好と像容の魅力を探り、技法を比較考証して仏像彫刻史に位置づけつつ、中世地域社会の形成と信仰の実態に迫る。四六判２６０頁 '97

42 **南部絵暦** 岡田芳朗

田山・盛岡地方で「盲暦」として古くから親しまれてきた独得の絵解き暦を詳しく紹介しつつその全体像を復元する。その無類の生活暦は、南部農民の哀歓をつたえる。四六判２８８頁 '80

43 **野菜** 在来品種の系譜 青葉高

蕪、大根、茄子等の日本在来野菜をめぐって、その渡来・伝播経路、品種分布と栽培のいきさつを各地の伝承や古記録をもとに辿り、畑作文化の源流とその風土を描く。四六判３６８頁 '81

44　つぶて　中沢厚

弥生投弾、古代・中世の石戦と印地の様相、投石具の発達を展望しつつ、願かけの小石、正月つぶて、石こづみ等の習俗を辿り、石塊に託した民衆の願いや怒りを探る。　四六判338頁　'81

45　壁　山田幸一

弥生時代から明治期に至るわが国の壁の変遷を壁塗＝左官工事の側面から辿り直し、その技術的復元・考証を通じて建築史・文化史における壁の役割を浮き彫りにする。　四六判296頁　'81

46　簞笥（たんす）　小泉和子

近世における簞笥の出現＝箱から抽斗への転換に着目し、以降近現代に至るその変遷を社会・経済・技術の側面からあとづける。著者自身による簞笥製作の記録を付す。　四六判378頁　'82

47　木の実　松山利夫

山村の重要な食糧資源であった木の実をめぐる各地の記録・伝承を集成し、その採集・加工における幾多の試みを実地に検証しつつ、稲作農耕以前の食生活文化を復元。　四六判384頁　'82

48　秤（はかり）　小泉袈裟勝

秤の起源を東西に探るとともに、わが国律令制下における中国制度の導入、近世商品経済の発展に伴う秤座の出現、明治期近代化政策による洋式秤受容等の経緯を描く。　四六判326頁　'82

49　鶏（にわとり）　山口健児

神話・伝説をはじめ遠い歴史の中の鶏を古今東西の伝承・文献に探り、特に我国の信仰・絵画・文学等に遺された鶏の足跡を追って、鶏をめぐる民俗の記憶を蘇らせる。　四六判346頁　'83

50　燈用植物　深津正

人類が燈火を得るために用いてきた多種多様な植物との出会いと個個の植物の来歴、特性及びはたらきを詳しく検証しつつ「あかり」の原点を問いなおす異色の植物誌。　四六判442頁　'83

51　斧・鑿・鉋（おの・のみ・かんな）　吉川金次

古墳出土品や文献・絵画をもとに、古代から現代までの斧・鑿・鉋を復元・実験し、労働体験によって生まれた民衆の知恵と道具の変遷を蘇らせる異色の日本木工具史。　四六判304頁　'84

52　垣根　額田巌

大和・山辺の道に神々と垣との関わりを探り、各地に垣の伝承を訪ねて、寺院の垣、民家の垣、露地の垣など、風土と生活に培われた生垣の独特のはたらきと美を描く。　四六判234頁　'84

53-Ⅰ　森林Ⅰ　四手井綱英

森林生態学の立場から、森林のなりたちとその生活史を辿りつつ、産業の発展と消費社会の拡大により刻々と変貌する森林の現状を語り、未来への再生のみちをさぐる。　四六判306頁　'85

53-Ⅱ　森林Ⅱ　四手井綱英

森林と人間との多様なかかわりを包括的に語り、人と自然が共生するための森や里山をいかにして創出するか、森林再生への具体的な方策を提示する21世紀への提言。　四六判308頁　'98

53-Ⅲ　森林Ⅲ　四手井綱英

地球規模で進行しつつある森林破壊の現状を実地に踏査し、森と人が共存する日本人の伝統的自然観を未来へ伝えるために、いま何が必要なのかを具体的に提言する。　四六判304頁　'00

54 海老（えび） 酒向昇

人類との出会いからエビの科学、漁法、さらには調理法を語り、めでたい姿態と色彩にまつわる多彩なエビの民俗を、地名や人名、詩歌・文学、絵画や芸能の中に探る。四六判４２８頁 '85

55-Ⅰ 藁（わら）Ⅰ 宮崎清

稲作農耕とともに二千年余の歴史をもち、日本人の全生活領域に生きてきた藁の文化を日本文化の原型として捉え、風土に根ざしたそのゆたかな遺産を詳細に検討する。四六判４００頁 '85

55-Ⅱ 藁（わら）Ⅱ 宮崎清

床・畳から壁・屋根にいたる住居における藁の製作・使用のメカニズムを明らかにし、日本人の生活空間における藁の役割を見なおすとともに、藁の文化の復権を説く。四六判４００頁 '85

56 鮎 松井魁

清楚な姿態と独特な味覚によって、日本人の目と舌を魅了しつづけてきたアユ——その形態と分布、生態、漁法等を詳述し、古今のアユ料理や文芸にみるアユにおよぶ。四六判２９６頁 '86

57 ひも 額田巌

物と物、人と物とを結びつける不思議な力を秘めた「ひも」の謎を追って、民俗学的視点から多角的なアプローチを試みる。『結び』、『包み』につづく三部作の完結篇。四六判２５０頁 '86

58 石垣普請 北垣聰一郎

近世石垣の技術者集団「穴太」の足跡を辿り、各地城郭の石垣遺構の実地調査と資料・文献をもとに石垣普請の歴史的系譜を復元しつつ石工たちの技術伝承を集成する。四六判４３８頁 '87

59 碁 増川宏一

その起源を古代の盤上遊戯に探ると共に、定着以来二千年の歴史を時代の状況や遊び手の社会環境との関わりにおいて跡づける。逸話や伝説を排して綴る初の囲碁全史。四六判３６６頁 '87

60 日和山（ひよりやま） 南波松太郎

千石船の時代、航海の安全のために観天望気した日和山——多くは忘れられ、あるいは失われた船舶・航海史の貴重な遺跡を追って、全国津々浦々におよんだ調査紀行。四六判３８２頁 '88

61 篩（ふるい） 三輪茂雄

臼とともに人類の生産活動に不可欠な道具であった篩、箕（み）、笊（ざる）の多彩な変遷を豊富な図解入りでたどり、現代技術の先端に再生するまでの歩みをえがく。四六判３３４頁 '89

62 鮑（あわび） 矢野憲一

縄文時代以来、貝肉の美味と貝殻の美しさによって日本人を魅了し続けてきたアワビ——その生態と養殖、神饌としての歴史、漁法、螺鈿の技法からアワビ料理に及ぶ。四六判３４４頁 '89

63 絵師 むしゃこうじ・みのる

日本古代の渡来画工から江戸前期の菱川師宣まで、時代の代表的絵師の列伝で辿る絵画制作の文化史。前近代社会における絵画の意味や芸術創造の社会的条件を考える。四六判２３０頁 '90

64 蛙（かえる） 碓井益雄

動物学の立場からその特異な生態を描き出すとともに、和漢洋の文献資料を駆使して故事・習俗・神事・民話・文芸・美術工芸にわたる蛙の多彩な活躍ぶりを活写する。四六判３８２頁 '89

65-Ⅰ **藍（あい）Ⅰ** 風土が生んだ色　竹内淳子

全国各地の〈藍の里〉を訪ねて、藍栽培から染色・加工のすべてにわたり、藍とともに生きた人々の伝承を克明に描き、風土と人間が生んだ〈日本の色〉の秘密を探る。四六判４１６頁　'91

65-Ⅱ **藍（あい）Ⅱ** 暮らしが育てた色　竹内淳子

日本の風土に生まれ、伝統に育てられた藍が、今なお暮らしの中で生き生きと活躍しているさまを、手わざに生きる人々との出会いを通じて描く。藍の里紀行の続篇。四六判４０６頁　'99

66 **橋**　小山田了三

丸木橋・舟橋・吊橋から板橋・アーチ型石橋まで、人々に親しまれてきた各地の橋を訪ねて、その来歴と築橋の技術伝承を辿り、土木文化の伝播・交流の足跡をえがく。四六判３１２頁　'91

67 **箱**　宮内悊

日本の伝統的な箱（櫃）と西欧のチェストを比較文化史の視点から考察し、居住・収納・運搬・装飾の各分野における箱の重要な役割とその多彩な文化を浮彫りにする。四六判３９０頁　'91

68-Ⅰ **絹Ⅰ**　伊藤智夫

養蚕の起源を神話や説話に探り、伝来の時期とルートを跡づけ、記紀・万葉の時代から近世に至るまで、それぞれの時代・社会・階層が生み出した絹の文化を描き出す。四六判３０４頁　'92

68-Ⅱ **絹Ⅱ**　伊藤智夫

生糸と絹織物の生産と輸出が、わが国の近代化にはたした役割を描くと共に、養蚕の道具、信仰や庶民生活にわたる養蚕と絹の民俗、さらには蚕の種類と生態におよぶ。四六判２９４頁　'92

69 **鯛（たい）**　鈴木克美

古来「魚の王」とされてきた鯛をめぐって、その生態・味覚から漁法、祭り、工芸、文芸にわたる多彩な伝承文化を語りつつ、鯛と日本人とのかかわりの原点をさぐる。四六判４１８頁　'92

70 **さいころ**　増川宏一

古代神話の世界から近現代の博徒の動向まで、さいころの役割を各時代・社会に位置づけ、木の実や貝殻のさいころから投げ棒型や立方体のさいころへの変遷をたどる。四六判３７４頁　'92

71 **木炭**　樋口清之

炭の起源から炭焼、流通、経済、文化にわたる木炭の歩みを歴史・考古・民俗の知見を総合して描き出し、独自で多彩な文化を育んできた木炭の尽きせぬ魅力を語る。四六判２９６頁　'93

72 **鍋・釜（なべ・かま）**　朝岡康二

日本をはじめ韓国、中国、インドネシアなど東アジアの各地を歩きながら鍋・釜の製作と使用の現場に立ち会い、調理をめぐる庶民生活の変遷とその交流の足跡を探る。四六判３２６頁　'93

73 **海女（あま）**　田辺悟

その漁の実際と社会組織、風習、信仰、民具などを克明に描くとともに海女の起源・分布・交流を探り、わが国漁撈文化の古層としての海女の生活と文化をあとづける。四六判２９４頁　'93

74 **蛸（たこ）**　刀禰勇太郎

蛸をめぐる信仰や多彩な民間伝承を紹介するとともに、その生態・分布・捕獲法・繁殖と保護・調理法などを集成し、日本人と蛸との知られざるかかわりの歴史を探る。四六判３７０頁　'94

75 曲物（まげもの） 岩井宏實

桶・樽出現以前から伝承され、古来最も簡便・重宝な木製容器として愛用された曲物の加工技術と機能・利用形態の変遷をさぐり、手づくりの「木の文化」を見なおす。四六判318頁 '94

76-I 和船 I 石井謙治

江戸時代の海運を担った千石船（弁才船）について、その構造と技術、帆走性能を綿密に調査し、通説の誤りを正すとともに、海難と信仰、船絵馬等の考察にもおよぶ。四六判436頁 '95

76-II 和船 II 石井謙治

造船史から見た著名な船を紹介し、遣唐使船や遣欧使節船、幕末の洋式船における外国技術の導入について論じつつ、船の名称と船型を海船・川船にわたって解説する。四六判316頁 '95

77-I 反射炉 I 金子功

日本初の佐賀鍋島藩の反射炉と精練方＝理化学研究所、島津藩の反射炉と集成館＝近代工場群を軸に、日本の産業革命の時代における人と技術を現地に訪ねて発掘する。四六判244頁 '95

77-II 反射炉 II 金子功

伊豆韮山の反射炉をはじめ、全国各地の反射炉建設にかかわった有名無名の人々の足跡をたどり、開国か攘夷かに揺れる幕末の政治と社会の悲喜劇をも生き生きと描く。四六判226頁 '95

78-I 草木布（そうもくふ） I 竹内淳子

風土に育まれた布を求めて全国各地を歩き、木綿普及以前に山野の草木を利用して豊かな衣生活文化を築き上げてきた庶民の知られざる知恵のかずかずを実地にさぐる。四六判282頁 '95

78-II 草木布（そうもくふ） II 竹内淳子

アサ、クズ、シナ、コウゾ、カラムシ、フジなどの草木の繊維から、どのようにして糸を採り、布を織っていたのか——聞書きをもとに忘れられた技術と文化を発掘する。四六判282頁 '95

79-I すごろく I 増川宏一

古代エジプトのセネト、ヨーロッパのバクギャモン、中近東のナルド、中国の双陸などの系譜に日本の盤雙六を位置づけ、遊戯・賭博としてのその数奇なる運命を辿る。四六判312頁 '95

79-II すごろく II 増川宏一

ヨーロッパの鵞鳥のゲームから日本中世の浄土双六、近世の華麗な絵双六、さらには近現代の少年誌の附録まで、絵双六の変遷を追って時代の社会・文化を読みとる。四六判390頁 '95

80 パン 安達巖

古代オリエントに起ったパン食文化が中国・朝鮮を経て弥生時代の日本に伝えられたことを史料と伝承をもとに解明し、わが国パン食文化二〇〇〇年の足跡を描き出す。四六判260頁 '96

81 枕（まくら） 矢野憲一

神さまの枕・大嘗祭の枕から枕絵の世界まで、人生の三分の一を共に過す枕をめぐって、その材質の変遷を辿り、伝説と怪談、俗信と民俗、エピソードを興味深く語る。四六判252頁 '96

82-I 桶・樽（おけ・たる） I 石村真一

日本、中国、朝鮮、ヨーロッパにわたる厖大な資料を集成してその豊かな文化の系譜を探り、東西の木工技術史を比較しつつ世界史的視野から桶・樽の文化を描き出す。四六判388頁 '97

82-Ⅱ **桶・樽**（おけ・たる）**Ⅱ**　石村真一

多数の調査資料と絵画・民俗資料をもとにその製作技術を復元し、東西の木工技術を比較考証しつつ、技術文化史の視点から桶・樽製作の実態とその変遷を跡づける。　四六判３７２頁　'97

82-Ⅲ **桶・樽**（おけ・たる）**Ⅲ**　石村真一

樹木と人間とのかかわり、製作者と消費者とのかかわりを通じて桶樽と生活文化の変遷を考察し、木材資源の有効利用という視点から桶樽の文化史的役割を浮彫にする。　四六判３５２頁　'97

83-Ⅰ **貝Ⅰ**　白井祥平

世界各地の現地調査と文献資料を駆使して、古来至高の財宝とされてきた宝貝のルーツとその変遷を探り、貝と人間とのかかわりの歴史を「貝貨」の文化史として描く。　四六判３８６頁　'97

83-Ⅱ **貝Ⅱ**　白井祥平

サザエ、アワビ、イモガイなど古来人類とかかわりの深い貝をめぐって、その生態・分布・地方名、装身具や貝貨としての利用法などを豊富なエピソードを交えて語る。　四六判３２８頁　'97

83-Ⅲ **貝Ⅲ**　白井祥平

シンジュガイ、ハマグリ、アカガイ、シャコガイなどをめぐって世界各地の民族誌を渉猟し、それらが人類文化に残した足跡を辿る。参考文献一覧／総索引を付す。　四六判３９２頁　'97

84 **松茸**（まつたけ）　有岡利幸

秋の味覚として古来珍重されてきた松茸の由来を求めて、稲作文化と里山（松林）の生態系から説きおこし、日本人の伝統的生活文化の中に松茸流行の秘密をさぐる。　四六判２９６頁　'97

85 **野鍛冶**（のかじ）　朝岡康二

鉄製農具の製作・修理・再生を担ってきた農鍛冶の歴史的役割を探り、近代化の大波の中で変貌する職人技術の実態をアジア各地のフィールドワークを通して描き出す。　四六判２８０頁　'98

86 **稲**　品種改良の系譜　菅　洋

作物としての稲の誕生、稲の渡来と伝播の経緯から説きおこし、明治以降主として庄内地方の民間育種家の手によって飛躍的発展をとげたわが国品種改良の歩みを描く。　四六判３３２頁　'98

87 **橘**（たちばな）　吉武利文

永遠のかぐわしい果実として日本の神話・伝説に特別の位置を占めて語り継がれてきた橘をめぐって、その育まれた風土とかずかずの伝承の中に日本文化の特質を探る。　四六判２８６頁　'98

88 **杖**（つえ）　矢野憲一

神の依代としての杖や仏教の錫杖に杖と信仰とのかかわりを探り、人類が突きつつ歩んだその歴史と民俗を興味ぶかく語る。多彩な材質と用途を網羅した杖の博物誌。　四六判３１４頁　'98

89 **もち**（糯・餅）　渡部忠世／深澤小百合

モチイネの栽培・育種から食品加工、民俗、儀礼にわたってそのルーツと伝承の足跡をたどり、アジア稲作文化という広範な視野からこの特異な食文化の謎を解明する。　四六判３３０頁　'98

90 **さつまいも**　坂井健吉

その栽培の起源と伝播経路を跡づけるとともに、わが国伝来後四百年の経緯を詳細にたどり、世界に冠たる育種と栽培・利用法を築いた人々の知られざる足跡をえがく。　四六判３２８頁　'99

91 **珊瑚**（さんご） 鈴木克美

海岸の自然保護に重要な役割を果たす岩石サンゴから宝飾品として知られる宝石サンゴまで、人間生活と深くかかわってきたサンゴの多彩な姿を人類文化史として描く。四六判３７０頁 '99

92-Ⅰ **梅Ⅰ** 有岡利幸

万葉集、源氏物語、五山文学などの古典や天神信仰に表れた梅の足跡を克明に辿りつつ日本人の精神史に刻印された梅を浮彫にし、梅と日本人の二〇〇〇年史を描く。四六判２７４頁 '99

92-Ⅱ **梅Ⅱ** 有岡利幸

その植生と栽培、伝承、梅の名所や鑑賞法の変遷から戦前の国定教科書に表れた梅まで、梅と日本人との多彩なかかわりを探り、桜との対比において梅の文化史を描く。四六判３３８頁 '99

93 **木綿口伝**（もめんくでん） 第２版 福井貞子

老女たちからの聞書を経糸とし、厖大な遺品・資料を緯糸として、母から娘へと幾代にも伝えられた手づくりの木綿文化を掘り起し、近代の木綿の盛衰を描く。増補版 四六判３３６頁 '00

94 **合せもの** 増川宏一

「合せる」には古来、一致させるの他に、競う、闘う、比べる等の意味があった。貝合せや絵合せ等の遊戯・賭博を中心に、広範な人間の営みを「合せる」行為に辿る。四六判３００頁 '00

95 **野良着**（のらぎ） 福井貞子

明治初期から昭和四〇年までの野良着を収集・分類・整理し、それらの用途と年代、形態、材質、重量、呼称などを精査して、働く庶民の創意にみちた生活史を描く。四六判２９２頁 '00

96 **食具**（しょくぐ） 山内昶

東西の食文化に関する資料を渉猟し、食法の違いを人間の自然に対するかかわり方の違いとして捉えつつ、食具を人間と自然をつなぐ基本的な媒介物として位置づける。四六判２９２頁 '00

97 **鰹節**（かつおぶし） 宮下章

黒潮からの贈り物・カツオの漁法から鰹節の製法や食法、商品としての流通までを歴史的に展望するとともに、沖縄やモルジブ諸島の調査をもとにそのルーツを探る。四六判３８２頁 '00

98 **丸木舟**（まるきぶね） 出口晶子

先史時代から現代の高度文明社会まで、もっとも長期にわたり使われてきた刳り舟に焦点を当て、その技術伝承を辿りつつ、森や水辺の文化の広がりと動態をえがく。四六判３２４頁 '01

99 **梅干**（うめぼし） 有岡利幸

日本人の食生活に不可欠の自然食品・梅干をつくりだした先人たちの知恵に学ぶとともに、健康増進に驚くべき薬効を発揮する、その知られざるパワーの秘密を探る。四六判３００頁 '01

100 **瓦**（かわら） 森郁夫

仏教文化と共に中国・朝鮮から伝来し、一四〇〇年にわたり日本の建築を飾ってきた瓦をめぐって、発掘資料をもとにその製造技術、形態、文様などの変遷をたどる。四六判３２０頁 '01

101 **植物民俗** 長澤武

衣食住から子供の遊びまで、幾世代にも伝承された植物をめぐる暮らしの知恵を克明に記録し、高度経済成長期以前の農山村の豊かな生活文化を愛惜をこめて描き出す。四六判３４８頁 '01

102 箸（はし） 向井由紀子／橋本慶子

そのルーツを中国、朝鮮半島に探るとともに、日本人の食生活に不可欠の食具となり、日本文化のシンボルとされるまでに洗練された箸の文化の変遷を総合的に描く。 四六判３３４頁 '01

103 採集 ブナ林の恵み 赤羽正春

縄文時代から今日に至る採集・狩猟民の暮らしを復元し、動物の生態系と採集生活の関連を明らかにしつつ、民俗学と考古学の両面から山に生かされた人々の姿を描く。 四六判２９８頁 '01

104 下駄 神のはきもの 秋田裕毅

古墳や井戸等から出土する下駄に着目し、下駄が地上と地下の他界を結ぶ聖なるはきものであったという大胆な仮説を提出、日本の神々の忘れられた側面を浮彫にする。 四六判３０４頁 '02

105 絣（かすり） 福井貞子

膨大な絣遺品を収集・分類し、絣産地を実地に調査して絣の技法と文様の変遷を地域別・時代別に跡づけ、明治・大正・昭和の手づくりの染織文化の盛衰を描き出す。 四六判３１０頁 '02

106 網（あみ） 田辺悟

漁網を中心に、網に関する基本資料を網羅して網の変遷と網をめぐる民俗を体系的に描き出し、網の文化を集成する。「網に関する小事典」「網のある博物館」を付す。 四六判３１６頁 '02

107 蜘蛛（くも） 斎藤慎一郎

「土蜘蛛」の呼称で畏怖される一方「クモ合戦」など子供の遊びとしても親しまれてきたクモと人間との長い交渉の歴史をその深層に遡って追究した異色のクモ文化論。 四六判３２０頁 '02

108 襖（ふすま） むしゃこうじ・みのる

襖の起源と変遷を建築史・絵画史の中に探りつつその用と美を浮彫にし、衝立・障子・屏風等と共に日本建築の空間構成に不可欠の建具となるまでの経緯を描き出す。 四六判２７０頁 '02

109 漁撈伝承（ぎょろうでんしょう） 川島秀一

漁師たちからの聞き書きをもとに、寄り物、船霊、大漁旗など、漁撈にまつわる〈もの〉の伝承を集成し、海の道によって運ばれた習俗や信仰の民俗地図を描き出す。 四六判３３４頁 '03

110 チェス 増川宏一

世界中に数億人の愛好者を持つチェスの起源と文化を、欧米における膨大な研究の蓄積を渉猟しつつ探り、日本への伝来の経緯から美術工芸品としてのチェスにおよぶ。 四六判２９８頁 '03

111 海苔（のり） 宮下章

海苔の歴史は厳しい自然とのたたかいの歴史だった——採取から養殖、加工、流通、消費に至る先人たちの苦難の歩みを史料と実地調査によって浮彫にする食物文化史。 四六判１７２頁 '03

112 屋根 檜皮葺と柿葺 原田多加司

屋根葺師一〇代の著者が、自らの体験と職人の本懐を語り、連綿として受け継がれてきた伝統の手わざを体系的にたどりつつ伝統技術の保存と継承の必要性を訴える。 四六判３４０頁 '03

113 水族館 鈴木克美

初期水族館の歩みを創始者たちの足跡を通して辿りなおし、水族館をめぐる社会の発展と風俗の変遷を描き出すとともにその未来像をさぐる初の〈日本水族館史〉の試み。 四六判２９０頁 '03

114 **古着**（ふるぎ）　朝岡康二

仕立てと着方、管理と保存、再生と再利用等にわたり衣生活の変容を近代の日常生活の変化として捉え直し、衣服をめぐるリサイクル文化が形成される経緯を描き出す。　四六判２９２頁　'03

115 **柿渋**（かきしぶ）　今井敬潤

染料・塗料をはじめ生活百般の必需品であった柿渋の伝承を記録し、文献資料をもとにその製造技術と利用の実態を明らかにして、忘れられた豊かな生活技術を見直す。　四六判２９４頁　'03

116-I **道Ⅰ**　武部健一

道の歴史を先史時代から説き起こし、古代律令制国家の要請によって駅路が設けられ、しだいに幹線道路として整えられてゆく経緯を技術史・社会史の両面からえがく。　四六判２４８頁　'03

116-II **道Ⅱ**　武部健一

中世の鎌倉街道、近世の五街道、近代の開拓道路から現代の高速道路網までを通観し、道路を拓いた人々の手によって今日の交通ネットワークが形成された歴史を語る。　四六判２８０頁　'03

117 **かまど**　狩野敏次

日常の煮炊きの道具であるとともに祭りと信仰に重要な位置を占めてきたカマドをめぐる忘れられた伝承を掘り起こし、民俗空間の壮大なコスモロジーを浮彫りにする。　四六判２９２頁　'04

118-I **里山Ⅰ**　有岡利幸

縄文時代から近世までの里山の変遷を人々の暮らしと植生の変化の両面から跡づけ、その源流を記紀万葉に描かれた里山の景観や大和・三輪山の古記録・伝承等に探る。　四六判２７６頁　'04

118-II **里山Ⅱ**　有岡利幸

明治の地租改正による山林の混乱、相次ぐ戦争による山野の荒廃、エネルギー革命、高度成長による大規模開発など、近代化の荒波に翻弄される里山の見直しを説く。　四六判２７４頁　'04

119 **有用植物**　菅　洋

人間生活に不可欠のものとして利用されてきた身近な植物たちの来歴と栽培・育種・品種改良・伝播の経緯を平易に語り、植物と共に歩んだ文明の足跡を浮彫にする。　四六判３２４頁　'04

120-I **捕鯨Ⅰ**　山下渉登

世界の海で展開された鯨と人間との格闘の歴史を振り返り、「大航海時代」の副産物として開始された捕鯨業の誕生以来四〇〇年にわたる盛衰の社会的背景をさぐる。　四六判３１４頁　'04

120-II **捕鯨Ⅱ**　山下渉登

近代捕鯨の登場により鯨資源の激減を招き、捕鯨の規制・管理のための国際条約締結に至る経緯をたどり、グローバルな課題としての自然環境問題を浮き彫りにする。　四六判３１２頁　'04

121 **紅花**（べにばな）　竹内淳子

栽培、加工、流通、利用の実際を現地に探訪して紅花とかかわってきた人々からの聞き書きを集成し、忘れられた〈紅花文化〉を復元しつつその豊かな味わいを見直す。　四六判３４６頁　'04

122-I **もののけⅠ**　山内昶

日本の妖怪変化、未開社会の〈マナ〉、西欧の悪魔やデーモンを比較考察し、名づけ得ぬ未知の対象を指す万能のゼロ記号〈もの〉をめぐる人類文化史を跡づける博物誌。　四六判３２０頁　'04

122-Ⅱ ものの け Ⅱ 山内昶

日本の鬼、古代ギリシアのダイモン、中世の異端狩り・魔女狩り等々をめぐり、自然＝カオスと文化＝コスモスの対立の中で〈野生の思考〉が果たしてきた役割をさぐる。四六判２８０頁 '04

123 染織 （そめおり） 福井貞子

自らの体験と厖大な残存資料をもとに、糸づくりから織り、染めにわたる手づくりの豊かな生活文化を見直す。創意にみちた手わざのかずかずを復元する庶民生活誌。四六判２９４頁 '05

124-Ⅰ 動物民俗 Ⅰ 長澤武

神として崇められたクマやシカをはじめ、人間にとって不可欠の鳥獣や魚、さらには人間を脅かす動物など、多種多様な動物たちと交流してきた人々の暮らしの民俗誌。四六判２６４頁 '05

124-Ⅱ 動物民俗 Ⅱ 長澤武

動物の捕獲法をめぐる各地の伝承を紹介するとともに、全国で語り継がれてきた多彩な動物民話・昔話を渉猟し、暮らしの中で培われた動物フォークロアの世界を描く。四六判２６６頁 '05

125 粉 （こな） 三輪茂雄

粉体の研究をライフワークとする著者が、粉食の発見からナノテクノロジーまで、人類文明の歩みを〈粉〉の視点から捉え直した壮大なスケールの〈文明の粉体史観〉 四六判３０２頁 '05

126 亀 （かめ） 矢野憲一

浦島伝説や「兎と亀」の昔話によって親しまれてきた亀のイメージの起源を探り、古代の亀卜の方法から、亀にまつわる信仰と迷信、鼈甲細工やスッポン料理におよぶ。四六判３３０頁 '05

127 カツオ漁 川島秀一

一本釣り、カツオ漁場、船上の生活、船霊信仰、祭りと禁忌など、カツオ漁にまつわる漁師たちの伝承を集成し、黒潮に沿って伝えられた漁民たちの文化を掘り起こす。四六判３７０頁 '05

128 裂織 （さきおり） 佐藤利夫

木綿の風合いと強靭さを生かした裂織の技と美をすぐれたリサイクル文化として見なおす。東西文化の中継地・佐渡の古老たちからの聞書をもとに歴史と民俗をえがく。四六判３０８頁 '05

129 イチョウ 今野敏雄

「生きた化石」として珍重されてきたイチョウの生い立ちと人々の生活文化とのかかわりの歴史をたどり、この最古の樹木に秘められたパワーを最新の中国文献にさぐる。四六判３１２頁〔品切〕 '05

130 広告 八巻俊雄

のれん、看板、引札からインターネット広告までを通観し、いつの時代にも広告が人々の暮らしと密接にかかわって独自の文化を形成してきた経緯を描く広告の文化史。四六判２７６頁 '06

131-Ⅰ 漆 （うるし） Ⅰ 四柳嘉章

全国各地で発掘された考古資料を対象に科学的解析を行ない、縄文時代から現代に至る漆の技術と文化を跡づける試み。漆が日本人の生活と精神に与えた影響を探る。四六判２７４頁 '06

131-Ⅱ 漆 （うるし） Ⅱ 四柳嘉章

遺跡や寺院等に遺る漆器を分析し体系づけるとともに、絵巻物や文学作品の考証を通じて、職人や産地の形成、漆工芸の地場産業としての発展の経緯などを考察する。四六判２１６頁 '06

## 132 まな板　石村眞一

日本、アジア、ヨーロッパ各地のフィールド調査と考古・文献・絵画・写真資料をもとにまな板の素材・構造・使用法を分類し、多様な食文化とのかかわりをさぐる。　四六判３７２頁　'06

## 133-Ⅰ 鮭・鱒（さけ・ます）Ⅰ　赤羽正春

鮭・鱒をめぐる民俗研究の前史から現在までを概観するとともに、原初的な漁法から商業的漁法にわたる多彩な漁法と用具、漁場と社会組織の関係などを明らかにする。　四六判２９２頁　'06

## 133-Ⅱ 鮭・鱒（さけ・ます）Ⅱ　赤羽正春

鮭漁をめぐる行事、鮭捕り衆の生活等を聞き取りによって再現し、人工孵化事業の発展とそれを担った先人たちの業績を明らかにするとともに、鮭・鱒の料理におよぶ。　四六判３５２頁　'06

## 134 遊戯　その歴史と研究の歩み　増川宏一

古代から現代まで、日本と世界の遊戯の歴史を概説し、内外の研究者との交流の中で得られた最新の知見をもとに、研究の出発点と目的を論じ、現状と未来を展望する。　四六判２９６頁　'06

## 135 石干見（いしひみ）　田和正孝編

沿岸部に石垣を築き、潮汐作用を利用して漁獲する原初的漁法を日・韓・台に残る遺構と伝承の調査・分析をもとに復元し、東アジアの伝統的漁撈文化を浮彫りにする。　四六判３３２頁　'07

## 136 看板　岩井宏實

江戸時代から明治・大正・昭和初期までの看板の歴史を生活文化史の視点から考察し、多種多様な生業の起源と変遷を多数の図版をもとに紹介する〈図説商売往来〉。　四六判２６６頁　'07

## 137-Ⅰ 桜Ⅰ　有岡利幸

そのルーツと生態から説きおこし、和歌や物語に描かれた古代社会の桜観から「花は桜木、人は武士」の江戸の花見の流行まで、日本人と桜のかかわりの歴史をさぐる。　四六判３８２頁　'07

## 137-Ⅱ 桜Ⅱ　有岡利幸

明治以後、軍国主義と愛国心のシンボルとして政治的に利用されてきた桜の近代史を辿るとともに、日本人の生活と共に歩んだ「咲く花、散る花」の栄枯盛衰を描く。　四六判４００頁　'07

## 138 麴（こうじ）　一島英治

日本の気候風土の中で稲作と共に育まれた麴菌のすぐれたはたらきの秘密を探り、醸造化学に携わった人々の足跡をたどりつつ醱酵食品と日本人の食生活文化を考える。　四六判２４４頁　'07

## 139 河岸（かし）　川名登

近世初頭、河川水運の隆盛と共に物流のターミナルとして賑わい、船旅や遊廓などをもたらした河岸（川の港）の盛衰を河岸に生きる人々の暮らしの変遷としてえがく。　四六判３００頁　'07

## 140 神饌（しんせん）　岩井宏實／日和祐樹

土地に古くから伝わる食物を神に捧げる神饌儀礼に祭りの本義を探り、近畿地方主要神社の伝統的儀礼をつぶさに調査して、豊富な写真と共にその実際を明らかにする。　四六判３７４頁　'07

## 141 駕籠（かご）　櫻井芳昭

その様式、利用の実態、地域ごとの特色、車の利用を抑制する交通政策との関連から駕籠かきたちの風俗までを明らかにし、日本交通史の知られざる側面に光を当てる。　四六判２９４頁　'07

142 **追込漁**（おいこみりょう） 川島秀一

沖縄の島々をはじめ、日本各地で今なお行なわれている沿岸漁撈を実地に精査し、魚の生態と自然条件を知り尽した漁師たちの知恵と技を見直しつつ漁業の原点を探る。 四六判３６８頁 '08

143 **人魚**（にんぎょ） 田辺悟

ロマンとファンタジーに彩られて世界各地に伝承される人魚の実像をもとめて東西の人魚誌を渉猟し、フィールド調査と膨大な資料をもとに集成したマーメイド百科。 四六判３５２頁 '08

144 **熊**（くま） 赤羽正春

狩人たちからの聞き書きをもとに、かつては神として崇められた熊と人間との精神史的な関係をさぐり、熊を通して人間の生存可能性にもおよぶユニークな動物文化史。 四六判３８４頁 '08

145 **秋の七草** 有岡利幸

『万葉集』で山上憶良がうたいあげて以来、千数百年にわたり秋を代表する植物として日本人にめでられてきた七種の草花の知られざる伝承を掘り起こす植物文化誌。 四六判３０６頁 '08

146 **春の七草** 有岡利幸

厳しい冬の季節に芽吹く若菜に大地の生命力を感じ、春の到来を祝い新年の息災を願う「七草粥」などとして食生活の中に巧みに取り入れてきた古人たちの知恵を探る。 四六判２７２頁 '08

147 **木綿再生** 福井貞子

自らの人生遍歴と木綿を愛する人々との出会いを織り重ねて綴り、優れた文化遺産としての木綿衣料を紹介しつつ、リサイクル文化としての木綿再生のみちを模索する。 四六判２６６頁 '09

148 **紫**（むらさき） 竹内淳子

今や絶滅危惧種となった紫草（ムラサキ）を育てる人びと、伝統の紫根染を今に伝える人びとを全国にたずね、貝紫染の始原を求めて吉野ヶ里におよぶ「むらさき紀行」。 四六判３２４頁 '09

149-I **杉Ⅰ** 有岡利幸

その生態、天然分布の状況から各地における栽培・育種、利用にいたる歩みを弥生時代から今日までの人間の営みの中で捉えなおし、わが国林業史を展望しつつ描き出す。 四六判２８２頁 '10

149-II **杉Ⅱ** 有岡利幸

古来神の降臨する木として崇められるとともに生活のさまざまな場面で活用され、絵画や詩歌に描かれてきた杉の文化をたどり、さらに「スギ花粉症」の原因を追究する。 四六判２７８頁 '10

150 **井戸** 秋田裕毅（大橋信弥編）

弥生中期になぜ井戸は突然出現するのか。飲料水など生活用水ではなく、祭祀用の聖なる水を得るためだったのではないか。目的や構造の変遷、宗教との関わりをたどる。 四六判２６０頁 '10

151 **楠**（くすのき） 矢野憲一／矢野高陽

語源と字源、分布と繁殖、文学や美術における楠から医薬品としての利用、キューピー人形や樟脳の船まで、楠と人間の関わりの歴史を辿りつつ自然保護の問題に及ぶ。 四六判３３４頁 '10

152 **温室** 平野恵

温室は明治時代に欧米から輸入された印象があるが、じつは江戸時代半ばから「むろ」という名の保温設備があった。絵巻や小説、遺跡などより浮かび上がる歴史。 四六判３１０頁 '10

153 **檜**（ひのき）　有岡利幸

建築・木彫・木材工芸に最良の材としてわが国の〈木の文化〉に重要な役割を果たしてきた檜。その生態から保護・育成・生産・流通・加工までの変遷をたどる。　四六判３２０頁　'11

154 **落花生**　前田和美

南米原産の落花生が大航海時代にアフリカ経由で世界各地に伝播していく歴史をたどるとともに、日本で栽培を始めた先覚者や食文化との関わりを紹介する。　四六判３１２頁　'11

155 **イルカ**（海豚）　田辺悟

神話・伝説の中のイルカ、イルカをめぐる信仰から、漁撈伝承、食文化の伝統と保護運動の対立までを幅広くとりあげ、ヒトと動物との関係はいかにあるべきかを問う。　四六判３３０頁　'11

156 **輿**（こし）　櫻井芳昭

古代から明治初期まで、千二百年以上にわたって用いられてきた輿の種類と変遷を探り、天皇の行幸や斎王群行、姫君たちの輿入れにおける使用の実態を明らかにする。　四六判２５２頁　'11

157 **桃**　有岡利幸

魔除けや若返りの呪力をもつ果実として神話や昔話に語り継がれ、近年古代遺跡から大量出土して祭祀との関連が注目される桃。日本人との多彩な関わりを考察する。　四六判３２８頁　'12

158 **鮪**（まぐろ）　田辺悟

古文献に描かれ記されたマグロを紹介し、漁法・漁具から運搬と流通・消費、漁民たちの暮らしと民俗・信仰までを探りつつ、マグロをめぐる食文化の未来にもおよぶ。　四六判３５０頁　'12

159 **香料植物**　吉武利文

クロモジ、ハッカ、ユズ、セキショウ、ショウノウなど、日本の風土で育った植物から香料をつくりだす人びとの営みを現地に訪ね、伝統技術の継承・発展を考える。　四六判２９０頁　'12

160 **牛車**（ぎっしゃ）　櫻井芳昭

牛車の盛衰を交通史や技術史との関連で探り、絵巻や日記・物語等に描かれた牛車の種類と構造、利用の実態を明らかにして、読者を平安の「雅」の世界へといざなう。　四六判２２４頁　'12

161 **白鳥**　赤羽正春

世界各地の白鳥処女説話を博捜し、古代以来の人々が抱いた〈鳥への想い〉を明らかにするとともに、その源流を、白鳥をトーテムとする中央シベリアの白鳥族に探る。　四六判３６０頁　'12

162 **柳**　有岡利幸

日本人との関わりを詩歌や文献をもとに探りつつ、容器や調度品に、治山治水対策に、火薬や薬品の原料に、さらには風景の演出用に活用されてきた歴史をたどる。　四六判３２８頁　'13

163 **柱**　森郁夫

竪穴住居の時代から建物を支えてきただけでなく、大黒柱や鼻っ柱などさまざまな言葉に使われている柱。遺跡の発掘でわかった事実や、日本文化との関わりを紹介。　四六判２５２頁　'13

164 **磯**　田辺悟

人間はもとより、動物たちにも多くの恵みをもたらしてきた磯――その豊かな文化をさぐり、東日本大震災以前の三陸沿岸を軸に磯漁の民俗を聞書きによって再現する。　四六判４５０頁　'14

165 **タブノキ**　山形健介

南方から「海上の道」をたどってきた列島文化を象徴する樹木について、中国・台湾・韓国も視野に収めて記録や伝承を掘り起こし、人々の暮らしとの関わりを探る。　四六判３１６頁　’14

166 **栗**　今井敬潤

縄文人が主食とし栽培していた栗。建築や木工の材、鉄道の枕木といった生活に密着した多様な利用法や、品種改良に取り組んだ技術者たちの苦闘の足跡を紹介する。　四六判２７２頁　’14

167 **花札**　江橋崇

法制史から文学作品まで、厖大な文献を渉猟して、その誕生から現在までを辿り、花札をその本来の輝き、自然を敬愛して共存する日本の文化という特性のうちに描く。　四六判３７２頁　’14

168 **椿**　有岡利幸

本草書の刊行や栽培・育種技術の発展によって近世初期に空前の大ブームを巻き起こした椿。多彩な花の紹介をはじめ、椿油や木材の利用、信仰や民俗まで網羅する。　四六判３３６頁　’14

169 **織物**　植村和代

人類が初めて機械で作った製品、織物。機織り技術の変遷を世界史的視野で見直し、古来より日本と東南アジアやインド、ペルシアの交流や伝播があったことを解説。　四六判３４６頁　’14

170 **ごぼう**　冨岡典子

和食に不可欠な野菜ごぼうは、焼畑農耕から生まれ、各地の風土のなか固有の品種や調理法が育まれた。そのルーツを稲作以前の神饌や祭り、儀礼に探る和食文化誌。　四六判２７６頁　’15

171 **鱈**（たら）　赤羽正春

漁場開拓の歴史と漁法の変遷、漁民たちのくらしを跡づけ、戦時の非常食としての役割を明らかにしつつ、「海はどれほどの人を養えるか」についても考える。　四六判３３６頁　’15

172 **酒**　吉田元

酒の誕生から、世界でも珍しい製法が確立しブランド化する近世までの長い歩みをたどる。飢饉や幕府の規制をかいくぐり、いかにその香りと味を生みだしたのか。　四六判２５６頁　’15

173 **かるた**　江橋崇

外来の遊技具でありながら二百年余の鎖国の間に日本の美術・文芸・芸能を幅広く取り入れ、和紙や和食にも匹敵する存在として発展した〈かるた〉の全体像を描く。　四六判３５８頁　’15

174 **豆**　前田和美

ダイズ、アズキ、エンドウなど主要な食用マメ類について、その栽培化と作物としての歩みを世界史的視野で捉え直し、食文化に果たしてきた役割を浮き彫りにする。　四六判３７０頁　’15

175 **島**　田辺悟

日本誕生神話に記された島々の所在から南洋諸島の巨石文化まで、島をめぐる数々の謎を紹介し、残存する習俗の古層を発掘して島の精神性にもおよぶ島嶼文化論。　四六判３０６頁　’15

176 **欅**（けやき）　有岡利幸

長年営林事業に携わってきた著者が、実際に見聞きした事例や文献・資料を駆使し、その生態から信仰や昔話、防災林や木材としての利用にいたる歴史を物語る。　四六判３０６頁　’16